设施蔬菜
高效栽培与安全施肥

SHESHI SHUCAI GAOXIAO ZAIPEI YU ANQUAN SHIFEI

张洪昌　段继贤　李星林　主编

中国科学技术出版社
·北　京·

图书在版编目（CIP）数据

设施蔬菜高效栽培与安全施肥 / 张洪昌，段继贤，李星林主编 .—北京：中国科学技术出版社，2017.1（2019.11 重印）

ISBN 978-7-5046-7387-9

Ⅰ. ①设… Ⅱ. ①张… ②段… ③李… Ⅲ. ①蔬菜园艺—设施农业 - 施肥 Ⅳ. ① S626

中国版本图书馆 CIP 数据核字（2017）第 000929 号

策划编辑	张海莲 乌日娜
责任编辑	张海莲 乌日娜
装帧设计	中文天地
责任校对	刘洪岩
责任印制	马宇晨

出　　版	中国科学技术出版社
发　　行	中国科学技术出版社有限公司发行部
地　　址	北京市海淀区中关村南大街16号
邮　　编	100081
发行电话	010-62173865
传　　真	010-62173081
网　　址	http://www.cspbooks.com.cn

开　　本	889mm × 1194mm 1/32
字　　数	260千字
印　　张	10.875
版　　次	2017年1月第1版
印　　次	2019年11月第2次印刷
印　　刷	北京长宁印刷有限公司
书　　号	ISBN 978-7-5046-7387-9 / S · 608
定　　价	32.00元

本书编委会

主　编

张洪昌　段继贤　李星林

副主编

王顺利　赵春山　巩彦如

编著者

张洪昌　段继贤　李星林　王顺利
赵春山　巩彦如　丁云梅　李　菡
王　校　谭根生　王超逸　李光威

Preface 前言

蔬菜是人们日常生活中不可缺少的重要副食品。随着科学技术的进步和人们生活质量的提高,蔬菜种植面积日趋扩大,蔬菜质量迅速提高,栽培技术也有了很大的进步。淡季蔬菜、反季节蔬菜供应越来越受到人们的重视,因此蔬菜设施栽培已成为满足市场需求和农民增收致富的有效途径。为了帮助广大菜农提高蔬菜设施栽培技术,笔者根据蔬菜设施栽培与安全施肥的实践经验和有关文献,编写了《设施蔬菜高效栽培与安全施肥》一书。本书在阐述设施蔬菜高效栽培与安全施肥技术要点的基础上,着重介绍了主要蔬菜的设施栽培、安全施肥及主要病虫害防治等配套技术。全书内容新颖,技术实用性和可操作性强,适于广大菜农、基层农业技术推广人员、农业科研人员、肥料生产企业和农资经营人员阅读,也可作为农业院校相关专业师生的参考资料。

本书由张洪昌(北京泽农生化科技有限公司总工程师)、段继贤(原农业部土肥总站站长)、赵春山(高级农艺师,享受国家特殊津贴专家,北京泽农生化科技有限公司首席植保专家)、李星林(北京泽农生化科技有限公司副总工程师)主编并统稿。

本书在编写过程中参考和选录了有关文献资料,在此谨向其作者深表谢意。

由于设施蔬菜栽培与安全施肥技术涉及的知识面较广，而且发展变化较快，书中疏漏和不妥之处在所难免，诚请广大读者、同仁和专家批评指正。

编著者

Contents 目录

第一章 设施蔬菜高效栽培与安全施肥技术要点

第一节　设施蔬菜对土壤的要求

一、土壤条件指标参考值

设施蔬菜栽培重茬多，复种指数高，蔬菜产量也高，因此对土壤条件要求较严格。设施蔬菜栽培的土壤条件指标参考值如下：①土壤熟化度。熟土层厚度应在30厘米以上，土壤有机质含量不低于30克/千克，最好能达到40~50克/千克。②土壤结构疏松度。固、液、气三相比例应适当，固相占50%左右、液相占20%~30%、气相占25%左右，总孔隙度在55%以上，以利提高保水、保肥和供肥供氧能力。③土壤酸碱度要适宜。土壤pH值在6~6.8时，设施内的大多数蔬菜生长良好。④土壤应有较好的稳温性能。设施内土壤应有较大的热容量和热导率，使土壤温度变化有较好的稳温性。⑤土壤养分含量。要求土壤肥沃，养分齐全、含量高，一般要求土壤含碱解氮在150毫克/千克以上，速效磷110毫克/

千克左右，速效钾 170 毫克/千克以上，氧化钙 1~1.5 克/千克，氧化镁 150~250 毫克/千克，并含有一定量的有效硼、钼、锌、锰、铁、铜等微量元素。⑥土壤环境质量。要求符合无公害农产品蔬菜生产土壤环境质量标准 GB/T 15618。

二、土壤改良与培肥

设施蔬菜高效栽培，应因地制宜，采取用地养地相结合的综合治理方法，逐年改良与培肥土壤，具体措施是增施有机肥、深翻土地、扩大土壤熟化层。生产中应按测土配方施肥的方法进行施肥，使菜地达到土壤条件指标数值，同时还要注意合理轮作和耕作。有机肥可为蔬菜提供齐全的养分，许多养分可以被蔬菜直接吸收利用，同时能起到改善土壤结构、提高土壤的保肥供肥和保水能力的作用。有机肥施入菜地转化后不仅能与土壤中的多种金属离子形成结合物，还可减少对蔬菜产生的毒害作用。生产实践证明，在设施菜地增施有机肥可减少蔬菜病害，提高蔬菜产量和品质。

在设施蔬菜地施肥中，不可过量施用化肥，将化肥与有机肥混合后施用，能有效地促进蔬菜健壮地生长发育。

三、土壤湿度对蔬菜的影响及调控

（一）土壤湿度对蔬菜的影响

不同蔬菜因根系吸水能力和吸水范围不同，对土壤湿度的要求也不同，可分为两大类型：一是喜湿型蔬菜。该类蔬菜根系入土浅，吸水范围小，要求土壤保持较高的湿度，主要有黄瓜、辣椒、花椰菜、芹菜、莴苣等。二是耐旱型蔬菜。该类蔬菜的根系入土较深，吸水范围较大，耐旱性强，对土壤湿度要求不高，主要有西瓜、

甜瓜、冬瓜、丝瓜、番茄、茄子、西葫芦、菜豆等。蔬菜不同生育期对土壤湿度的要求不同，苗期根系吸收水分的能力弱，要求土壤湿度稍高；发棵期，要控水蹲苗促根；结果盛期，对喜湿性蔬菜要勤浇水，表土层相对含水量保持在85%左右，而耐旱性蔬菜此期不宜供水过多。

土壤湿度过高且低温时，对蔬菜易造成湿害。主要症状表现为：降低地温和土壤含氧量，抑制根系伸长生长，入土浅，根系小，严重缺氧时易造成烂根；抑制土壤微生物的分解活动，肥料转化慢，肥效低，易造成蔬菜脱肥。

土壤湿度过低（干旱）且气温高时对蔬菜易造成旱害。其主要表现为：地上部植株蒸腾量大，失水多，根系吸水较慢而导致植株萎蔫，在强光照时易发生日灼及卷叶等现象。严重干旱时，叶黄化干枯、脱落而导致植株早衰或死亡。

（二）湿度调控

1. 空气湿度调控

（1）提高空气湿度　灌水、喷水、减少通风量等均可提高棚室内的空气湿度，一般在移苗、嫁接和定植时进行。为了防止幼苗失水萎蔫，覆膜和扣小拱棚可有效地保持较高的空气湿度。

（2）降低空气湿度　蔬菜作物在湿度较高的环境中很容易诱发病害，通风换气是排湿放湿的主要措施。畦面用地膜覆盖，可以防止土壤水分向室内蒸发，明显地降低空气湿度。地膜覆盖既能保证土壤湿润又能降低空气湿度，还能提高地温。利用具有透光、透气、吸湿和保温作用的新型扣棚材料扣棚或覆盖，有一定的保温效果，与地膜相比它可透气吸湿，可以降低拱棚内的空气湿度。在室内温度较低时，特别是不能通风换气时，应尽量控制灌水，也可采用滴灌或膜下沟灌的方式以减少灌水量和蒸发量。寒冷季节，温室大棚内出现低温高湿的情况时，又不能通风，就要应用辅助加

温设施，以提高温度、降低空气湿度，并能防止植株叶面结露水。

2. **土壤湿度调控** 温室大棚是封闭的小环境，土壤湿度主要受灌溉条件控制，应用科学的灌溉技术，合理调节土壤湿度，是保证温室大棚蔬菜优质高产的重要措施。

(1)掌握好灌溉时期 一般是根据蔬菜作物种类、生长发育阶段、生长发育状态及土壤水分状况来确定灌水时期及灌水量。灌溉切忌在阴天进行，最好选在阴天过后的晴天，并保证灌水后能有一段时间是晴天。生产中最好在上午进行灌溉，利用中午这段时间的高温使地温尽快提高。灌水后要注意通风换气，以降低室内的空气湿度。

(2)采用合理的灌溉方式 主要灌溉方式有畦灌、沟灌和滴灌。畦灌的灌水量较大，不易控制，并且会降低地温和造成土壤板结。这种灌溉方式，常用在需水量较大的芹菜等蔬菜，特别是在产品器官的生长盛期；不耐涝蔬菜或冬季和早春地温较低时不宜采用。沟灌，特别是高垄膜下沟灌是温室大棚最常用的灌溉方式，高垄双行、中间有灌水沟，地膜覆盖膜下灌水，可以减少水分蒸发，降低空气湿度，同时地温也不会因灌水而过分降低，有利于根系生长。滴灌是比较先进的灌水技术，省水、省工、效率高；灌水均匀，灌水量容易控制，不降低土壤温度，不破坏土壤团粒结构，可保持良好的通气性，空气湿度小，病害轻。

四、土壤温度对蔬菜的影响及调控

(一)土壤温度对蔬菜的影响

土壤温度适宜时蔬菜才能健壮生长，温度过低或过高均会影响蔬菜的生长发育。例如，地温过低影响植株根系对养分和水分的吸收，导致蔬菜不能正常生长，甚至造成冷害、冻害。如果把地

温从10℃提高至15℃~25℃,蔬菜作物生长活力提高。如果地温过高,超过蔬菜作物生长发育的适宜温度时,同样会对蔬菜造成危害。一般过高地温造成的危害发生快、危害严重,易造成蔬菜作物生长缓慢或停止生长,部分叶片褪绿变白、干枯卷叶或萎蔫等。

(二)土壤温度调控

地温调控的主要目的是使土壤温度适宜蔬菜的生长发育要求,避免发生低温或高温危害。

1. **增温和保温**　①在栽培时,深翻土地,多施、深施马、骡、驴等畜禽粪肥和秸秆、稻壳等有机肥料。②在冬季严寒地区,要减少设施内的热量散失,设施内地温过低时,可采用燃料加温、电热加温等人工加温措施。

2. **降温**　①适量灌水。及时灌水或对蔬菜植株进行适量喷水,提高土壤中水分含量和增加设施内空气湿度,以减轻高温危害。②在炎热的季节,设施大棚可采用盖遮阳网、草苫等遮光降温措施。③采用自然通风降温和人工机械排气通风等降温措施。

五、土壤盐渍对蔬菜的影响及防治

(一)盐渍危害

施入设施菜地土壤的肥料,部分被蔬菜作物吸收利用,未被吸收利用的养分全部留存在土壤中,土壤溶液浓度比露地菜园高得多。菜地土壤自然水分由于毛细管的作用由下向上移动,使盐分向土壤表层聚集,导致土壤盐渍化。种植在这种土壤上的蔬菜作物,由于土壤溶液的渗透压太高,根部对水分和养分吸收困难,影响蔬菜作物的正常生长发育,严重时导致烧根和死苗。盐渍危害症状:蔬菜植株矮小、分枝少,叶色深绿、无光泽,叶面积小,严重时

叶色变褐或叶缘有波浪状枯黄色斑点，下部叶反卷或下垂；叶片由下至上逐渐干枯脱落；植株生长点色暗、无光泽，最后萎缩干枯；易落花落果；根系变褐坏死。同时，还可造成植株吸水受阻和缺乏钙等养分。

（二）防治措施

防治土壤盐渍危害，在施肥技术上要力求趋利避害，实施以克服或缓解土壤盐害为主体的施肥技术体系，达到既有利于当季蔬菜的优质高产又有利于防止土壤盐渍化之目的。防治土壤盐渍化的措施有以下几种。

1. **增施有机肥和腐殖酸肥**　腐殖酸肥和有机肥的有机物在腐解过程中，可形成腐殖酸等有机胶体，这种胶体有很强的吸附特性，能把可溶性矿质养分铵离子、钾离子、钙离子等阳离子吸附在自己周围，这种吸附是动态的，当土壤浓度降低时又会被释放出来。因此，增施有机肥，可增强土壤的养分缓冲能力和调节能力，防止盐类积聚，延缓土壤的盐渍化过程。

2. **合理施用化肥**　根据土壤肥力状况及蔬菜种类和产量，确定施肥量、施肥时期、施肥方法，不可偏施氮肥，避免多年施用同一种化肥，特别是含有氯或硫酸根等副成分的肥料。化肥应沟施或穴施，或灌溉施肥。

3. **深耕土壤**　设施土壤的盐分主要集中在土壤表层，在蔬菜作物收获后，进行土壤深翻，把富含盐分的表土翻到下层，把盐分含量相对较少的下层土壤翻到上面，可降低土壤表层的盐分含量。

4. **以水排盐**　夏季蔬菜收获后揭去薄膜，让土壤淋雨，是消除土壤盐分障碍简便易行的有效措施。也可在高温季节进行大水漫灌，地面覆盖地膜，使水温升高，这样不仅可以洗盐，还可以杀死病菌，有利于下茬蔬菜的优质高产。

5. **基肥深施，追肥限量**　用化肥作基肥时要深施，作追肥时

要尽量“少吃多餐”。施用硝酸铵、尿素、磷酸二铵和硝酸钾等肥料或以这些肥料为主的复合肥料，可以减轻盐分积累。施用时最好将化肥与有机肥混合施于地面，然后进行深翻。追肥一般很难深施，应严格控制每次的施肥量，宁可用增加追肥次数的办法来满足蔬菜作物对养分的需求，也不能一次施肥过多。

6. **根外追肥**　在温室大棚栽培蔬菜时，由于根外追肥不会造成土壤盐分浓度增加，应大力推广应用。尿素、过磷酸钙、磷酸二氢钾及一些中微量元素肥料，作为根外追肥都是适宜的。

7. **生物排盐**　在夏季设施休闲时，种植玉米、绿肥、牧草等可吸收土壤中剩余的肥料，降低土壤含盐量。也可种植较耐盐的蔬菜，如菠菜、甘蓝、芹菜、韭菜、茄子、番茄、莴苣等。

8. **地面覆盖**　用地膜或麦秸、稻草进行地面覆盖，改变土壤水分运动方向；加强中耕松土，切断土壤毛细管，均可防止土壤表层盐分积累。

9. **换土除盐**　当土壤表层含盐量太高时，可更换表层土，或搬迁设施，避开盐害。

六、土壤养分障碍对蔬菜的影响及防治

（一）土壤养分障碍

1. **土壤氮、磷、钾比例失调，蔬菜硝态氮含量高**　菜农偏施氮肥的情况十分普遍，从而使菜地土壤在肥力提高过程中全磷和速效磷高度富积，碱解氮中度积累，速效钾积累少，甚至入不敷出。氮肥的超量施用不仅造成土壤氮、磷、钾比例失调，而且还使蔬菜体内的硝态氮含量增加。据庄舜尧等研究，大白菜体内硝态氮含量与氮肥用量呈线性关系，即氮肥用量大，大白菜体内硝态氮含量就高。此外，钾、钼等元素缺乏，也会导致蔬菜体内硝态氮含

量增加。虽然硝态氮对人没有直接危害，但食用后在胃内可还原为亚硝酸根离子(NO_2^-)，如果与二级胺作用可形成二级胺，这是一种强致癌物质。

2. 钙、镁及微量元素不足 蔬菜需要的钙、镁及硼等元素较多，但菜农对此常常认识不足。保护地蔬菜基本不施钙、镁及微肥，因此生理性病害十分普遍。如缺钙易引起番茄和甜椒脐腐病、大白菜干烧心病、甘蓝心腐病；缺镁易引起下位叶褪绿黄化，叶脉仍保持绿色，形成清晰网目状花叶；缺硼芹菜易得茎裂病、萝卜和芜菁肉质根褐心病、糖用甜菜心腐病、花椰菜肉质茎心部褐化并开裂；缺钼蔬菜叶片呈鞭尾状叶、杯状叶或黄斑叶等。

3. 土壤重金属污染严重 我国蔬菜生产基地多集中在大、中城市的郊区和工矿区的邻近地区，常年施用垃圾、污泥、磷肥及污水灌溉或喷洒某些农药等，会导致菜园土壤重金属污染。特别是老菜园土中某些重金属[如铅(Pb)、汞(Hg)、镉(Cd)、锌(Zn)、铜(Cu)、铬(Cr)、砷(As)等]含量较高，有的已经严重超标。

(二)防治措施

为了减少土壤养分障碍对设施蔬菜生长的影响，可以采取以下防治措施。

1. 测土配方施肥 蔬菜测土配方施肥能使各种营养元素之间合理供应和调节，可提高肥料利用率和土壤肥力，满足提高蔬菜产量、改善品质和防止环境污染的需要。在当前蔬菜施肥中，除施用有机肥料外，一定要控制氮、磷肥用量，增施钾肥、钙肥、镁肥及硼、钼等微量元素肥料，以提高土壤肥力和蔬菜产量与品质。进行测土配方施肥不仅能改善土壤养分状况，而且能改善蔬菜品质。

2. 控制重金属污染源 为了减少重金属污染，提高蔬菜品质，应停止垃圾、污泥、污水的使用，不施用重金属超标的肥料及农药。垃圾应处理达标后再施用，化肥中的某些磷肥含有较多的镉、

铬、汞、镍、铅等重金属也应控制施用。

七、重茬对蔬菜的影响及防治

（一）重茬危害

1. **病虫危害**　重茬条件下，由于土壤与蔬菜关系相对稳定，容易导致相同病虫害的发生，尤其是土传病害。例如，黄瓜、西瓜枯萎病；茄子黄萎病、褐纹病、绵疫病；番茄早疫病、晚疫病、白绢病、青枯病、病毒病；辣椒炭疽病；菠菜、葱类霜霉病；菜豆叶枯病；豇豆煤霉病；大白菜软腐病、根肿病。同时，线虫、根蛆（种蝇、葱蝇）等土栖害虫，因获得适生环境而大量繁殖。

2. **土壤化学性质不良**　保护地蔬菜重茬土壤，不仅因为大量施肥而产生盐分积累，而且由于同一种蔬菜的根系分布范围及深浅一致，吸收的养分相同，致使某种养分消耗量增加而造成缺乏。据调查，保护地蔬菜缺钾、缺镁、缺钙、缺硼的情况十分普遍。

此外，根系分泌的有害物质，也加重了重茬危害。例如，西瓜连作减产严重，除与枯萎病危害有关外，根系分泌的水杨酸也是导致减产的原因之一。

（二）防治措施

为了减轻重茬对蔬菜生长的危害，可以采取以下措施进行防治。

1. **轮作**　轮作可以防治或减轻病害，这是因为危害某种蔬菜的病菌，未必能危害其他蔬菜。蔬菜病菌在土壤中存活时间长短，是决定轮作年限的重要依据。例如，马铃薯晚疫病病原菌能存活2~3年，黄瓜白粉病病原菌能存活2年，瓜类炭疽病病原菌能存活1年，大白菜软腐病病原菌能存活3年，姜瘟病病原菌能存活2年

以上。一般来说，在轮作中安排豆类蔬菜、葱蒜类蔬菜对后茬作物有利，这是因为豆类蔬菜根部有根瘤菌，能固定空气中的氮素，增加土壤肥力；葱蒜类蔬菜含有抗生素类物质，能抑制和杀死土壤中的病原菌，减少病害的发生。

2. 适当休闲，消灭病原菌 通常利用7～8月份高温天气进行土地休闲灭菌。具体做法是每667米^{2}施切断的秸秆2 000千克左右，深翻到20厘米左右的土层中，土表用旧薄膜覆盖，将保护地密闭后大水漫灌。这样，白天水温可达50℃左右，地下5厘米处温度可达70℃，一般能杀死土壤中多种病菌。2周后放水，再翻耕种植蔬菜。

3. 药剂消毒 用恶霉灵、棉隆等杀菌剂稀释液均匀喷洒在已翻耕的土面上，再稍耕翻，使耕作层土壤都能沾着药液，然后用塑料薄膜覆盖地面2天，以使农药充分发挥杀菌作用。揭开薄膜通风换气，15天后即可播种或定植。此外，还可用50%多菌灵或50%甲基硫菌灵或70%敌磺钠可湿性粉剂1 000倍液浇洒土壤。在霜霉病、疫病比较重的保护地，可用硫酸铜200～300倍液浇灌土壤。熏烟消毒一般在播种或定植前2～3天进行，具体方法是每40米^{3}保护地用硫磺粉250克，加入50%甲基硫菌灵可湿性粉剂5克、锯末500克，放在几个花盆里，分布在大棚各处点燃，密闭熏蒸24小时，对防治番茄叶霜病、黄瓜白粉病等有一定效果。

4. 增施有机肥并测土配方施肥 坚持有机肥料和无机肥料相结合的施肥原则，对促进土壤微生物活性、改善土壤理化性状、提高土壤肥力有重要作用。对已经发生缺素症的蔬菜应及时采取针对性矫治措施。例如，萝卜、芹菜等出现缺硼时，可用0.2%～0.3%硼砂溶液叶面喷施；番茄、大白菜发生缺钙时，可用0.2%～0.3%硝酸钙溶液喷施；大豆出现缺钾时，可用1%硫酸钾溶液喷施；菜豆发生缺镁时，可用1%硫酸镁溶液喷施。

5. 嫁接育苗 利用抗病作物或品种作砧木，以栽培品种作接

穗进行嫁接育苗,如黄瓜嫁接可防治黄瓜枯萎病、番茄嫁接可防治根腐病等土传病害。

第二节　设施蔬菜栽培相关技术

一、遮阳网覆盖栽培技术

遮阳网是用塑料制成的专用遮光覆盖材料。遮阳网覆盖栽培是一种新发展起来的蔬菜保护栽培技术,对蔬菜越夏栽培起到了有效作用。

(一)遮阳网的作用

遮阳网用于高温季节设施蔬菜栽培和育苗的遮光降温,一般遮光率达35%~70%,中午设施内气温可降4℃~6℃,地表温度可降10℃左右。夏季应用遮阳网还有保墒、抗大风、抗冰雹等功效。冬春季节夜间覆盖遮阳网设施内地温可提高1℃~3℃。此外,利用银灰色遮阳网覆盖还有避蚜虫效果和蔬菜防病效果,特别是对蔬菜病毒病防效显著。据试验统计,防蚜虫效果一般为80%以上,防病毒病效果为70%以上。

(二)遮阳网在设施蔬菜栽培上的应用

1. **夏季蔬菜育苗**　夏季蔬菜育苗时用遮阳网代替苇帘等覆盖物进行覆盖,可达到出苗快、成苗率高的效果,一般成苗率可提高40%左右,种苗质量可提高50%左右。

2. **夏季设施蔬菜栽培**　茄果类蔬菜越夏栽培覆盖遮阳网可实现优质高产,如茄子在7月份利用遮阳网覆盖后,7~8月份可增产18%左右;甜椒可增产49%左右;高温炎热季节油菜栽培可增产15%左右。对秋季播种的茼蒿、早萝卜、大白菜、生菜、芫荽、菜心等蔬菜,可提前到夏季播种,收获上市时间可提前30天左右。

3. **早秋蔬菜栽培** 对早秋定植的蔬菜覆盖遮阳网可起到遮光、保墒、缩短缓苗期等作用。秋番茄栽培加盖遮阳网发病率可减少50%以上;秋芹菜定植后覆盖遮阳网可提早至8月底以前上市。

二、防虫网覆盖栽培技术

防虫网覆盖是越夏蔬菜高效栽培技术之一,可有效地预防害虫对蔬菜的危害,从而减少农药的使用,是生产无公害蔬菜的一条重要途径。防虫网作为一种新型覆盖材料,兼有遮阳网的特点,夏季可以降低地温3℃左右,降低设施内气温4℃左右,有利于蔬菜生长。同时,防虫网覆盖还有防暴雨冲刷等抗灾作用。

(一)防虫网覆盖栽培的应用

①叶菜是夏季人们不可缺少的蔬菜,具有生长快、生长周期缩短等特点。但在夏秋季栽培易发生病虫害,用农药防治既污染环境,蔬菜农药残留又多。应用防虫网覆盖栽培,可减少农药使用,实现叶菜无公害生产,还可降低生产成本,增加农民收益。②茄果类和瓜类蔬菜在夏秋季栽培易发生病毒病,应用防虫网覆盖后,能有效地预防害虫传播病毒的途径。防虫网在炎热的季节还有遮阴降温的作用,利于蔬菜作物健壮生长。③在北方秋菜作物育苗时间为6~8月份,由于这个季节高温多雨,易发生病虫害,育苗难度较大。应用防虫网覆盖育苗,能提高出苗率,秧苗生长健壮。

(二)防虫网覆盖栽培应注意的事项

①防虫网遮光较少,不需日盖夜揭,全程覆盖能起到防虫、防病的效果。使用防虫网覆盖时,四周应用土或砖或石块等物压紧

实,网上必须用压网线压牢固,以防被风吹开。②防虫网的规格标准主要有幅宽、孔径、线径、颜色等。孔径密度大小是以目数为标记的,即 2.54 厘米^2 的网眼数,一般采用 24~30 目防虫网。目数过少的网眼大,起不到应有的防虫效果;目数过多时,网眼小,虽然防虫效果好,但成本高。生产中多采用线(丝)径为 14~18 毫米、幅宽为 1~1.8 米、颜色以白色为主的防虫网。③在利用防虫网覆盖栽培时,应注意增施腐熟有机肥料,使用无公害农产品生产准用的农药,使用无污染水源等综合配套措施。④防虫网在使用过程中,尽量避免刮扯划破,以免影响防虫效果。使用结束后应及时收起,洗净卷好,精心保管,以延长使用寿命。

三、水肥一体化技术

水肥一体化技术是将灌溉与施肥结合起来的一种新技术,是把肥料溶解在灌溉水中,利用灌溉设施输送给每一株蔬菜作物,以满足其生长发育的需要;还可以将可溶性农药、除草剂、土壤消毒剂等,借助灌溉设施进行实施,具有显著的节水、节肥、节省劳力、高效等特点。水肥一体化又可称为滴灌施肥、喷灌施肥、微喷灌施肥等,也叫水肥一体化管理。通过灌溉系统施肥进行灌溉和施肥,生产中目前多采用微灌方式实施。

(一)微灌的种类

微灌是利用微灌设备组装成的微灌系统,将液体物料通过增压输送到蔬菜作物的根际部位,以微小的流量湿润作物根际土壤,供作物吸收利用。目前,微灌多用滴灌和微喷灌。

1. 滴灌　滴灌是将有压力的水或带有肥料等的水溶液经过滤后,通过管道输送到滴头,以水滴形式向蔬菜作物根际供应的方法,包括作物根际地表滴灌和地下滴灌两种形式。每个滴水器的

流量一般为 2~12 升/小时,使用压力为 50~150 帕。

2. **微喷灌** 微喷灌是利用低压管道系统,以小流量将水或水溶液喷洒到蔬菜作物根际土壤表面的方式。微喷灌时水流以较快的速度由喷嘴喷出,形成细小的水滴落到土壤表面湿润土壤。微喷头有折射式和旋转式两种,前者喷洒范围较小,水滴细小,是一种雾化喷灌方式;后者喷洒范围较大,水滴也大。微喷头的流量一般为 10~250 升/小时,压力一般为 200~300 帕。

(二)微灌的管理

1. **用水管理** 主要是灌水量,而灌水量与土壤容重、湿润深度、灌水面积等有关。其计算公式是:

灌水量(米^3/667 米^2)= 土壤容重(1000 千克/米^3)×土壤适宜含水量的上下限值 × 计划湿润深度(米) × 667 米^2

计划湿润深度因作物生育期不同而变化,一般苗期为 0.3~0.4 米,随着蔬菜作物不断生长发育而逐渐加深,一般为 0.8~1 米。具体灌水时间和灌水量应根据作物的种类和不同生育期的需水特性及环境条件、土壤含水量等来确定。

2. **施肥管理** 结合微灌进行施肥,具有方便、均匀、快捷、利于作物吸收等特点,便于蔬菜作物在不同的生长发育期进行配方施肥,以提高养分的有效性和利用率。一些有腐蚀性的肥料易腐蚀损坏管线和喷头,施肥结束时应再循环一定时间的清水冲洗管道和喷头,以延长灌溉设施寿命。在使用微灌进行施肥时,应选择纯度高、杂质少、不沉淀或沉淀少的肥料。如果肥料溶于水之后沉淀物较多,在使用前应先进行过滤,然后导入微灌系统。生产中还应注意施肥浓度,根据不同蔬菜作物的耐肥性和测土配方施肥要求,合理确定施肥量,严格防止因肥料溶液浓度过大而烧伤蔬菜作物。

第三节　设施蔬菜茬口安排

一、大棚蔬菜茬口安排

（一）一年一茬

一年一茬在我国东北和华北地区是常见茬口，适宜栽培的作物有黄瓜、西瓜、西葫芦、番茄、辣椒、甜椒、韭菜等。在冬季深翻冻垡，熟化土壤，可以消灭部分病菌、虫卵，有利于减轻病虫害。但这种茬口复种指数低，土地利用率低，没有把大棚的优势充分发挥出来，仍有效益提升空间。

（二）一年两茬

一年两茬是大棚蔬菜栽培的主要茬口安排。在无霜期150天以上的地区，可以在春、秋季生产两茬果菜；在无霜期不足150天的地区，可以春季生产果菜，秋季生产叶菜。这种茬口土地利用率高，经济效益也高。

（三）一年多茬

1. 叶菜类一年三茬栽培　早春3月份播种速生耐寒叶菜，如小白菜、油菜、茼蒿等，4月中下旬收获；第二茬于4月上旬将黄瓜、番茄、辣椒等套种于速生菜畦中，7月上旬收获结束；第三茬在7月中旬定植果菜或叶菜，如黄瓜、番茄、芹菜、花菜等，10月底至11月上中旬收获结束。该茬口的特点是在一年两茬的基础上，利用部分速生叶菜耐寒的特点，早春提早播种，既可调节早春蔬菜市场供应，又能增加经济效益。

2. 果菜类套种一年三茬栽培 利用大棚盖草苫于2月中旬定植果菜，如茄子、辣椒、甜椒等，6月下旬至7月上旬结束；4月下旬套栽苦瓜、丝瓜等，5月中下旬撤掉棚膜后，苦瓜和丝瓜开始绑蔓搭架，以拱杆为基础搭棚架，10月中旬结束；7月中下旬至8月上旬在瓜架下定植芹菜，利用瓜架的遮阴作用，芹菜生长良好，11~12月份结束。9月中下旬种植草莓，同时栽培香菇，翌年4~5月份收完；4月上中旬于草莓地中套种西瓜、甜瓜，7月上旬收完；7~9月份气温较高，进行草菇生产。该茬口是利用香菇喜低温、草菇喜高温的特性，在棚内冬春生产高档瓜菜供应市场，香菇和草莓同棚生产可以相互提携、互相补充，如香菇为草莓提高二氧化碳并增加棚温、草莓为香菇提供新鲜空气，具有互利互补作用。

3. 一年四茬栽培 我国东北地区多采用这种栽培方式，3~4月份定植黄瓜或番茄，7月中旬采收结束；7月中旬定植秋黄瓜或秋番茄，9月末至10月末结束拉秧；早春3月中旬间作速生蔬菜，如小白菜、油菜、茴香苗、茼蒿等，4月中下旬结束；4月中下旬定植辣椒或菜豆，7月末结束；7月下旬至8月初定植菜花，10月中下旬收获完成。该茬口利用高秆与矮秆作物间作，有利于通风透光，病害轻，产量高，效益好。

4. 多种蔬菜全年立体化生产 该茬口是我国长江中下游地区塑料大棚生产的重要茬口，在早春1月下旬采用多层覆盖定植番茄或辣椒，4月下旬上市，6月下旬至7月上旬拉秧结束；8月中旬定植秋番茄或秋黄瓜，10月下旬至11月末拉秧；之后播种或定植冬芹菜、生菜、细香葱、菠菜、小青菜等；翌年3月上旬间套播苋菜，苋菜5月结束，定植黄瓜。4月中下旬在棚四周套播冬瓜或扁豆，撤棚后，黄瓜引蔓上架。该茬口的优越性在于立体间套作，可以充分地利用空间和土地，特别是在高温季节，可以利用高秆作物为矮秆作物遮阴，利于速生矮秆蔬菜的生长。该茬口种植蔬菜种类多，产量高，效益好。

二、日光温室蔬菜茬口安排

（一）一年一茬

1. **韭菜**　选用汉中雪韭、791、嘉兴雪韭等优质品种，一次播种或育苗移栽，夏季不收割，冬季扣棚，在冬、春季节连续收割4~5次后撤掉棚膜，重新进行露地养根。该茬口对温室光照、温度要求不高，管理也比较简单，投资少。

2. **黄瓜**　在北纬34°~43°地区，一般在9月下旬至10月上旬播种育苗，10月初至11月初温室定植，翌年1月初至春季上市，6月底拉秧结束，夏季耕翻土地，休闲熟化土壤。该茬口在华北地区称为冬茬，对日光温室的采光、保温性能要求较高，其突出的特点就是在北方寒冷地区不加温就可以进行黄瓜生产。

（二）一年两茬

1. **韭菜套种黄瓜**　一般韭菜在3月下旬至4月上旬直播或育苗，6月份移栽，当年露地养根，选用无休眠品种，入冬扣棚，元旦、春节可以上市，可以连续收割3~4次；翌年2月份，把黄瓜套种于韭菜垄沟里，韭菜采收第四次后，此时黄瓜已经"团棵"，刨掉韭菜根，进行黄瓜培垄，3月下旬黄瓜可以上市，6月中下旬拉秧结束。此茬口对温室的要求不高，春用型温室就可以生产。其特点是冬季生产耐寒蔬菜，早春定植果菜，高矮搭配，抗原与寄主植物倒茬，有利于预防黄瓜病害，提高设施土地利用率，效果较好。

2. **芹菜与黄瓜轮作**　芹菜夏季育苗，晚秋定植，日平均温度10℃左右时扣棚，春节前后收完；重新整地定植黄瓜，黄瓜于2月中旬栽苗，3月下旬上市，6月底拉秧。

3. **一年两茬黄瓜**　第一茬为秋冬茬黄瓜，于8月中下旬播种育苗,9月上中旬定植,10月上旬上市,日平均温度15℃左右时扣膜,元旦前后拉秧;第二茬为1月中下旬定植,加盖小拱棚保温,2月底至3月上旬上市,6月拉秧。这个茬口黄瓜在冬季和早春上市效益好,但对温室的采光和保温要求比较高,而且容易出现连作障碍,最好对该茬口进行改良,可选择与番茄轮作。

4. 黄瓜套种豇豆 黄瓜在9月中下旬播种培育嫁接苗,于10月底至11月上旬定植,元旦上市,翌年6月底拉秧结束;6月上旬于黄瓜行间套播豇豆,黄瓜拉秧结束后,豇豆上架,9月上旬结束。此茬口充分利用了土地和设施,并兼顾了所栽培蔬菜的特点。

(三)一年多茬

1. 一年三茬栽培 第一茬于早春2月上旬定植,4月上中旬上市,6月底结束,留3穗果;及时整地,7月初第二茬番茄定植,采用高密度种植,留1~2穗果,8月底集中采收,不熟果实集中摆放,变红后上市;第三茬于9月上旬定植,10月底上市,元旦前后结束。连续种植3茬番茄,实现周年供应,经济效益高。生产中应增施有机肥,并注意连作障碍。

2. 蒜苗与黄瓜、芹菜 于晚秋、冬季和初春低温季节生产3茬蒜苗,第一茬在10月中旬摆蒜,11月下旬收完;第二茬在11月末至12月初摆蒜,翌年1月上旬收完;第三茬在1月中下旬摆蒜,3月上旬收完。3月中下旬定植黄瓜,7月中旬拉秧。8月上旬定植芹菜,10月末结束,全年5茬蔬菜。

3. 套种多茬生产 温室香椿一次定植多年生产,落叶后扣棚,春节上市。水萝卜等速生蔬菜于11月下旬播种于行间,春节可以上市。2月中旬在香椿行间再定植黄瓜,3月中下旬开始上市,6月上中旬拉秧。这个茬口,木本香椿、水萝卜、黄瓜间套作,经济效益高。

4. 育苗与栽培一年多茬 我国华北地区,一般在12月上旬

至翌年 2 月上中旬培育温室栽培秧苗;2 月中旬至 4 月上中旬培育塑料大棚菜苗;4 月中下旬定植番茄,10 月上旬采收结束;10 月中下旬摆蒜或定植芹菜,蒜苗 11 月下旬收完,芹菜元旦前后结束。这个茬口的特点是育苗与栽培、果菜与葱蒜类相结合,有利于抑制病害发生,能够充分利用设施,经济效益高。

5. **菇菜轮作**　12 月份至翌年 2 月下旬生产平菇;3 月上旬定植番茄,4 月下旬上市,6 月中下旬结束;5 月下旬套种豇豆,番茄拉秧后豇豆上架,8 月份上市,9 月中旬拉秧。低温季节生产低温型平菇,为春节前市场提供新鲜平菇。在番茄架下套种豇豆,一方面实现了一架两用,另一方面豇豆具有固氮作用,可以增加土壤氮素营养。

第四节　设施蔬菜的需肥特性

一、对养分的需求与耐肥性

(一)对养分的需求

设施栽培蔬菜对肥料的依赖性大,对氮、钾、钙、镁、硼需要量大,吸收比例高。对养分吸收能力的大小顺序是:甜椒>茄子>番茄>甘蓝>芹菜>黄瓜>西瓜。叶菜类生长期短,生育前期生长速度慢,干物质积累少,吸收养分也少。在出苗后 35~60 天,生长速率加快,吸收量逐渐增加。甘蓝、白菜、根菜类对养分的吸收前期少、中期大、后期又少。瓜果类蔬菜具有营养生长与生殖生长并进的生育特点,对养分吸收持续时间较长,直到生育后期吸收量仍然较大。

（二）耐 肥 性

甘蓝、大白菜、芹菜和茄子等耐肥力较强，番茄、辣椒、洋葱和黄瓜等耐肥力中等，生菜、菜豆等耐肥力较弱。耐肥力强的蔬菜在生长盛期能耐受较高的土壤养分浓度，而耐肥力中等的蔬菜能耐受的土壤养分浓度相对降低，耐肥力弱的蔬菜对土壤养分浓度的耐受力更低。

二、不同类型蔬菜的需肥特性

（一）叶菜类蔬菜

叶菜类蔬菜主要包括结球叶菜类的大白菜、甘蓝等，以及绿叶菜类的芹菜、菠菜、生菜和油菜等，其需肥特性：①在氮磷钾三要素养分中，对钾素的需求量较高，钾量与氮量接近于 1∶1。②根系入土较浅，抗旱、抗涝力较弱。土壤过湿、氧气含量较低时，会严重影响它们对土壤养分的吸收；土壤干旱时，很容易发生缺钙和缺硼症状。③植株体内的养分在整个生育期内不断积累，但养分吸收速度的高峰是在生育前期。生育前期的营养对全生育期影响较大，对产量和品质有重要作用。

（二）茄果类蔬菜

茄果类蔬菜主要有番茄、茄子和甜椒等，其需肥特点：①茄果类蔬菜一般为育苗移栽，从生育初期一直到花芽分化开始时的养分吸收均在苗床中进行。由于磷素在花芽分化中具有重要的作用，应在育苗阶段保证幼苗的磷素供应。在苗期加强磷、钾营养的供给，不仅可以提高幼苗质量，还可促进果实早熟，增加产量。②吸收钾量最大，其次为氮、钙、磷、镁。茄果类蔬菜的养分吸收到生

育后期仍然很旺盛,茎叶中的养分到末期仍在增加。

(三)瓜果类蔬菜

瓜果类蔬菜主要包括黄瓜、西葫芦、南瓜、西瓜和冬瓜等,为营养器官与产品器官同步发育型的蔬菜。其需肥特点:①果重型瓜果类对营养的需求低于果数型瓜类。黄瓜为果数型瓜类的代表,耐肥力弱,需肥量高,一般采用“轻、勤”的施肥方法。果重型瓜果类则注重基肥的施用。②植株体内碳氮比增高时,花芽分化早;氮多时,碳氮比降低,花芽分化推迟,因此苗期要注意氮、钾肥的施用比例。③瓜果类蔬菜施肥中值得重视的问题是施肥对品质的影响。增施钾肥和有机肥能显著提高瓜果类蔬菜的抗病力和品质,使西瓜、甜瓜甜度提高,风味改善。

(四)葱蒜类蔬菜

葱蒜类蔬菜包括韭菜、大蒜、洋葱和大葱等。根系为弦状须根,根毛很少,入土浅,根群小,吸肥力弱,但是需肥量大,属喜肥耐肥作物。要求土壤具有较强的保水、保肥能力,需施用大量优质有机肥提高土壤的养分缓冲能力,同时应以氮肥为主,磷、钾肥配合,以保证植株健壮生长。

第五节　设施蔬菜施肥相关技术

一、设施蔬菜施肥特点

(一)施肥量大

由于设施蔬菜是一年内在有限的面积上进行多茬栽培,其产

量又高，从土壤中吸收的养分较多，比露地蔬菜栽培要求更多的肥料供应，才能满足设施蔬菜生长发育的需求。生产中应以增施优质有机肥为主，配合适量的化肥。

（二）补施二氧化碳

在太阳出来后，棚室内二氧化碳的浓度随着光合作用的进行而逐渐减少，不能满足蔬菜作物的光合需求，因此应补施二氧化碳，以保障蔬菜高产。

（三）选择适宜的肥料

①不宜使用易产生有害气体的肥料，如碳酸氢铵易分解产生氨气；没有腐熟的饼肥、鸡粪、人粪尿等肥料，在设施高温条件下易分解产生大量氨气。当棚室内氨气浓度超过 5 微升/升时，蔬菜就会受害。②不施对土壤有副作用的肥料，如氯化钾、氯化铵等肥料可造成土壤中氯离子浓度增高，硝酸钾易形成土壤盐类浓度障碍，未腐熟的有机肥易把病菌、虫卵等带到土壤中，易使蔬菜生长不良或产生病害。

二、设施蔬菜施肥技术要点

根据土壤和蔬菜生长特点合理施肥，达到既能保证当茬蔬菜高产稳产，又有利于防止土壤盐渍化、酸化和防止连作障碍，为蔬菜生产创造出一个良好的生育条件。设施蔬菜施肥技术要点：一是重视测土配方技术的应用，根据具体的情况及时调整设施蔬菜施肥配方，克服盲目施肥的陋习。二是增施有机肥，最好施用牛、羊、猪、骡、马等畜禽类粪便制成的有机肥，既可增强土壤的调节能力、防止盐类积聚、延缓土壤盐渍化的进度，又可利用微生物分解有机质产生的热量来提高地温。三是科学施用基肥和追肥。化肥

作基肥时，最好与有机肥混合后施于地表，然后深翻。化肥作追肥时应严格控制每次的追肥量，可适当增加追肥次数，来满足蔬菜对养分的需求。注意不能一次追肥过多，以防土壤溶液浓度过高。四是提倡施用叶面肥。蔬菜的叶片和嫩茎表面也具有吸收养分的功能，叶面施肥不会增加土壤溶液浓度，应大力提倡。尿素、过磷酸钙、磷酸二氢钾及一些中量和微量元素肥料，均可用于叶面喷施。

三、设施蔬菜主要肥料施用量的计算

（一）应用养分平衡确定设施蔬菜施肥量

1. 施肥量的计算公式　生产中可根据以下公式计算设施蔬菜施肥量：

施肥量（千克/667 米^2）=（蔬菜单位产量养分吸收量×目标产量－菜田土壤可供养分量）/（肥料养分含量×肥料当季利用率）

(1) 蔬菜养分吸收量　由于土壤特性、施用肥料的种类与数量、蔬菜品种特性及需肥特性、栽培条件，特别是蔬菜收获期及其成熟度不同，每种蔬菜的养分吸收量相差较大。主要蔬菜养分吸收量如表 1-1 所示，供参考。

表 1-1　每 1 000 千克蔬菜主要养分吸收量（千克）参考值

蔬菜种类	氮（N）	磷（P_2O_5）	钾（K_2O）
黄　瓜	1.67~2.73	0.96~1.53	2.6~3.5
西葫芦	5.47	2.22	4.09
冬　瓜	1.29~1.36	0.5~0.61	1.46~2.16
苦　瓜	5.28	1.76	6.89

续表 1-1

蔬菜种类	氮(N)	磷(P_2O_5)	钾(K_2O)
番　茄	2.2~3.9	0.4~1.2	3.6~5.12
茄　子	2.95~3.5	0.63~0.94	4.49~5.6
甜　椒	3.0~5.19	0.60~1.07	5.0~6.46
芹　菜	1.83~3.56	0.68~1.65	3.88~5.87
油　菜	2.76	0.33	2.06
甘　蓝	2.0~4.52	0.72~1.09	2.2~4.5
菠　菜	2.48~5.63	0.86~2.3	4.54~5.29
花椰菜	4.73~10.87	2.09~3.7	4.91~12.1
白　菜	1.6~2.31	0.8~1.06	1.8~3.72
韭　菜	3.69~5.5	0.85~2.1	3.13~7.0
大　葱	1.84~3.0	0.55~0.64	1.06~3.33
大　蒜	5.06	1.34	1.79
菜　豆	3~3.37	2.25~2.26	5.93~6.83
豌　豆	4.05	2.53	8.75
生　菜	2.5~2.53	1.17~1.2	4.47~4.5

(2)土壤可供养分量　用下面公式求出：

土壤可供养分量=土壤速效养分测定值×0.15×速效养分校正系数

0.15是土壤速效养分测定值(毫克/千克换算成千克/667米^2)的换算系数;速效养分校正系数是土壤速效养分利用系数,是计算土壤可供养分量的关键。

表1-2是不同肥力菜田5种蔬菜速效养分校正系数,供参考。

表 1-2　土壤速效养分与蔬菜产量的关系参考值

蔬菜种类	土壤速效养分	不同肥力土壤的养分系数		
		低肥力	中肥力	高肥力
早熟甘蓝	碱解氮	0.72	0.55	0.45
	速效磷	0.50	0.22	0.16
	速效钾	0.72	0.54	0.38
中熟甘蓝	碱解氮	0.85	0.72	0.64
	速效磷	0.75	0.34	0.23
	速效钾	0.93	0.84	0.52
白　菜	碱解氮	0.81	0.64	0.44
	速效磷	0.67	0.44	0.27
	速效钾	0.77	0.45	0.21
番　茄	碱解氮	0.77	0.74	0.36
	速效磷	0.52	0.51	0.26
	速效钾	0.86	0.55	0.47
黄　瓜	碱解氮	0.44	0.35	0.30
	速效磷	0.68	0.23	0.18
	速效钾	0.41	0.32	0.14
萝　卜	碱解氮	0.69	0.58	—
	速效磷	0.63	0.37	0.20
	速效钾	0.68	0.45	0.33

(3)肥料利用率　肥料利用率受多种因素影响，设施蔬菜比露地蔬菜利用率高，氮素化肥的利用率为30%~50%，磷素化肥为15%~30%，钾素化肥为50%~80%，有机肥的氮磷钾三要素利用率为20%~30%。

2. 施肥量的计算方法　将测定出的土壤速效养分含量值和

以上提供的各项数据,分别代入求施肥量的公式中,即可计算出氮磷钾三要素的施肥量。没有测土条件的地方,可参考当地土壤普查时测定的数据,也可根据当地菜田土壤肥力和蔬菜产量来确定施肥量。目前在一家一户的生产条件下,也可只根据蔬菜养分吸收量和蔬菜产量来确定施肥量。

(二)应用肥力等级法确定设施蔬菜施肥量

第一,蔬菜生产实践证明,肥力高的土壤栽培蔬菜可以少施一些肥料,肥力水平低的土壤就要多施肥。把土壤所含有效氮、磷、钾养分按作物对肥料的反应分组,分组中有效养分含量的高、中、低与肥料用量的低、中、高相对应,这就是土壤肥力分级配方施肥的理论依据。根据研究,土壤肥力分级标准为:

土壤肥力=不施肥蔬菜产量/施肥蔬菜最高产量×100%

所得数据>90%为高肥力菜田,70%~90%为中肥力菜田,50%~70%为低肥力菜田。

按上述标准划分,三类菜田耕作层(0~20厘米)的主要速效养分指标如表1-3所示。

表1-3 土壤肥力划分标准(毫克/千克)参考值

蔬　菜	土壤速效养分	不同肥力土壤的养分系数		
		低肥力	中肥力	高肥力
白　菜	碱解氮	<100	100~140	>140
	速效磷	<50	50~100	>100
	速效钾	<120	120~160	>160
早熟甘蓝	碱解氮	<90	90~120	>120
	速效磷	<50	50~100	>100
	速效钾	<100	100~150	>150

续表 1-3

蔬　菜	土壤速效养分	不同肥力土壤的养分系数		
		低肥力	中肥力	高肥力
中熟甘蓝	碱解氮	<100	100~140	>140
	速效磷	<50	50~100	>100
	速效钾	<120	120~160	>160
番　茄	碱解氮	<110	110~150	>150
	速效磷	<60	60~110	>110
	速效钾	<130	130~170	>170

第二,土壤肥力的高低也可根据近 3 年蔬菜每 667 米^2 平均产量来确定。

(1)黄瓜　每 667 米^2 产量 4 000~5 000 千克为低肥力菜田,每 667 米^2 产量 5 000~8 000 千克为中肥力菜田,每 667 米^2 产量 1 万~1. 5 万千克为高肥力菜田。在山西省不同肥力的菜田,每 667 米^2 产量 4 000~15 000 千克,需氮(N)28~64 千克、磷(P_2O_5)14~23 千克、钾(K_2O)10~25 千克。

(2)番茄　每 667 米^2 产量 4 000~5 000 千克为低肥力菜田,每 667 米^2 产量 4 500~6 000 千克为中肥力菜田,每 667 米^2 产量 6 000~7 000 千克为高肥力菜田。每 667 米^2 产量 4 000~7 000 千克,施肥量为有机肥 4 000~7 000 千克、氮 28~50 千克、磷 14~23 千克、钾 15~25 千克。

(3)西葫芦　每 667 米^2 产量 4 000 千克为低肥力菜田,每 667 米^2 产量 5 000 千克为中肥力菜田,每 667 米^2 产量 5 000~7 000 千克为高肥力菜田。每 667 米^2 施肥量为有机肥 4 000~7 000 千克、氮 33~50 千克、磷 14~23 千克、钾 15~25 千克。

(4)辣椒　每 667 米^2 产量 3 000~5 000 千克,施肥量为有机

肥 5 000 千克、氮 23～28 千克、磷 7.5 千克、钾 25 千克。

(5)茄子 每 667 米^2 产量 4 000～5 000 千克,施肥量为有机肥 5 000 千克、氮 28～32 千克、磷 7.5 千克、钾 22～28 千克。

(6)芹菜 每 667 米^2 产量 4 000～5 000 千克为低肥力菜田,每 667 米^2 产量 5 000～6 000 千克为中肥力菜田,每 667 米^2 产量 7 000～8 000 千克为高肥力菜田。每 667 米^2 施肥量为有机肥 4 000～8 000 千克、氮 21～32 千克、磷 4.5～7.5 千克、钾 11～16.5 千克。

(7)甘蓝 每 667 米^2 产量 3 000～5 000 千克,施肥量为有机肥 5 000 千克、氮 23 千克、磷 7.5 千克、钾 20 千克。

四、设施蔬菜二氧化碳施肥技术

(一)二氧化碳的作用

二氧化碳是植物进行光合作用的重要原料,植物正常进行光合作用时周围环境中二氧化碳浓度为 300 微升/升。在棚室内日出前二氧化碳浓度可达到 1 200 微升/升;日出后,植物开始进行光合作用,二氧化碳浓度迅速下降,2 小时后降至 250 微升/升。二氧化碳浓度降至 100 微升/升以下时,植株光合作用减弱,生长发育受到严重影响。施用二氧化碳,可以提高植株抗病虫害能力,提高蔬菜产量和品质,还能使蔬菜提早成熟上市。

(二)施用时期与时间

1. 施用时期 设施蔬菜在定植后 7～10 天(缓苗期)开始施用二氧化碳,温室蔬菜在定植后 15～20 天(幼苗期)开始施用二氧化碳。一般每天施用 3～5 小时,连续施用 33 天左右。果菜类蔬菜开花坐果前施用二氧化碳,会因营养生长过旺造成徒长而落花

落果，可在开花坐果期施用二氧化碳，以提高坐果率、促进果实生长。一般番茄、甜瓜等作物开花后10～20天施用二氧化碳，黄瓜开花后7～15天施用二氧化碳，效果较好。

2. 施用时间　设施蔬菜在生长发育期施用二氧化碳的时间应根据日出后的光照强度确定。一般每年的11月份至翌年2月份，于日出1.5小时后施用；3月份至4月中旬，于日出1小时后施用；4月下旬至6月上旬，于日出半小时后施用。施用后将温室或大棚封闭1.5～2小时后再通风，一般每天施用1次。雨天、阴天，由于光合作用较弱，一般不施用二氧化碳。

（三）施用浓度与方法

1. 施用浓度　一般大棚施用浓度为1 000～1 500微升/升，温室为800～1 000微升/升，阴天应适当降低施用浓度。生产中具体施用浓度应根据光照度、温度、肥水管理、蔬菜生长情况等适当调整。

2. 施用方法

（1）通风换气　日出后设施内温度在15℃以上时，开始施入二氧化碳较为合适。施用二氧化碳后，棚室要密闭2～3小时，然后再通风换气。通过空气交换使二氧化碳浓度达到内外平衡，并可排出氨气、二氧化硫等其他有害气体。但冬季易造成低温冷害，应加以注意。

（2）施用颗粒有机生物肥法　将颗粒有机生物肥按一定间距均匀施入植株行间，施入深度为3厘米左右，保持穴位土壤有一定水分，使其相对湿度在80%左右，利用土壤微生物发酵产生二氧化碳。该法经济有效，一般1 000千克生物有机肥能释放1 500千克二氧化碳。

（3）液态二氧化碳　把酒厂、酿造厂在发酵过程中产生的液态二氧化碳，用高压瓶灌装，在棚室直接释放，用量可根据二氧化

碳钢瓶的流量表和大棚体积进行计算。

(4)干冰气化 固体二氧化碳又称为干冰,施用时将干冰放入水中,使其慢慢气化。该方法使用简单,便于控制用量,但冬季施用因二氧化碳气化时吸收热量,会降低棚内温度应加以注意。

(5)有机物燃烧 用专制容器在大棚内燃烧甲烷、丙烷、白煤油、天然气或煤、焦炭等,生成二氧化碳。这种方法材料来源容易,但燃料价格较高,燃烧时如氧气不足,则会生成一氧化碳,毒害蔬菜和人体。同时,燃烧用的空气应由棚外引进,燃料内不应含有硫化物,否则燃烧时产生亚硫酸也会造成危害。

(6)二氧化碳发生剂 目前生产中大面积推广的是利用稀硫酸与碳酸氢铵反应产生二氧化碳。方法是:利用塑料桶、盆等耐酸容器盛清水,按酸水比1∶3的比例把工业用98%浓硫酸倒入水中稀释,注意不能把水倒入酸中,以防伤人。再按稀硫酸1份加碳酸氢铵1.66份的比例放入碳酸氢铵。一般每667米^{2}的棚室内,均匀设置35~40个塑料桶,内铺垫耐酸薄膜做反应器,将其悬挂在蔬菜生长点上方20厘米处。在配制时应戴胶手套,穿高筒胶鞋,系上胶面围裙。为使二氧化碳缓慢释放,可用塑料薄膜把碳酸氢铵包好,扎几个小孔,再放入酸中。无气泡放出时,加水50倍即为硫酸铵和碳酸氢铵的混合液,可作追肥施用。也可用成套设备让反应在棚外发生,再将二氧化碳输入棚内。

(7)施用二氧化碳颗粒气肥 在设施内穴施二氧化碳颗粒肥,深度3厘米左右,每次每667米^{2}施用40~50千克,持续释放二氧化碳可达1个月左右,一般每茬蔬菜施用2~3次即可,省工省力,效果较好。

(四)施用二氧化碳应注意的问题

1. 严格控制二氧化碳施用浓度 补充二氧化碳浓度应根据蔬菜品种特性、生育时期、天气状况和栽培技术等综合考虑,不要

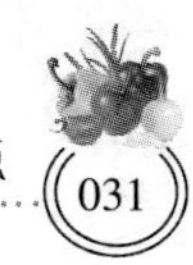

过高或过低。设施需要密闭，以减少二氧化碳外逸，提高肥效。

2. **合理安排施用时间**　蔬菜在不同生育阶段施用二氧化碳其效果不同，如毛豆在开花结荚期施用二氧化碳的增产效果比在营养生长阶段明显；番茄、黄瓜等果菜类蔬菜定植至开花，植株生长慢，二氧化碳需求量少，一般不施用二氧化碳，以免植株徒长。

3. **加强配套栽培管理**　蔬菜施用二氧化碳后，根系的吸收能力提高，生理功能改善，施肥量和浇水量应适当增加，以防植株早衰。但应避免肥水过量，否则极易造成植株徒长。同时，注意增施磷、钾肥，适当控制氮肥用量。加强整枝打叶，改善通风透光条件，以减少病害发生。

4. **注意天气情况和生育期**　采用传统二氧化碳补充方法，需视天气情况和生育期而定，一般在晴天早晨施用，阴雨天不需补充；苗期补充量最少，定植至坐果最多，坐果至收获补充量其次。蔬菜生产期内长期施用，才能收到较好效果。

5. **防止有害气体**　生产中应特别注意防止二氧化碳气体中混有有害气体，以免对蔬菜作物产生毒害作用。

6. **注意作业人员的安全**　在二氧化碳浓度较高的设施内作业，应注意作业人员安全，防止窒息。这是因为二氧化碳浓度达到5%时对人体有毒害作用，同时还应防止其他有害气体对人体的毒害。

五、设施蔬菜肥害与预防

冬春季棚室蔬菜，常因施肥不当导致肥害，究其原因是棚室处于相对密闭的环境，产生的氨等气体不能有效地向外扩散；或因长期施用某种肥料，又缺少雨水及大量灌溉水的淋溶作用，致使这些肥料在土壤中积累，造成蔬菜的生理障碍。蔬菜常见肥害与预防措施主要包括以下几种。

(一)氮肥过剩

1. **表现症状**　茄果类蔬菜,叶片大、深绿色,叶柄和节间较长,植株易徒长,叶脉间有时会出现黄化,花蕾细长(瓜类的子房较小),果实生长缓慢,易落花落果。

2. **发生原因**　果菜类蔬菜在坐果前过早进行肥水促秧,植株的生殖生长受到抑制,营养生长过旺,叶片郁蔽,光照较差,造成落花落果。氮素过多影响了植株对钙的吸收,容易发生番茄脐腐病。

3. **防治措施**　①培育壮苗。调控棚内肥水,使果菜类蔬菜的营养生长与生殖生长相协调。坐果期前适时蹲苗,防止旺长。适当降低棚内温度,夜温保持在12℃~14℃。②平衡施肥。根据蔬菜生长不同时期对营养的需求,做到氮、磷、钾平衡施肥,切忌偏施氮肥。③适当补钙。对前期施氮肥较多或氮素积累较多的土壤,为防止因缺钙发生的生理病害,可用氨基酸复合微肥600~800倍液+0.5%~1%氯化钙或0.5%硝酸钙溶液进行叶面喷施,果菜类蔬菜自初花期(芹菜3~4叶期)起,每隔7~8天喷施1次,连续喷3~4次。

(二)高浓度盐类

1. **表现症状**　叶色黑绿有硬化感,心叶卷曲,嫩叶及花等部位有干尖现象,植株矮化。番茄果肩部有深绿色条纹,与其他部位的颜色相比有明显的区别,果实生长缓慢,受害严重的植株甚至会出现萎蔫、枯萎。

2. **发生原因**　①家畜粪尿施用量过多。②过多施用含氯化肥,使氯离子在耕作层大量积累,引起土壤溶液浓度过高。③植株根系生长受阻,导致烧根现象,严重影响植株生长。

3. **防治措施**　①家畜粪肥应充分腐熟,施用时应与土壤充分混匀,避免单一施用化肥。②土壤溶液浓度过高时,应增加灌水量

和灌溉次数。在土地休闲期间进行灌水排盐。

(三)氨气危害

1. **表现症状**　发病初期叶缘或叶脉间出现水渍状,特别是在连续阴转晴时,叶片可出现萎蔫状,2~3 天后受害叶片呈白色或褐色、继而干枯。

2. **发生原因**　施用未腐熟的鸡粪、饼肥后,在棚内高温高湿的条件下,迅速发酵产生氨气。另外,地表撒施碳酸氢铵或尿素也会产生氨气,当氨气达到一定浓度后,导致植株叶片受害。

3. **防治措施**　①鸡粪、饼肥等有机肥必须充分腐熟后才可施用,尿素、碳酸氢铵先溶于水后再施用或穴施埋土。②施肥前后应加大通风量,特别是已有氨气危害的棚室更应迅速通风。对受害轻的蔬菜作物应加强肥水管理,盖帘遮光,促使其恢复生长。

第六节　设施蔬菜测土配方施肥技术

一、设施蔬菜测土配方施肥的概念

设施蔬菜配方施肥就是根据所栽培蔬菜的需肥规律、设施内土壤供应养分性能及所施肥料的性质等因素,在合理施用有机肥料的基础上,计算出氮、磷、钾及中量和微量元素肥料的适宜施用量的合理施肥技术,通过实施配方施肥,获得蔬菜优质高产和良好的肥料效应。设施蔬菜配方施肥包含配方和施肥两方面的内容。“配方”是根据所栽培蔬菜的需肥特性、目标产量、田间试验结果和土壤养分的测定结果等进行计算确定,或根据不同菜田的土壤肥力、产量水平下的“土壤养分丰缺指标”和“肥料养分施用指标”,确定氮、磷、钾等肥料的适宜用量。如果土壤缺少某种中量

元素或微量元素，蔬菜作物对该元素反应敏感，在专用配方肥中应适量添加该元素肥料。“施肥”是指在已确定需施肥料数量的前提下，根据栽培蔬菜作物生长发育的特点，结合蔬菜作物各阶段的需肥规律及土壤特性等，合理安排基肥、追肥的比例，确定追肥的时期、次数、施用量及有利发挥肥效的施肥方法。测土配方施肥的主要内容又可分为土壤养分测定、配方设计、专用配方肥料的生产和正确施肥等技术要点。

二、设施蔬菜测土配方施肥的依据

（一）蔬菜作物生长发育的营养特性

蔬菜作物生长发育的营养特点是设施蔬菜配方施肥的重要依据，正常营养是设施蔬菜优质高产的基础。设施蔬菜生长发育所必需的营养元素，有碳、氢、氧、氮、磷、钾、钙、镁、硫、锌、硼、锰、铜、铁、钼和氯等。每种营养元素都有各自的生理功能，具有同等重要性，不能被其他元素替代，配方施肥就是满足蔬菜作物对各种营养元素的需要。设施蔬菜主要是从土壤中吸收肥料养分，根外施肥（叶面喷施）是土壤施肥的补充手段，也是重要的施肥方法之一。

（二）土壤条件

土壤是作物生长发育的介质，作物吸收的养分大部分来自土壤，土壤中的营养元素主要是通过施肥补充的。因此，应根据土壤的养分含量、土壤的保肥性和供肥性、土壤酸碱度、土壤养分的有效性等因素确定配方施肥方案。

（三）气候条件

气候条件也是设施蔬菜配方施肥的依据之一。光照是作物光

合作用的能源,可促进作物对养分的吸收利用。

1. **光照**　日照与某些营养元素的缺乏有关系,如强光照易缺锌;光照不足易加剧缺铁。光照可影响作物对磷元素的吸收,多雨、少光照条件下,作物对磷的吸收量显著减少。

2. **温度**　设施内温度影响作物根系对养分的吸收能力,还影响土壤养分的活化和扩散速率,这是造成蔬菜作物缺素症的重要因素之一。温度高,蔬菜作物吸收的养分随之增加;低温时,作物吸收的养分随之减少。通常低温易发生蔬菜作物缺素症,缺磷、缺锌受低温影响最明显。

3. **水**　水是土壤溶解化肥和有机肥矿化的必要条件,土壤中的养分是依靠水分扩散和质流的方式向作物根表迁移并被作物吸收利用的。流动性差的钙、锰等元素,干旱时更易导致作物缺乏。钾、磷等元素在干旱条件下向作物根部的扩散显著减缓,也是促进缺素症的原因;相反,土壤水分过多时易促发缺镁和缺铁等,这是因为土壤水分过多时会稀释土壤溶液中养分浓度,并加速淋失。

4. **轮作中肥料的合理安排**　设施蔬菜复种指数大,在轮作中应根据不同的蔬菜种类、组合及其需肥特性合理安排肥料,充分利用养分资源,促进整个轮作周期的蔬菜高产和高效益。应掌握的原则:①培肥地力,用养结合。②降低成本,增强效益。不同的蔬菜种类,其营养特点和吸肥能力也不同。轮作中应适当搭配豆类蔬菜或吸肥能力强、根系发达的蔬菜。据报道,采用四季豆—春莴苣—菜秧—秋黄瓜轮作后,能使土壤物理性状得到改善。

三、肥料配方的基本方法

(一)地力分区级判断方法

地力分区级方法,是根据肥力高低分成若干个等级,参考做过

的肥料田间试验及当地施肥经验，经综合分析，估算出在不同地力区比较适宜施用的肥料种类和施用数量。该方法比较简便，提出的肥料用量和施用措施接近当地经验，便于推广施用。但这种方法比较粗放，只适于在技术力量不足、缺少科学测试手段的情况下，依靠部分土壤普查资料及群众经验而制定。在实施过程中，应结合试验示范，逐步完善测试手段。

（二）目标产量配方法

目标产量配方法是根据作物目标产量，由土壤和肥料两方面共同提供养分计算出作物所需的施肥量，目标产量配方法发展成养分平衡法和地力差减法两种通用的方法。

1. 养分平衡法　以土壤养分测定值来计算土壤供肥量，因土壤养分处于动态，测定值是一个相对量，需通过试验取得“校正系数”加以调整。计算施肥量的公式：

$$\text{作物施肥量（实物量千克/667 米}^2\text{）}=\frac{\text{目标产量}\times\text{单位产量需肥}-\text{土壤养分测定量}\times 0.15\times\text{校正系数}}{\text{肥料中养分含量（\%）}\times\text{肥料利用率（\%）}}$$

公式中，作物单位产量的养分吸收量数值，可查有关资料或实测；土壤养分测定量，是指土壤所含速效性氮、磷、钾等养分的含量（毫克/千克）；0.15 是将养分浓度单位毫克/千克换算为千克/667 米^2 的系数；校正系数是修正土壤养分测定值，使之接近作物实际可吸收利用的数值。

2. 地力差减法　优点是不需要进行土壤测试，避免了养分平衡法的缺点。本方法是根据作物产量是由土壤和肥料共同提供养分的原理，全部依靠土壤供应养分、不施肥料所获得的产量可称空白产量（基础产量），这样可以从目标产量中减去空白田产量，这部分的产量就是靠施肥所增加的产量，其计算施肥量的公式：

$$\frac{\text{施肥量}}{(667\text{米}^2)}=\frac{(\text{目标产量}-\text{基础产量})\times\text{单位养分的吸收量}}{\text{肥料中养分含量}(\%)\times\text{肥料利用率}(\%)}$$

目标产量可采用平均单产法来确定,平均单产法是利用施肥区前3年平均单产和年递增率为基础确定目标产量,其计算公式:

$$\frac{\text{目标产量}}{(667\text{米}^2)}=(1+\text{递增率})\times\text{前3年平均单产}(\text{千克}/667\text{米}^2)$$

一般露地蔬菜递增率为20%,设施蔬菜为30%。

作物需肥量:通过对正常成熟的农作物全株养分的分析,测定各种作物百千克经济产量所需养分量,乘以目标产量即可获得作物需肥量。

$$\frac{\text{作物目标产量所}}{\text{需养分量(千克)}}=\frac{\text{目标产量(千克)}}{100}\times\frac{\text{百千克产量所}}{\text{需养分量(千克)}}$$

土壤供肥量可以通过测定基础产量、土壤有效养分校正系数两种方法进行估算。

通过基础产量估算:不施肥区作物所吸收的养分量作为土壤供肥量。

$$\frac{\text{土壤供肥}}{\text{量(千克)}}=\frac{\text{不施养分农作物产量(千克)}}{100}\times\frac{\text{百千克产量所}}{\text{需养分量(千克)}}$$

通过土壤有效养分校正系数估算:将土壤有效养分测定值乘一个校正系数,以表达土壤“真实”供肥量,该系数称为土壤有效养分校正系数。

$$\frac{\text{土壤有效养分}}{\text{校正系数}(\%)}=\frac{\text{缺素区作物地上部分吸收该元素量}(\text{千克}/667\text{米}^2)}{\text{该元素土壤测定值(毫克/千克)}\times 0.15}$$

肥料利用率一般通过差减法来计算:利用施肥区作物吸收的养分量减去不施肥区农作物吸收的养分量,其差值视为肥料供应的养分量,再除以所用肥料养分量就是肥料利用率。

$$\text{肥料利用率}(\%)=\frac{\text{施肥区农作物吸收养分量}(\text{千克}/667\text{米}^2)-\text{缺素区农作物吸收养分量}(\text{千克}/667\text{米}^2)}{\text{肥料施用量}(\text{千克}/667\text{米}^2)\times\text{肥料中养分量}(\%)}\times 100$$

专用配方肥料包括无机肥料与有机肥料。无机肥料、商品有机肥料含量按其标明量,不明养分含量的有机肥养分含量可参照当地不同类型有机肥养分平均含量获得。有关肥料配方参考数据见表1-4至表1-8。

表1-4 主要蔬菜100千克经济产量吸收氮、磷、钾量

(单位:千克)

蔬菜名称	N	P_2O_5	K_2O	蔬菜名称	N	P_2O_5	K_2O
结球甘蓝	0.30	0.01	0.22	黄　瓜	0.27	0.13	0.35
大白菜	0.19	0.09	0.34	冬　瓜	0.14	0.05	0.22
花椰菜	0.11	0.21	0.49	苦　瓜	0.53	0.18	0.69
菠　菜	0.25	0.09	0.53	西葫芦	0.55	0.22	0.41
芹　菜	0.20	0.09	0.39	豇　豆	0.41	0.25	0.88
茴　香	0.38	0.16	0.23	菜　豆	0.34	0.22	0.59
白　菜	0.28	0.03	0.21	韭　菜	0.37	0.09	0.31
莴　笋	0.21	0.07	0.32	洋　葱	0.24	0.07	0.41
芫　荽	0.36	0.14	0.88	大　葱	0.18	0.06	0.11
番　茄	0.35	0.10	0.39	大　蒜	0.51	0.13	0.18
茄　子	0.32	0.09	0.45	莲　藕	0.60	0.22	0.46
甜　椒	0.52	0.11	0.66	茭　白	0.39	0.13	0.69
春萝卜	0.22	0.03	0.30	姜	0.63	0.16	0.93
萝　卜	0.31	0.19	0.58	西　瓜	0.33	0.11	0.40
胡萝卜	0.24	0.08	0.57	甜　瓜	0.28	0.13	0.38

表 1-5　常用无机肥料养分含量

名　称	分子式	养分含量	颜　色	物理形状	备　注
尿　素	$CO(NH_2)_2$	N　46%	白色晶体	易溶于水	
硫酸铵	$(NH_4)_2SO_4$	N　20%~21%	白色粉末或粒状结晶	易溶于水，吸湿性小	
氯化铵	NH_4Cl	N　25%	白色或淡黄色晶体	易溶于水，吸湿性小	忌氯作物慎用
硝酸铵	NH_4NO_3	N　34%~35%	白色晶体	易溶于水，吸湿性大	防潮
硝酸钾	KNO_3	N　13.5% K_2O　46%	白色晶体	易溶于水，吸湿性小	防潮
硝酸钙	$Ca(NO_3)_2 \cdot 4H_2O$	N　34%~35% Ca　26%	白色晶体	易溶于水，吸湿性大	防潮
过磷酸钙	$Ca(H_2PO_4)_2$ $CaSO_4 \cdot 7H_2O$	P_2O_5　12%~20%，S　12%，Ca　19%~22%	灰白色或淡灰色粉末	水溶性好，吸湿性大	防潮
磷酸二铵	$(NH_4)_2HPO_4$	N　16%~21%， P_2O_5　46%~54%	白色晶体	易溶于水，吸湿性小	pH8
磷酸二氢钾	KH_2PO_4	P_2O_5　52.2%，K_2O　34.6%	白色结晶粉状	易溶于水，吸湿性小	
硫酸钾	K_2SO_4	K_2O　50%~52%	白色粉末	易溶于水，吸湿性小	生理酸性
氯化钾	KCl	K_2O　50%~60%，Cl　48%	白色结晶或淡黄、紫红色	易溶于水，吸湿性小	忌氯作物慎用
硫酸镁	$MgSO_4 \cdot 7H_2O$	Mg　9.86%，S　13%	白色针状结晶，粉状或颗粒状	易溶于水	

续表 1-5

名　称	分子式	养分含量	颜　色	物理形状	备　注
硫酸亚铁	$FeSO_4 \cdot 7H_2O$	Fe 20.7%,S 12%	蓝绿色结晶	易溶于水	
硫酸锌	$ZnSO_4 \cdot 7H_2O$	Zn 23%,S 11%	无色或白色	易溶于水	
硫酸铜	$CuSO_4 \cdot 5H_2O$	Cu 24.5%, S 12.5%	蓝或淡蓝结晶	易溶于水	
钼酸铵	$(NH_4)_6Mo_7O_{24} \cdot 4H_2O$	Mo 54.3%	白、无或淡黄色	易溶于水	
硼　砂	$Na_2B_4O_7 \cdot 10H_2O$	B 11.3%	无或白色结晶	易溶于水	
硼　酸	H_3BO_3	B 17.5%	无或白色结晶	易溶于水	

表 1-6　常用有机肥养分含量

品　种	水分	灰分（%）	粗有机物（%）	全氮（N%）	全磷（P_2O_5%）	全钾（K_2O%）	铜（毫克/千克）	锌（毫克/千克）	铁（毫克/千克）	锰（毫克/千克）	硼（毫克/千克）	pH 值
人　粪	75.3	25.2	25.0	1.9	1.3	0.91	60.2	240.0	4680.0	330.2	3.50	6.5~8.2
猪　粪	74.0	35.3	24.9	1.3	1.2	0.92	40.3	180.6	5000.0	301.7	7.3	6.0~8.5
牛　粪	74.3	32.2	55.1	1.1	0.9	0.91	26.0	72.2	3307.0	261.9	11.2	7.0~9.0
羊　粪	60.8	41.2	51.2	1.4	0.8	1.01	27.7	69.2	3500.4	291.7	20.1	7.5~8.5
鸡　粪	29.5	40.1	52.5	1.2	1.1	1.16	35.8	170.2	7030.2	322.6	16.4	7.0~9.0
大豆饼	80.8	12.1	66.2	6.3	1.6	2.01	25.6	51.0	307.1	44.3	—	—
棉籽饼	—	10.0	80.3	4.0	2.0	1.6	26.2	47.3	166.0	24.1	—	—
小麦秸	—	—	78.0	0.6	0.21	1.1	28.0	57.9	5400.1	420.0	—	—
玉米秸	75.0	—	64.9	0.9	0.6	1.2	19.6	30.9	120.0	66.4	—	—
豆　秸	65.8	—	65.6	1.1	0.50	1.1	13.0	14.2	478.1	77.0	—	—
高温堆肥	60.9	41.4	53.1	0.8	0.51	0.50	20.1	33.9	721.0	67.0	—	—
草木灰	3.1	—	—	0.51	0.60	3.8	—	—	—	—	—	—

表 1-7 肥料利用率参考值

作物类型	有机肥		化 肥	
菜 田	N	10%~20%	N	10%~30%
	P_2O_5	5%~10%	P_2O_5	8%~12%
	K_2O	20%~30%	K_2O	20%~50%

表 1-8 土壤养分利用率参考值

	碱解氮		速效磷		速效钾	
	含 量（毫克/千克）	利用率（%）	含 量（毫克/千克）	利用率（%）	含 量（毫克/千克）	利用率（%）
瓜菜田	>160	40	>80	30	>300	30
	120~160	45	40~80	40	200~300	35
	80~120	50	20~40	50	150~200	40
	<80	60	<20	60	<150	50

四、配方肥料的合理施用

在设施蔬菜作物对养分需求与供应平衡的基础上，坚持有机肥与无机肥料结合，大量元素与中量元素、微量元素相结合，基肥与追肥相结合，施肥与其他措施相结合。在确定了肥料用量和肥料配方后，合理施肥的重点是选择肥料种类、确定施肥时期和施肥方法等。

（一）配方肥料种类

根据土壤性状、肥料特性、作物营养特性、肥料资源等综合因素确定肥料种类，可选用单质或复混肥料自行配制配方肥料，也可直接购买配方肥料。

（二）施肥时期

根据肥料性质和蔬菜的营养特性，适时施肥。在蔬菜生长旺盛和吸收养分的关键时期应重点施肥，有灌溉条件的地区应分期施肥。

（三）施肥方法

目前设施蔬菜栽培施肥常用基肥、追肥、种肥等方式，基施多采用撒施后耕翻或条施、穴施等方法；追肥常用撒施后浇水或条施、穴施、冲施、喷施等方法，生产中应根据蔬菜种类、栽培方式、肥料性质等选择适宜的施肥方法。例如，氮肥应深施覆土，施肥后灌水量不能大，否则易造成氮素淋洗损失；水溶性磷肥应集中施用，难溶性磷肥应分层施用或与有机肥料、微生物肥料堆沤后撒施；有机肥料经腐熟后撒施，并深翻入土；有机肥料和化学肥料、微生物肥料混配后可作基肥等。

（四）施肥数量

对于分区配方的地区，要根据每一特定分区，在确定肥料种类之后，利用上述基于田块的肥料配方设计中肥料用量的推荐方法，确定该区肥料的推荐用量。而对于田块配方的地区，在进行田块配方的同时就确定了肥料推荐用量，无须重新确定施肥数量。

五、设施蔬菜配方施肥有关参考数据

（一）设施蔬菜土壤有效养分丰缺状况分级指标

设施蔬菜栽培土壤有效养分丰缺状况分级的参考值见表1-9。

表 1-9　设施蔬菜栽培土壤有效养分状况分级参考值　（毫克/千克）

碱解氮(N)		有效磷(P_2O_5)		速效钾(K_2O)	
含　量	丰缺状况	含　量	丰缺状况	含　量	丰缺状况
<100	严重缺乏	<30	严重缺乏	<80	严重缺乏
100~200	缺　乏	30~60	缺　乏	80~160	缺　乏
200~300	适　宜	60~90	适　宜	160~240	适　宜
>300	过　高	>90	偏　高	>240	偏　高
交换性钙(CaO)		交换性镁(MgO)		有效硫(SO_4^{2-})	
含　量	丰缺状况	含　量	丰缺状况	含　量	丰缺状况
<400	严重缺乏	<60	严重缺乏	<40	严重缺乏
400~800	缺　乏	20~120	缺　乏	40~80	缺　乏
800~1200	适　宜	120~180	适　宜	80~120	适　宜
>1200	偏　高	>180	可能偏高	>120	偏　高

（二）设施蔬菜土壤微量元素状况分级指标

设施内土壤微量元素状况分级指标参考值见表 1-10。

表 1-10　土壤微量元素状况分级指标参考值　（毫克/千克）

元素	类　别	分级指标			适用的土壤
		低	中　等	高	
B	有效硼	0.25~0.50	0.50~1.00	1.00~2.00	
Mn	活性锰	50~100	100~200	200~300	
Zn	有效锌(DtPA 溶液提取)	0.5~1.0	1.0~2.0	2.4~4.0	石灰性土壤
	有效锌(0.1 摩/升 HCl 提取)	1.0~1.5	1.5~3.0	3.0~5.0	酸性土壤
Cu	有效铜(DtPA 溶液提取)	0.1~0.2	0.2~1.0	1.0~1.8	
Mo	有效钼(草酸-草酸铵溶液提取)	0.10~0.15	0.15~0.20	0.20~0.30	

(三)设施蔬菜土壤肥力分级参考值

设施蔬菜土壤肥力分级参考值见表1-11。

表1-11 设施内蔬菜土壤肥力分级参考值 (毫克/千克)

蔬 菜	土壤养分	不同肥力土壤		
		低肥力	中肥力	高肥力
白 菜	碱解氮	<100	100~140	>140
	速效磷	<50	50~100	>100
	速效钾	<120	120~160	>160
早熟甘蓝	碱解氮	<90	90~120	>120
	速效磷	<50	50~100	>100
	速效钾	<100	100~150	>150
中熟甘蓝	碱解氮	<100	100~140	>140
	速效磷	<50	50~100	>100
	速效钾	<120	120~160	>160
番 茄	碱解氮	<110	110~150	>150
	速效磷	<60	60~110	>110
	速效钾	<130	130~170	>170

(四)设施蔬菜不同肥力的土壤养分利用系数参考值

不同肥力菜地的土壤养分利用系数参考值见表1-12。

表 1-12　不同肥力菜地的土壤养分利用系数参考值

蔬菜种类	土壤养分	不同肥力土壤的养分利用系数		
		低肥力	中肥力	高肥力
早熟甘蓝	碱解氮	0.72	0.58	0.45
	速效磷	0.50	0.22	0.16
	速效钾	0.72	0.54	0.38
中熟甘蓝	碱解氮	0.85	0.72	0.64
	速效磷	0.75	0.34	0.23
	速效钾	0.93	0.84	0.52
白　菜	碱解氮	0.81	0.64	0.44
	速效磷	0.67	0.44	0.27
	速效钾	0.77	0.45	0.21
番　茄	碱解氮	0.77	0.74	0.36
	速效磷	0.52	0.51	0.26
	速效钾	0.86	0.55	0.47
黄　瓜	碱解氮	0.44	0.35	0.30
	速效磷	0.68	0.23	0.18
	速效钾	0.41	0.32	0.14
萝　卜	碱解氮	0.69	0.58	—
	速效磷	0.63	0.37	0.20
	速效钾	0.68	0.45	0.33

(五)形成1000千克商品菜所需养分

形成1000千克商品菜所需养分的大致数量见表1-13。

表 1-13　形成 1 000 千克商品菜所需要养分的大致数量　（千克）

蔬菜品种	收获物	养分需要的大致数量		
		氮(N)	磷(P)	钾(K)
大白菜	叶　球	1.8~2.2	0.4~0.9	2.8~3.7
油　菜	全　株	2.8	0.3	2.1
结球甘蓝	叶　球	3.1~4.8	0.5~1.2	3.5~5.4
花椰菜	花　球	10.8~13.4	2.1~3.9	9.2~12.0
菠　菜	全　株	2.1~3.5	0.6~1.8	3.0~5.3
芹　菜	全　株	1.8~2.6	0.9~1.4	3.7~4.0
茴　香	全　株	3.8	1.1	2.3
莴　苣	全　株	2.1	0.7	3.2
番　茄	果　实	2.8~4.5	0.5~1.0	3.9~5.0
茄　子	果　实	3.0~4.3	0.7~1.0	3.1~0.6
甜　椒	果　实	3.5~5.4	0.8~1.3	5.5~7.2
黄　瓜	果　实	2.7~4.1	0.8~1.1	3.5~5.5
冬　瓜	果　实	1.3~2.8	0.5~1.2	1.5~3.0
南　瓜	果　实	3.7~4.8	1.6~2.2	5.8~7.3
架芸豆	豆　荚	3.4~8.1	1.0~2.3	6.0~6.8
豇　豆	豆　荚	4.1~5.0	2.5~2.7	3.8~6.9
胡萝卜	肉质根	2.4~4.3	0.7~1.7	5.7~11.7
水萝卜	肉质根	2.1~3.1	0.8~1.9	3.8~5.1
小萝卜	肉质根	2.2	0.3	3.0
大　蒜	鳞　茎	4.5~5.1	1.1~1.3	1.8~4.7
韭　菜	全　株	3.7~6.0	0.8~2.4	3.1~7.8
大　葱	全　株	1.8~3.0	0.6~1.2	1.1~4.0
葱　头	鳞　茎	2.0~2.7	0.5~1.2	2.3~4.1
生　姜	块　茎	4.5~5.5	0.9~1.3	5.0~6.2
马铃薯	块　茎	4.7	1.2	6.7

(六)配方施肥中有机肥用量的计算方法

为了保持菜地土壤肥力不下降,必须补充种植上季作物所消耗土壤中的有机质,也就是用有机肥补充作物从土壤中吸收的养分量(以氮计)。土壤有机质的年矿化率为3%左右,如果土壤含有机质为2%,则每年每667米^{2}矿化消耗有机质为:150 000×2%×3%=90千克。再将这个数字用有机肥料的腐殖化系数换算成实物量。

例如,猪厩肥腐殖化系数为36%,含水量为80%,每667米^{2}需要补充土壤消耗有机质的应施猪厩肥量为:90÷(36%×20%)=1 250千克。这就是每667米^{2}菜地保持土壤有机质不下降的有机肥最低用量。

计算有机肥最低用量的公式:

$$\text{有机肥最低用量(千克)}=\frac{\text{土壤有机质含量(\%)}\times\text{有机质矿化率(\%)}}{\text{有机肥腐殖化系数(\%)}\times(1-\text{有机肥含水量})}\times 150\,000$$

也就是说,要保持土壤肥力不下降,有机肥料最低施用量应该使有机肥残留的养分量等于土壤供给作物所消耗的养分量(以氮计),假设某种蔬菜的土壤供氮量约为吸收量的1/2,则每667米^{2}土壤的有机肥料最低用量应为:

$$\text{有机肥最低用量(千克)}=\frac{\text{土壤供给氮养分量}}{\text{有机肥含氮量}\times(1-\text{有机肥氮素利用率})}$$

$$=\frac{\text{作物目标产量所需氮养分量}\times 1/2}{\text{有机肥含氮量}\times(1-\text{有机肥氮素利用率})}$$

例如,某种蔬菜目标产量设计为每667米^2 3 500千克,应最少施用多少优质有机肥(设定有机肥含氮0.3%,利用率30%),才能保持土壤肥力不减?

解:首先查得每生产 100 千克蔬菜需吸收氮 0.35 千克,则每 667 米^2 土壤有机肥最低用量为:

$$有机肥最低用量(千克)=\frac{3\,500\times0.35\div100\times1/2}{0.3\%\times(1-30\%)}=2\,917$$

每 667 米^2 施用 2 917 千克优质有机肥能为某种蔬菜作物提供氮素为:2 917×0.3%×30%=2.63(千克/667 米^2)。

(七)不同肥料当季利用率参考值

不同肥料的当季利用率参考值见表 1-14。

表 1-14 不同肥料的当季利用率参考值

肥料名称	利用率(%)	肥料名称	利用率(%)	肥料名称	利用率(%)
一般圈粪	15~30	氨　水	40~50	过磷酸钙	15~30
土圈粪	10~25	硫酸铵	45~60	钙镁磷肥	15~25
堆沤粪	20~30	硝酸铵	45~65	磷矿粉	5~10
坑　粪	25~40	氯化铵	35~50	硫酸钾	45~60
粪尿肥	30~60	碳　铵	35~55	氯化钾	45~60
绿　肥	25~40	尿　素	35~50	草木灰	25~40

(八)土壤养分缺素症的临界值

一般情况下,当土壤中某种元素含量低到一定程度时就容易引起作物缺素症,引起土壤养分缺素症的临界值见表 1-15。

表 1-15　土壤养分缺素症的临界值

营养元素名称			临界含量(100 克土)
大量元素	氮(N)	全氮(N)	<1000 毫克
	磷(P)	全磷(P_2O_5)	<30 毫克
	钾(K)	交换钾(K_2O)	<5 毫克
中量元素	钙(Ca)	交换钙(CaO)	<28 毫克
	镁(Mg)	交换镁(毫克)	<10 毫克
	硫(S)	全硫(S)	<20 毫克
pH 值	4. 8		
微量元素	锌(Zn)	乙酸钠缓冲液浸出	<10 毫克
	硼(B)	还原性锰	<8 毫克
	锰(Mn)	热水浸出	<0. 02~0. 03 毫克
	铜(Cu)	0. 1 摩/升盐酸浸出	<0. 05~0. 09 毫克
	铁(Fe)	0. 1 摩/升盐酸浸出	<0. 09~0. 16 毫克
	钼(Mo)	草酸铵浸出	<0. 012~0. 04 毫克
特殊元素	硅(Si)	pH 值为 4 的乙酸钠缓冲液浸出 SiO_2	<10 毫克

第七节　设施蔬菜营养失调症及防治

一、大量元素营养失调症

(一)氮素营养失调症

1. 氮素缺乏症状　蔬菜作物缺乏氮营养时,生长减慢,植株

矮小、瘦弱,叶片薄而小,整个叶片呈黄绿色,严重时下部老叶几乎呈黄色至干枯死亡。根系最初色白而细长、数量少,后期根停止生长、呈现褐色。茎细、分蘖少或分枝少。结球类叶菜包心延迟或不包心,果菜类蔬菜果实小或畸形。各种蔬菜表现的缺氮症状不尽相同。

2. 氮素过剩症状 蔬菜作物氮素过剩,枝叶徒长,营养生长过旺而抑制生殖生长,不能充分进行花芽分化。抑制多种元素的正常供应,必然会造成花蕾细长,子房小,花粉粒不饱满,易落花落果或果实小,且果实品质差、缺甜味、着色差、熟期晚。氮肥供应过剩对瓜果类菜类和根菜类蔬菜影响较大,果菜类主要表现为小叶增多、徒长,开花少,坐果率低,果实畸形,容易出现筋条果、苦味瓜,果实着色不良,品质低劣。根菜类往往地上部生长过旺,地下部肉质根发育不良,膨大受影响,储藏物质减少,肉质根细小或不能充实,容易导致肉质根空心。目前,有些棚室施氮肥过多,特别是施鸡粪过多,造成蔬菜细胞中毒,番茄易发生脐腐病。

3. 防治方法 不同种类的蔬菜对氮素过剩的耐性不同,所表现的症状各异,其危害也有差别,防治方法也不同,在实际生产中应具体问题分别对待,不可一概而论。例如,土壤氮素浓度过大时,可浇大水稀释;设施蔬菜施氮肥后及时通风换气,保护叶片;植株发生缺氮症状时,可喷含锌较高的氨基酸复合微肥600~800倍液+1%尿素溶液,每7~8天喷1次,连续喷2~3次;高温或低温期在植株叶面上喷氨基酸复合微肥800倍液+1%磷酸二氢钾溶液,每7~8天喷1次;发生氮害时,可遮阴降温,叶面喷水,切勿通风,以免造成脱水蔫秧。

(二)磷素营养失调症

磷是植物营养的三要素之一,我国许多土壤磷素供应不足。因此,定向地调节磷素状况,合理施用磷肥,是提高土壤肥力,达到

设施蔬菜高产优质的重要措施之一。

1. **磷素过剩症状**　磷素过多时，蔬菜叶肥厚而密集，繁殖器官过早发育，茎叶生长受到抑制，引起植株早衰。由于水溶性磷酸盐可与土壤中锌、铁、镁等营养元素生成溶解度低的化合物，降低上述元素的有效性。因此，因磷素过多而引起的病症，通常以缺锌、缺铁、缺镁等的失绿症表现出来。

2. **磷素缺乏症状**　蔬菜根的发育对磷最为敏感，苗期缺磷对植株影响最大，缺磷首先从下位老叶开始，逐渐向上位叶发展。植株矮小，出叶慢，叶片少而小、色暗绿无光泽，有些蔬菜叶脉呈紫红色。果菜类蔬菜花芽分化受阻，开花结果不良。结球类蔬菜结球推迟，球体疏松不实。

3. **防治方法**　设施土壤速溶性磷以24~60毫克/千克为宜，如磷过剩，可通过深翻土壤增加透气性，以及填土、换土等措施解除或减轻磷积累危害。防治缺磷，可增施有机肥培肥地力，提高土壤供磷能力；改良过酸或过碱的土壤，促使土壤趋向中性，减少土壤对磷的固定；设施蔬菜应满足对地温的要求，避免因地温低引起磷吸收受阻；磷肥作基肥早施，如果能把磷肥与少量腐熟有机肥混合并采用集中施用的方法更好。一般酸性土壤宜用钙镁磷肥，碱性至中性土壤最好施用过磷酸钙，酸性至中性土壤最好选用高浓度的磷酸铵。发现缺磷，应及时喷氨基酸复合微肥加磷酸二氢钾或过磷酸钙浸提液，同时加入尿素，能较快矫正受害植株。

（三）钾素营养失调症

钾是蔬菜作物生长发育和维持优质高产必需的大量营养元素之一，钾在作物体中含量占总干物质总重的1%~5%，和氮的含量大致相当。许多高产蔬菜作物，如番茄、马铃薯等对钾的吸收量大于氮，居各元素之首。生产中，钾素的缺乏已成为蔬菜作物产量和品质提高的一个限制因子。

1. 缺钾失调症状 设施蔬菜缺钾的共同特征是从植株下部老叶叶尖、叶缘开始黄化,沿叶肉向内延伸,继而叶缘变枯焦,叶面皱缩并有褐斑,病症由下位叶向上位叶发展。叶菜类在生长初期即可出现明显症状;根茎蔬菜类在根茎膨大期出现症状;结球蔬菜类在结球开始时才出现症状,并且叶片皱缩,手摸有硬感;果菜类在生长初期一般不出现症状,在果实膨大时才在老叶上出现症状。

2. 防治方法 因设施蔬菜地普遍缺钾,增施钾肥一般可增产10%以上,在严重缺钾的菜地可增产1~2倍。一般每667米^{2}计划蔬菜产量10吨,投入含量为50%的硫酸钾200千克左右,增产效果显著。钾素主要作用是壮秆膨果,蔬菜盛果期22%的钾素被茎秆吸收利用,78%的钾素被果实利用,因此钾是决定茄果类蔬菜产量的主要养分。另外,在高湿、低温条件下缺钾可引起化瓜,果肉下陷,果皮薄、软腐等,一般每667米^{2}可施50%硫酸钾22千克左右,以充实果肉;叶面喷氨基酸复合微肥600~800倍液+0.5%硫酸铜溶液,每7~10天喷1次,可降低灰霉病的严重发展。也可每667米^{2}冲施50%硫酸钾20千克左右。蔬菜缺钾时应立即追施钾肥,也可叶面喷施1%氯化钾溶液或0.2%磷酸二氢钾溶液。

二、中量元素营养失调症

(一)钙素营养失调症状

1. 缺钙症状 缺钙植株矮小或藤生状,病态先出现于根部和地上部的幼嫩部分,未老先衰或容易腐烂死亡。幼叶、茎、根的生长点首先出现症状,轻者呈现凋萎,重者生长点坏死。幼叶变形,叶尖往往出现弯钩状,叶片皱缩,边缘向下或向前卷曲,新叶抽出困难,叶尖相互粘连,有时叶缘呈不规则的锯齿状,叶尖和叶缘发黄或焦枯坏死。有些结球的十字花科蔬菜,如大白菜缺钙时,包被在中间的叶片焦枯坏死呈“干烧心”。有些蔬菜在缺钙时植株不结实或少结实,有时在果实脐部出现圆形干腐病斑,多在幼果期开始发生(如番茄的脐腐病)。

2. **防治方法**　酸性土壤每667米^{2}施石灰70~100千克;碱性土壤每667米^{2}施氯化钙20千克或石膏50~80千克。高温、低温期叶面喷施0.3%~0.5%氯化钙溶液或过磷酸钙300倍液。干旱期在傍晚浇水或施用生物菌剂,以利溶解分化土壤钙素,促进蔬菜作物对钙的吸收利用。在蔬菜作物易发生缺钙阶段和已有缺钙症状时,应停止施用氮、磷、钾肥,追施硼、锰、锌肥予以缓解。有机肥充足的菜地无需补钙,只需经常浇施一些生物菌肥,以分解土壤和有机肥中的钙素。在低温或高温期可叶面喷施钙肥,以免导致生理病害造成损失。结果期少施磷肥,以防土壤板结。在果实膨大初期,可叶面喷施钙素肥料。

(二)镁素营养失调症

镁不仅是植物叶绿素的组成成分,还是许多酶的活化剂,参与脂肪代谢和氮的代谢,对调节植物体内酶的活性十分重要。增施镁肥可增加产量,适量施镁肥可增加叶绿素、胡萝卜素及碳水化合物的含量。

1. **缺镁素症状**　蔬菜缺镁症状,首先表现在植株中下部叶片的叶脉间褪绿,叶绿素含量下降,由淡绿色变黄、再变紫,随后向叶基部和中央扩展,但叶脉仍保持绿色,叶脉间叶肉变黄失绿,逐渐从淡绿色转为黄色或白色,出现大小不一的褐色或紫红色斑点或条纹,在叶片上形成清晰的网状脉纹。严重缺镁时,全株叶片出现坏死现象,叶片枯萎、脱落,根、冠比降低,开花受抑制,花的颜色苍白,后期叶缘向下卷曲,由边缘向内发黄。

2. **防治方法**　设施蔬菜常用的含镁肥料主要有硫酸镁、硝酸镁、钾镁肥等水溶性镁肥,可溶于水,易于被作物吸收利用。钙镁磷肥、白云石等肥料中也含有镁,为微水溶性或难溶于水,肥效缓慢,适用于酸性土壤。含镁肥料宜与其他肥料配合施用,可作基肥、追肥和叶面肥。作基肥施用时,在施足腐熟有机肥和氮、磷、钾肥的基础上,沙质土壤宜增施含镁肥料,尤其是老菜田和重茬地宜施用硫酸镁,一般每年每 667 米^2 施用硫酸镁 10~15 千克。在蔬菜生长前期和中期,叶面喷施 1%~2%硫酸镁溶液 2~3 次,喷施间隔时间为 8 天左右,以防中后期出现镁缺乏症。在大量施用钾肥、钙肥、铵态氮肥的条件下,易造成作物缺镁,可配合施用镁肥。水溶性镁肥宜作追肥,微水溶性镁肥宜作基肥。茄果类蔬菜在缺镁造成整株叶片黄化时需立即补镁,结果期可追施钾镁肥(含镁 20%、钾 33%),每次每 667 米^2 施用量为 25~35 千克。

三、微量元素营养失调症

(一)硼素营养失调症

1. **缺硼素症状**　缺硼蔬菜叶色暗绿,生长点停滞生长,甚至枯萎死亡。顶芽弯曲枯死后,腋芽萌发,侧枝丛生,形成多头大簇。根系发育不良,根尖伸长停止、呈褐色,侧根增密。老叶增厚变脆,叶色深,无光泽,叶脉粗糙肿起,新叶皱缩、卷曲失绿,叶柄增粗短缩,叶片有紫色条纹。茎矮缩,严重时出现茎裂和木栓化现象。蕾花脱落,花少而小,常花而不实,结实率低,果皮无光泽、有爪挠状龟裂,果实生长慢、产量低。

2. **硼素过剩症状**　硼素过多时能引起蔬菜作物中毒,一般在植株中下部叶尖端或边缘褪绿,随后出现黄褐色斑块,叶片下凋,叶缘上卷,叶尖、叶缘出现灼伤,甚至坏死焦枯。叶脉呈辐射状的双子叶植物整个叶缘枯焦,由鲜紫绿色变为暗紫黑色,叶脉近处无锈斑。褐锈色叶肉钙化,韧性强,继而近叶脉处叶肉褪绿、变黄,整

叶内卷,潮湿时 15 天左右整叶腐败。老叶比新叶症状严重。

3. 防治方法

(1)合理施用硼肥　硼肥作基肥时,每 667 米^2 用量宜在 0.5~1.5 千克,视土壤缺硼程度和蔬菜作物种类而变动。缺硼土壤,甜菜每 667 米^2 施硼肥 1.2~1.5 千克,马铃薯、花椰菜、胡萝卜、番茄等每 667 米^2 施 1~1.4 千克。土壤施硼应均匀,否则容易导致局部硼过多的危害。也可每 667 米^2 用氨基酸复合微肥 600~800 倍液或 0.1%~0.2%硼砂或硼酸溶液 45~60 千克进行叶片正、反两面均匀喷雾。喷雾浓度因蔬菜种类不同而异,番茄、芹菜等可用 0.2%浓度,洋葱用 0.1%浓度较好。茄果类蔬菜宜在初花期喷施,叶菜类蔬菜宜在苗期喷施。缺硼较严重的,隔 8 天后可再喷施 1 次。

(2)增施有机肥　硼肥作基肥可与化肥、有机肥等混合施用,这样既能提高施用硼肥的均匀性,又可增加施硼效果。有机肥料一般含硼 20~30 毫克/千克,施入土壤后分解释放出来,既可提高土壤供硼水平,又能改善土壤结构和理化性状。

(3)平衡施肥　在增施有机肥的基础上,应控制氮肥用量,氮过多,会抑制蔬菜作物对土壤中硼的吸收。

(4)合理灌溉　菜地缺水时要及时适量灌溉,以促进硼的吸收。灌水不可过多,以防土壤水溶性硼流失,导致土壤缺硼。

(5)补救措施　因硼中毒的蔬菜作物呈微酸性,可叶面喷 240 倍液的石灰水解毒。在发生硼过量的菜地施钙、镁、钾肥可凝固和降低硼素活性而解毒,还可控制浇水减少有效硼的移动,避免和减轻硼中毒而沤根。酸性土壤有效硼在 1.2 毫克/千克时蔬菜作物会中毒,每 667 米^2 施石灰 50~80 千克,以固定硼素,缓解硼害;石灰性土壤有效硼在 3~4 毫克/千克时,蔬菜作物不会发生中毒。

(二)铁素营养失调症

1. 缺铁素症状 蔬菜在缺铁时症状首先在植株顶端等幼嫩部位表现出来,植株矮小失绿,叶脉间出现失绿症,在叶片上明显可见叶脉深绿、脉间黄化,黄绿相间很明显。缺铁严重时,叶片出现坏死斑点,并逐渐枯死;茎、根生长受阻,根尖直径增加,产生大量根毛等;幼叶叶脉间失绿,呈条纹状,中、下部叶片出现黄绿色条纹,严重时整个新叶失绿、发白。缺铁初期或缺铁不严重时,叶肉部分首先失绿变成淡绿色、淡黄绿色、黄色甚至白绿色,而叶脉仍保持绿色,形成网状。随着缺铁时间的延长或严重缺铁时,叶脉的绿色也会逐渐变淡并逐渐消失,使整片叶呈黄色或白色,有时会出现棕褐色斑点,最后叶片脱落,嫩枝死亡。双子叶蔬菜作物比单子叶蔬菜作物更容易表现缺铁,如甘蓝、番茄易出现缺铁现象。

2. 铁素过剩症状 铁素过多易导致蔬菜植株中毒,在老叶上发生褐色斑点,根部呈灰黑色,根系容易腐烂。

3. 防治方法 土壤缺铁比较普遍,酸性土壤过量施用石灰或锰时,蔬菜植株会出现诱发性缺铁。设施蔬菜栽培土壤的水、气状况严重失调,温度不适,也会影响蔬菜根系对铁的吸收。铁肥多采用叶面喷施,一般在土壤有效铁小于 10 毫克/千克时施铁肥有不同程度的增产效果。在缺铁土壤,对茄果类作物施用铁肥,增产幅度在 5.8%以上。硫酸亚铁主要用于叶面喷施,浓度为 0.2%~1%,一般需多次喷施,现配现用。铁肥施用方法:一是可将硫酸亚铁和有机肥混合均匀后作基肥施用。二是叶面喷施。在蔬菜刚出现缺铁症状时,可用含铁的氨基酸复合微肥 500~600 倍液或 0.2%~1%硫酸亚铁溶液叶面喷施。为提高防治效果,可在溶液中加入适量尿素。一般每隔 7~10 天喷 1 次,连喷 2~3 次。三是土壤为强碱性时,每 667 米^2 可施用硫磺粉 13~20 千克。

(三)锰素营养失调症

多种蔬菜对锰的需要量较高,土壤供锰不足时易引起缺锰而减产。需锰较多的蔬菜有洋葱、莴苣、豌豆、大豆、马铃薯、菠菜、芜菁等,需锰中等的蔬菜有萝卜、胡萝卜、番茄、芹菜、甜菜等,菜花、甘蓝等则需锰较少。一般植物叶片内含锰量小于 20 毫克/千克时即需要施锰肥,番茄等蔬菜作物叶片缺锰临界值在 40 毫克/千克左右。

1. **缺锰素症状**　缺锰时植株矮小,呈缺绿病态。一般是从新叶开始出现症状,叶肉失绿,叶脉仍为绿色,叶脉呈绿色网状。严重时,失绿叶肉呈小片、圆形烧灼状,相连后枯叶,停止生长。叶片厚硬,中位叶边缘失绿严重。近叶柄处的叶失绿严重,叶尖叶色深绿,整叶褪绿变淡绿色,叶脉间有小褐点。有时叶片发皱、卷曲甚至凋萎,叶片中部褪绿严重,继而褐腐、干枯。对缺锰敏感的蔬菜有豌豆、马铃薯、黄瓜、萝卜、菠菜、莴苣等。

2. **锰素过剩症状**　锰过剩易引起蔬菜中毒,症状表现为老叶边缘和叶尖出现许多焦枯棕褐色的小斑,并逐渐扩大。有些蔬菜作物锰中毒后出现侧枝增多,形成丛枝。黄瓜锰中毒后下部叶片叶脉间有红褐色斑点,主脉由于锰的积累变为红褐色,叶柄和叶背有紫色小斑,严重时叶片死亡。菠菜和白菜、甘蓝等十字花科蔬菜,锰过剩多表现叶缘黄化。番茄锰过量时表现为叶脉周围组织产生黑斑,严重时茎及叶柄出现褐点,叶片很快死亡。辣椒锰中毒时植株下部叶片局部呈橘黄色,逐渐扩展到全叶,导致叶片脱落。

3. **防治方法**

(1)缺锰症防治　生产上常用施锰肥的方式来补充锰元素的不足。在碳酸盐类土壤或石灰性土壤上易发生缺锰,可结合整地在施有机肥时加入硫酸锰作基肥,一般每 667 米^2 用量为 2~4 千克。

蔬菜施用锰肥的最好时期是苗期和生殖生长期,马铃薯为块

茎形成期,根菜类是块根和肉质直根形成期,对于一般的蔬菜作物每667米^{2}可喷0.05%~0.1%硫酸锰溶液30~50千克,用量视植物大小而定。留种地块在花前期和初花期喷施可促进结实。发生缺锰症状时,可喷施氨基酸复合微肥600~800倍液或用0.1%~0.2%硫酸锰溶液+0.3%生石灰混合液喷施,每7~10天喷施1次,连续喷施2~3次。

(2)锰素过剩防治 蔬菜作物全生长期施用含锰杀菌剂不能超过3次,否则易发生锰中毒。酸性土壤易发生锰中毒,土壤长期多湿、有效锰含量高,易发生锰过剩。锰过剩的菜地可施用石灰质肥料或改良土壤使pH值至7~7.5;合理灌溉,增施磷肥可抑制蔬菜作物对锰的过度吸收。如果已发生锰中毒现象,可喷施0.2%~0.5%硫酸亚铁溶液1~2次,也可喷施0.2%硝酸钙溶液,以减轻中毒的症状。

(四)钼素营养失调症

1. 缺钼素症状 蔬菜作物缺钼表现为脉间叶色变淡、发黄,叶片易出现斑点,边缘发生焦枯并向内卷曲,且由于组织失水而呈萎蔫状,一般老叶先出现症状,新叶在相当长时间内仍表现正常。有的尖端有灰色、褐色或坏死斑点,叶柄和叶脉干枯;叶片瘦长畸形,呈鞭状或螺旋状扭曲,老叶变厚。例如,番茄缺钼时,老叶先褪绿,叶缘和叶脉间的叶肉呈黄色斑状,叶边向上卷,叶尖萎焦,下叶之叶脉间生出不明显黄斑,叶向内侧呈杯状弯曲,花大部分结实而掉落。豌豆等豆类蔬菜缺钼时,植株生长不良,叶色黄绿,老叶枯萎下卷,叶缘呈焦枯状,根瘤不发达,轻度缺乏时“花而不实”,严重时植株死亡。花椰菜缺钼时,叶上生出黄斑,向内侧卷曲,渐渐地黄斑变褐色,叶身沿中肋变小,呈鞭状叶,花蕾不易肥大,严重时矮化。萝卜缺钼时,叶色黄化,生长不佳,叶片向中肋深深凹进,叶肉部分很少,小叶稍呈杯状,严重时下叶凋萎。

2. 钼素过剩症状　蔬菜作物吸收过量的钼素时可引起中毒，但一般不出现症状。茄科蔬菜对钼素过量较敏感，表现为叶片失绿，小枝呈现红黄色或金黄色。

3. 防治方法　防止缺钼，可每 667 米^2 施钼酸铵 0.1 千克，用细土拌匀，撒后耕翻。追肥可用氨基酸复合微肥 600~800 倍液+0.01%~0.1%钼酸铵溶液喷施 2~3 次，间隔期为 8~10 天，每 667 米^2 每次喷施 50 千克左右。土壤中钼的可给性与土壤酸碱度有关，酸性土壤容易缺钼，随着土壤酸碱度增加，土壤中钼的有效性提高。我国北方的黄土高原和以黄土为母质形成的土壤也因含钼量低而易缺钼。土壤有效钼的丰缺指标为 0.15 毫克/千克。秸秆有机肥中含钼适量，增施以秸秆类为原料的有机肥可不施钼肥。磷、硫肥施用过多时可导致缺钼，造成蔬菜植株矮化，需补钼促长。锰与钼有拮抗作用，要防止锰肥和含锰农药用量过大、过频而造成蔬菜对钼吸收障碍，使蔬菜叶片褪绿干枯。

第八节　设施蔬菜病虫害防治技术

设施蔬菜土传病害严重，主要有线虫病、灰霉病、晚疫病、枯萎病等病害，主要虫害有粉虱、蓟马、甜菜夜蛾、蚜虫等。虫害易暴发成灾，除农业防治和生态防治外，还应重视以下防治方法。

一、土壤处理

将苦参碱、阿维菌素、辛硫磷、百菌清、恶霉灵等低毒农药按产品使用说明书用量施在地面并耕翻入土，可防治地下害虫、土传病害、土壤线虫等病虫害。可使用颗粒剂、粉剂或液体制剂，颗粒剂直接用于穴施、条施、撒施等；粉剂可与适量细土拌匀后撒施于地面，再翻入土中；可湿性粉剂、乳油等可按使用说明对水配成药液后,用喷洒的方式施于地表,再翻入土中。

二、设施烟熏灭菌

在定植前或播种前7~10天,每平方米棚室空间用硫磺粉0.75~0.8克、干锯末1.5~2克,将两者拌匀后,均匀分成多份,分别装入器皿内,均匀摆放在棚室内,在傍晚时分,密闭棚室,点燃药物,熏蒸1夜,第二天早上通风,排出有害气体。熏蒸时,棚室温度以20℃为宜,棚室内不能有绿色植物,以防受害。若棚室是钢拱架,不宜用硫磺熏蒸,可改用百菌清烟剂和杀虫烟剂等。熏蒸时棚室内充满有害气体,小心防护。

三、生育期病虫害防治方法

(一)熏蒸法

根据防治对象选好烟剂,在傍晚密闭棚室,在667米^{2}面积内将烟剂均分为10~20堆,分别摆放在距离蔬菜约30厘米处,点燃烟剂进行熏蒸。若使用杀菌烟剂,在发病前或发病初使用,每隔10天左右熏1次。发病较重时,可7天左右熏1次,每次熏蒸时间不少于6小时,连续熏蒸2~3次;若使用杀虫烟剂,在害虫发生初期使用,每隔5~7天熏1次,连续熏杀2~3次,每次熏蒸时间不少于3小时。在熏蒸后应进行通风,排出有害气体。

(二)喷雾喷粉法

根据防治对象选择生物农药和低毒农药,按产品说明书使用。常规喷雾法,一般每667米^{2}喷药液量,苗期为30~50千克,成株期为50~100千克。棚室应在晴天上午无露水时进行喷雾;常规

喷粉法是将低浓度粉剂喷撒到蔬菜植株上或有害生物体上,要求喷得均匀周到。生产中可根据防治对象选择喷粉剂和施用数量,一般每 667 米^2 用粉剂 1.5~2 千克。

第二章 设施蔬菜常用肥料与安全施用技术

第一节 有机肥料

有机肥料是指由动物的排泄物或动植物残体等富含有机质的副产品资源为主要原料,经发酵腐熟后而成的肥料。有机肥有改良土壤、培肥地力、提高土壤养分活力、净化土壤生态环境、保障蔬菜优质高产高效益等特点,是设施蔬菜栽培不可替代的肥料。目前,设施蔬菜栽培常用的有机肥料主要有商品有机肥料和农家肥。

一、商品有机肥料

(一)商品有机肥的定义与执行标准

商品有机肥料是以动植物残体或动物粪便等富含有机物质的资源为主要原料,采用工厂化方式生产的有机肥料,与农家肥相比,具有养分含量相对较高、质量稳定、施用方便等优点,其执行标准 NY 525—2012,商品有机肥料的技术指标见表 2-1。

表 2-1 商品有机肥料的技术指标

项 目		指 标
有机质(以干基质计)(%)	≥	45
总养分($N+P_2O_5+K_2O$)(以干基计)(%)	≥	5
水分(游离水)(%)	≤	30
酸碱度(pH 值)		5.5~8.5
蛔虫卵死亡率(%)	≥	95
粪大肠菌群数(个/克)	≤	100
总镉(以 Cd 计)(毫克/千克)	≤	3
总汞(以 Hg 计)(毫克/千克)	≤	2
总铅(以 Pb 计)(毫克/千克)	≤	50
总铬(以 Cr 计)(毫克/千克)	≤	150
总砷(以 As 计)(毫克/千克)	≤	15

(二)商品有机肥的施用方法

商品有机肥一般作基肥施用,也可用作追肥。作基肥一般每 667 米^2 施用量为 300~600 千克,土壤肥力不同推荐量也应有所不同。高肥力蔬菜田,可适量施用精制有机肥料;低肥力蔬菜田,应加大有机肥用量,强化培肥地力。作基肥时与化学肥料配合施用,肥效会更好。

二、农家肥料

农家肥是农民利用动植物残体或动物粪尿及农副产品下脚料等当地资源进行自积、自造、自用的肥料,具有资源广泛、可以就地取材、成本低廉等特点,是蔬菜种植和改善土壤的良好肥料。农家

肥必须经过高温堆沤腐熟，以防虫卵、病原菌、杂草种子带入菜田。主要有人、畜、禽粪尿，各种堆肥、沤肥、厩肥、绿肥、秸秆肥、土杂肥、海肥、沼气肥、垃圾肥、草炭等。农家肥主要是作基施，有撒施、条施和穴施等方式，可根据具体情况施用。通常农家肥施肥深度为10~20厘米，一般每667米^{2}施用量为4 000~7 000千克。

三、设施蔬菜施用有机肥注意事项

粗制有机肥料一般施用量较大，主要用作基肥，一次施入土壤。部分粗制有机肥料（如粪尿肥、沼气肥等）因速效养分含量相对较高，释放也较快，亦可作追肥施用。绿肥和秸秆还田应注意耕翻的适宜时期和分解条件。有机肥料和化肥配合施用，是提高肥效的重要途径。在有机肥料与无机肥料配合施用中应注意二者的比例以及搭配方式，研究表明，以有机肥料的氮量与化肥的氮量比为1∶1左右增产效果较好。除了与氮素化肥配合外，有机肥料还可与磷、钾化肥及中量、微量元素化肥配合施用，或与复混肥料配合施用。

第二节　大量元素肥料

一、氮　肥

（一）硫酸铵

硫酸铵（硫铵）含氮20%~21%，含硫25.6%，纯品呈白色晶体，含少量杂质时呈微黄色。工业副产品的硫酸铵因带有杂质而呈灰绿色、灰红色。硫酸铵物理性状良好，吸湿性小，不易结块，便

于贮藏和施用。硫酸铵易溶于水,是速效性氮肥,因含有硫酸根,属生理酸性,化学性质稳定,常温下不挥发、不分解。硫酸铵可作基肥、追肥和种肥,有较稳定的肥效,与有机肥和中性肥料混合施用效果更好,最适用于中性土壤和碱性土壤,不适于酸性土壤。在石灰性土壤上硫酸铵会挥发损失,宜深施并及时浇水,也可随水冲施,一般每 667 米^2 每次用量为 15~20 千克。硫酸铵在贮运时不宜与石灰、钙镁磷肥等碱性物质接触,以免引起分解和氨挥发而损失。在酸性土壤上施用时可先施适量石灰,相隔 3~5 天后再施硫酸铵。

(二)碳酸氢铵

其含氮量为 16%~18%,白色或淡灰色细小颗粒结晶,易溶于水,水溶液呈碱性。碳酸氢铵容易分解挥发,产生氨味,影响其分解的主要因素是温度和湿度。农用碳酸氢铵含有 3.5%左右的水分,有的可高达 5%,易使碳酸氢铵潮解,水分含量越高,潮解的越快,使包装袋中的碳酸氢铵结块,破包或散开时则加速挥发。温度影响碳酸氢铵的挥发,一般来说,温度在 10℃左右时,碳酸氢铵基本不分解,20℃以上时开始大量分解,温度超过 60℃分解剧烈。因此,在贮存和运输时必须注意避免温度过高及破包和受潮。

碳酸氢铵深施入土,很易被土壤吸附,较少随水流失。所以,碳酸氢铵深施是提高肥效的关键措施,施用深度要大于 6 厘米,施后立即覆土。碳酸氢铵在土壤中无残留部分,其铵离子供作物吸收,碳酸根离子一部分供应作物根部碳素营养,另一部分变成二氧化碳释放到空气中,提高棚室空气中的二氧化碳浓度,有利于蔬菜光合作用。碳酸氢铵可用作基肥,也可作追肥,但不宜作种肥。在菜地可用碳酸氢铵作基肥,用尿素作追肥,扬其所长,避其所短,合理施用。一般每 667 米^2 每次追施 20~25 千克,施用时切忌在土壤表面撒施,以防氮损失或熏伤蔬菜作物。

(三)尿　素

尿素含氮量为46%,是我国当前固体氮肥中含氮量最高的肥料,市场上销售的商品尿素一般为白色小珠状颗粒。也有2~4毫米大颗粒尿素上市,专用于生产掺混肥料。尿素易溶于水,为生理中性氮肥,施入土壤后被土壤中的脲酶分解,夏季一般需1~3天完成分解,冬季则约需1周时间。尿素分解后以碳酸氢铵的形态存在于土壤中,可造成氨的挥发,特别是在棚室土壤表面撒施尿素时,往往会因氨挥发而使蔬菜植株受害。我国规定肥料用尿素中缩二脲含量为0.9%~1.5%,超过此标准即为不合格产品。缩二脲易引起作物毒害,用于蔬菜苗期时,尤其应注意防止尿素中缩二脲的毒害。尿素是一种高浓度的优质氮肥,适宜作基肥,最适宜作追肥,特别是根外追肥,但不宜作种肥。蔬菜植株叶片及其他幼嫩的营养器官能直接吸收尿素,所以尿素常用于设施蔬菜叶面施肥,其浓度应控制在0.2%~0.5%。作追肥施用时每次用量不宜过大,一般每667米^{2}每次用量为10千克左右为宜。

(四)硝酸铵

硝酸铵为浅黄色或白色颗粒,含氮量为34%~35%,易溶于水,吸湿性强,极易吸潮结块。硝酸铵中的铵根和硝酸根2种离子都能直接被作物根系吸收利用,大多数蔬菜作物是喜硝态氮的,硝酸铵对蔬菜来说是一种很好的氮肥。硝酸铵肥效快,并能促进叶菜类蔬菜快速生长,叶片鲜嫩。在设施蔬菜栽培中,适于作追肥,不宜作种肥或基肥。作追肥时应采取少量多次,每667米^{2}每次用量为10千克左右为宜。应注意的问题:①施用硝酸铵如遇结块,切忌猛烈锤击,以防爆炸。可将其先溶于水后施用。②硝酸铵不可与酸性肥料(如过磷酸钙)和碱性肥料(如草木灰、石灰氮等)混合施用,以防降低肥效。

二、磷　肥

（一）过磷酸钙

过磷酸钙简称为普钙，外观为深灰色或灰白色粉状或颗粒，有效磷含量为 12%～18%。产品中含有多种副成分，如石膏、硫酸铁、硫酸铝等，还有微量元素和少量游离酸，有酸味，易结块，水溶液为酸性，有腐蚀性。施入土壤后发生多种变化，使所含磷酸一钙转化成不溶性或难溶性磷酸盐，称为磷的固定或失活，当季利用率较低、一般只有 10%～25%，但有 3～5 年的后效。为了减少土壤对普钙中磷的固定，可制成颗粒状，粒径 2～4 毫米，施用效果良好。普钙适用于设施蔬菜，可作基肥、追肥，也可作根外追肥和种肥。普钙中除磷之外，还有 40%～50%的石膏，有利于碱土和贫瘠沙土的土壤改良，对于喜硫作物（如豆科、十字花科及大蒜等）肥效好，还有提高蔬菜品质的作用。普钙和有机肥料混合施用可减少普钙中磷的固定，提高其利用率。

过磷酸钙作基肥每 667 米^2 用量为 20～50 千克；作追肥每 667 米^2 用量为 20～30 千克，应早施、深施；作种肥每 667 米^2 用量为 10 千克左右；作根外追肥喷施浓度为 2%左右，可将过磷酸钙2～3 千克放入 100 升水中，浸泡 1 昼夜，中间搅拌 2～3 次，用布滤去渣子，即为喷施溶液。生产中需注意，普钙应适量施用，不可连年大量施用，不可与碱性肥料混合施用，以免降低肥效。

（二）重过磷酸钙

重过磷酸钙简称重钙，外观为灰白色或暗褐色颗粒或粉状，易吸湿、易结块，有腐蚀性，易溶于水，为酸性易溶磷肥。有效成分是水溶性磷酸一钙，含磷 40%～50%，是普钙的 3 倍，是一种高浓度磷肥。性质比普钙稳定,在土壤中不发生磷酸退化作用。重钙的施用方法与普钙基本相似,但因含磷量高,施用量比普钙相对较少。又因其石膏含量很低,所以在改土和供硫能力上不如普钙。重钙作基肥或追肥,一般每 667 米^2 施用量为 10~20 千克。重过磷酸钙在施用中应注意的问题与普钙相同,但重钙不宜用作拌种,也不宜用于蘸秧根。对于酸性土壤,在施用重钙前几天最好施用 1 次石灰。

(三)钙镁磷肥

钙镁磷肥是一种枸溶性磷肥,不溶于水。一般含磷 14%~20%、钙 25%~40%、镁 8%~18%,是一种以含磷为主,同时含有钙、镁、硅等成分的多元肥料。钙镁磷肥产品外观有灰白色、浅绿色、墨绿色或灰褐色,微碱性,玻璃状粉末,无毒、无臭,不吸湿,不结块,不腐蚀包装材料,长期贮存不易变质。钙镁磷肥中的磷不溶于水,但可被作物和微生物分泌的酸和土壤中的酸溶解,逐渐供作物吸收利用,所以肥效较慢。钙镁磷肥适用于缺磷的酸性土壤,特别适用于缺钙、缺镁的酸性土壤,最适用于油菜、萝卜、瓜类和豆类蔬菜,通常每 667 米^2 施用 35~40 千克,可隔年施用。在酸性土壤中,其肥效和普钙相似,在石灰性土壤中,肥效低于普钙。因其肥效较慢,宜作基肥施用,一般每 667 米^2 施用 15~20 千克,应深施,最好与 10 倍以上的有机肥混合堆沤 30 天后施用,以提高肥效。钙镁磷肥不能与酸性肥料混合施用,否则会降低肥效。

三、钾　肥

(一)硫酸钾

硫酸钾外观为白色或灰黄色结晶体。农用硫酸钾是速效钾

肥，含钾40%~50%，易溶于水，吸湿性小，不易结块，贮运使用均较方便，是蔬菜作物生长发育需要量较多的养分之一，蔬菜作物每吸收1千克氮素就要相应地吸收1.2~1.2千克的钾，钾是提高蔬菜产量和质量的重要养分。硫酸钾是高效生理酸性肥料，其水溶液呈中性，但施入土中后，所含钾离子被作物吸收，残留的硫酸根离子使土壤变酸，所以是生理酸性肥料。与氯化钾的最大差别在于硫酸钾残留的是硫酸根离子，而氯化钾残留的是氯离子。蔬菜大多是喜硫忌氯作物，为了提高品质应选用硫酸钾作钾肥。硫酸钾可作基肥、追肥和种肥，一般每667米^{2}施用10~25千克，应深施覆土，最好是与有机肥混合施用。钾肥作追肥时应早施，不同蔬菜作物可采用沟施或穴施。作种肥每667米^{2}用量为1.5~2.5千克；也可用作叶面喷肥，喷施浓度为0.2%~0.3%溶液。由于硫酸钾制造成本高，售价较氯化钾高，因此在生产中主要用于忌氯、喜硫的蔬菜作物。

（二）氯化钾

氯化钾是高浓度速效钾肥，含氧化钾54%~60%，外观为白色或浅黄色结晶或颗粒。加拿大、俄罗斯生产的氯化钾呈浅砖红色，是由于含有约0.05%的铁和其他金属氧化物，其含钾量和白色氯化钾是一样的。氯化钾易溶于水，水溶液呈现化学中性，吸湿性不太强，但贮存时间长和空间中湿度大时也会结块。氯化钾施入土中后，钾离子被作物根系吸收，或被土壤吸附，而氯离子则残留在土壤中，与氢离子相互作用会形成盐酸，所以氯化钾是一种生理酸性肥料。氯化钾含氯量达45%~47%，作物吸入过多的氯会降低产品品质，所以对氯敏感的作物一般不宜施用。作基肥施用通常在播种或栽培前10~15天施入土壤，作追肥时一般要求在苗长大后施用。氯化钾可作基肥或早期追肥应深施，一般每667米^{2}施用7.5~10千克，可与氮肥、磷肥配合施用。不宜作种肥和叶面喷肥，忌氯蔬菜要慎用。酸性土壤一般不施用氯化钾，如要施用应配合施用石灰和有机肥。盐碱地不宜施用氯化钾。

第三节　中量元素肥料

一、钙　肥

钙能增强蔬菜作物的抗逆能力，促进根系生长，防止早衰，提高品质。施用钙肥可以调节酸性土壤理化性质，改良土壤，在氮、磷肥施用量较大的设施蔬菜栽培中，施用钙肥有较好的效果。钙肥主要有石灰、石膏、普钙、钙镁磷肥等，常用含钙肥料见表 2-2。

表 2-2　常用含钙肥料参考值　（%）

名　称	主要成分	氧化钙（CaO）含量	其他主要成分
石灰石粉	$CaCO_3$	44.8~56.0	
生石灰（石灰岩烧制）	CaO	84.0~96.0	
生石灰（牡蛎蚌壳烧制）	CaO	50.0~53.0	
生石灰（白云岩烧制）	CaO、MgO	26.0~58.0	氧化镁（MgO）10~14
生石膏（普通石膏）	$CaSO_4 \cdot 2H_2O$	26.0~32.6	硫（S）15~18
磷石膏	$CaSO_4 \cdot Ca_3(PO_4)_2$	20.8	磷（P_2O_5）0.7~3.7 硫（S）10~13
过磷酸钙	$Ca(H_2PO_4)_2 \cdot H_2O$, $CaSO_4 \cdot 2H_2O$	16.5~28	磷（P_2O_5）12~20
重过磷酸钙	$Ca(H_2PO_4)_2 \cdot H_2O$	19.6~20	磷（P_2O_5）40~54
钙镁磷肥	$\alpha\text{-}Ca_3(PO_4)_2 \cdot CaSiO_3 \cdot MgSiO_3$	25.0~30.0	磷（P_2O_5）14~20 镁（MgO）15~18

续表 2-2

名　称	主要成分	氧化钙(CaO)含量	其他主要成分
氯化钙	$CaCl_2 \cdot 2H_2O$	47.3	
硝酸钙	$Ca(NO_3)_2$	26.6~34.2	氮(N)12~17
粉煤灰	$SiO_2 \cdot AI_2O_3 \cdot Fe_2O_3 \cdot CaO \cdot MgO$	2.5~46.0	磷(P_2O_5)0.1 钾(K_2O)1.2
草木灰	$K_2CO_3 \cdot K_2SO_4 \cdot CaSiO_3 \cdot KCI$	0.89~25.2	磷(P_2O_5)1.57 钾(K_2O)6~9
石灰氮	$CaCN_2$	53.9~54.0	氮(N)20~21
骨　粉		26.0~27.0	磷(P_2O_5)20~35

注:CaO(%)= Ca(%)1.4。

(一)石　灰

石灰是主要的钙肥,为强碱性,除能补充作物钙营养外,还可调节土壤酸碱程度,改善土壤结构,促进土壤有益微生物活动,加速有机质分解和养分释放;减轻土壤中铁、铝离子对磷的固定,提高磷的有效性;杀灭土壤中病菌、虫卵以及杂草。生石灰,又称烧石灰,主要成分为氧化钙,通常用石灰石烧制而成,含氧化钙90%~96%。用白云石烧制的,则称镁石灰,含氧化钙 55%~85%、氧化镁 10%~40%,兼有镁肥的效果。贝壳类含有大量碳酸钙,也是制石灰的原料,沿海地区所称的壳灰,就是用贝壳类烧制而成的。螺壳灰氧化钙含量为 85%~95%,蚌壳灰为 47%左右。生石灰中和土壤酸度的能力很强,可以迅速矫正土壤酸度,同时还有杀虫、灭草和消毒的功效。在酸化土壤施用石灰能起到治酸增钙的双重效果,主要作基肥,每 667 米^2 用量为 25~150 千克。不同质地的酸性土壤石灰施用量可参考表 2-3。

表 2-3 不同质地酸性土壤第一年石灰施用量参考值

（单位：千克/667 米^2）

土壤酸度类型	黏　土	壤　土	沙　土
pH 值 4.5～5	150	100	50～75
pH 值 5～6	75～125	50～75	25～50
pH 值 6	50	25～50	25

一般每 667 米^2 施用 40～80 千克石灰较适宜，酸性强的土壤施用量多一些，酸性小的土壤施用量宜适当减少；质地黏的酸性土应适当多施石灰，沙质土应少施。此外，随着土壤熟化程度的提高，土壤酸性减小，石灰用量亦应减少，基本熟化的土壤每 667 米^2 施石灰 50 千克即可，初步熟化的土壤每 667 米^2 施 75～100 千克。施用石灰应注意不要过量，否则会使土壤肥力下降，并易引起土壤结构变化。同时，还应注意施用均匀，否则会造成局部土壤石灰过多，影响作物正常生长。为了充分发挥石灰改土增产效果，生产中必须配合农家肥及氮、磷、钾化肥施用。石灰施用后有 2～3 年的肥效，不要年年施用。

（二）石　膏

设施蔬菜栽培常用生石膏和磷石膏。石膏是改善土壤钙营养状况的另一种重要钙肥，可提供 26%～32.6%钙素，15%～18%硫素。碱化土壤需用石膏中和碱性，以改善土壤物理结构。设施菜地土壤 pH 值在 9 以上时，需要施石膏中和碱性，一般每 667 米^2 施用量为 100～200 千克。施用时要尽可能研细，深翻入土，以提高效果。石膏的溶解度小，肥效长达 2～3 年，不必年年施用。如果碱土呈斑状分布，其碱斑面积不足 15%，最好撒在碱斑面上。为了提高改土效果，应与种植绿肥或与农家肥和磷肥配合施用。

磷石膏是生产磷酸铵的副产品，含氧化钙略少于石膏，但价格

便宜,并含有少量磷素,也是较好的钙肥及碱土的改良剂。施用量以比石膏多 1 倍为宜。

二、镁　肥

蔬菜是需镁较多的作物,常用的含镁肥料有硫酸镁、氯化镁、钙镁磷肥等,常用镁肥含镁量见表 2-4。

表 2-4　常用镁肥含镁量参考数据　(%)

品　种	含氧化镁(MgO)量	主要性质
氯化镁	19.7~20	酸性,易溶于水
硫酸镁	15.1~16.9	酸性,易溶于水
菱镁矿	45	中　性
光卤石	14.6	中　性
钙镁磷肥	10~15	碱　性
钾镁肥	25.9~28.7	碱性,微溶于水

对需镁较多的番茄、黄瓜等蔬菜作物,一般每 667 米^2 施硫酸镁 10~15 千克。应用根外追肥纠正缺镁症状效果快,但肥效不持久,应连续喷施几次,喷施间隔期为 8 天左右,每 667 米^2 每次可喷施 0.3%~1%硫酸镁溶液 30~80 千克。镁肥作基肥时,配合有机肥、磷肥或硝态氮肥施用,有利于发挥镁肥的效果。应注意的是,酸性土壤应选用钙镁磷肥、钾镁肥、白云石粉等含镁肥料。

三、硫　肥

(一)种类及性质

含硫肥料种类较多,大多是氮、磷、钾及其他肥料的副成分,如

硫酸铵、普钙、硫酸钾、硫酸钾镁、硫酸镁等，但只有硫磺、石膏被作为硫肥施用。

1. **硫磺**　硫磺一般含硫95%~99%，难溶于水，后效长，施入土壤经微生物氧化为硫酸盐后，才能被作物吸收利用，因此应早施。

2. **石膏**　石膏是碱土的化学改良剂，也是重要的硫肥。农用石膏分生石膏、熟石膏及和磷石膏。生石膏由石膏矿石直接粉碎过筛而成，呈粉末状，微溶于水。熟石膏由生石膏加热脱水而成，易吸湿，吸水后变为生石膏。含磷石膏是用硫酸法制磷酸的残渣，含硫酸钙约64%，并含有2%左右的磷。

3. **其他含硫肥料**　部分含硫肥料的含硫量及水溶性见表2-5。

表2-5　部分含硫肥料的含硫量及水溶性　(%)

名　称	分子式	含硫量	性　质
石　膏	$CaSO_4 \cdot 2H_2O$	18.6	微溶于水，缓效
硫　磺	S	95~99	难溶于水，迟效
硫酸铵	$(NH_4)_2SO_4$	24.2	溶于水，速效
过磷酸钙	$Ca(H_2PO_4)_2 \cdot H_2O \cdot CaSO_4$	12	部分溶于水
硫酸钾	K_2SO_4	17.6	溶于水，速效
硫酸钾镁	$K_2SO_4 \cdot 2MgSO_4$	12	溶于水，速效
硫酸镁	$MgSO_4 \cdot 7H_2O$	13	溶于水，速效
硫酸亚铁	$FeSO_4 \cdot 7H_2O$	11.5	溶于水，速效

（二）部分蔬菜作物的需硫量

通常作物需要的硫与磷比较接近，作物体内含硫量一般为0.2%~2%，不同蔬菜作物的产量和需硫量见表2-6。

表 2-6　部分蔬菜作物的产量和需硫量

作　物	产　品	产　量（千克/667 米^2）	需硫量（千克/667 米^2）
甘　蓝	菜　头	4667	5.33
茄　子	果　实	4000	0.67
洋葱、大蒜	球　茎	2333	1.33
番　茄	果　实	3333	2
马铃薯	块　茎	2667	1.33
木　薯	块　茎	2667	1.33
甜　菜	根	3000	2.33
萝　卜	根	3000	3

（三）硫肥施用方法

对一般作物来说，土壤有效硫低于 16 毫克/千克时施用硫肥有增产效果，土壤有效硫大于 20 毫克/千克时不需施用硫肥；否则，施多了反而会使土壤酸化并减产。土壤有效硫的临界值一般为 6~12 毫克/千克，低于临界值则有可能缺硫。十字花科、豆科以及葱、蒜、韭菜等都是需硫多的作物，对硫反应较敏感，在缺硫时应及时供应少量硫肥，一般每生产 1 000 千克蔬菜需硫 0.5~1 千克。具体用量因蔬菜种类而异，如大蒜抽薹前每 667 米^2 撒施硫磺粉 1~2 千克，增产效果明显，第二年不需施用。硫肥应以基肥为主，根外喷施硫肥可作为辅助性措施，矫正缺硫症状。硫肥用量的确定，除了视土壤有效硫和作物需硫量外，还要考虑氮硫比值。试验表明，只有氮硫比值接近 7 时，氮和硫才能得到有效的利用。硫酸铵、硫酸钾、硫酸亚铁等含硫肥料，同时也作氮、钾、铁肥施用，可提高施肥效果。

第四节 微量元素肥料

一、锌 肥

锌是作物必需的微量营养元素之一，应用较为广泛，对设施蔬菜的产量和品质有很大影响，对锌敏感的蔬菜有甘蓝、莴苣、芹菜、菠菜、马铃薯、洋葱、番茄、甜菜等。目前，设施蔬菜生产中施用最多的锌肥是硫酸锌。常见含锌肥料成分及性质见表 2-7。

表 2-7 常见含锌肥料成分及性质

名 称	主要成分	含锌(Zn)量(%)	主要性质	适宜施肥方式
七水硫酸锌	$ZnSO_4 \cdot 7H_2O$	20~30	无色晶体，易溶于水	基肥、种肥、追肥、喷施、浸种、蘸秧根等
一水硫酸锌	$ZnSO_4 \cdot H_2O$	35	白色粉末，易溶于水	基肥、种肥、追肥、喷施、浸种、蘸秧根等
氧化锌	ZnO	78~80	白色晶体或粉末，不溶于水	基肥、种肥、追肥等
氯化锌	$ZnCl_2$	46~48	白色粉末或块状，易溶于水	基肥、种肥、追肥等
硝酸锌	$Zn(NO_3)_2 \cdot 6H_2O$	21.5	无色四方晶体，易溶于水	基肥、种肥、追肥、喷施等
尿素锌	$Zn \cdot CO(NH_2)_2$ $Na_2ZnEDTA$	11.5~12 14	白色晶体或粉状微晶粉末，易溶于水	基肥、追肥和喷施
氨基酸螯合锌	$Zn \cdot H_2N \cdot R \cdot COOH$	10	棕色，粉状物，易溶于水	喷施、蘸秧根、拌种等

锌肥可用作基肥、追肥和种肥。作基肥时每 667 米^2 施硫酸锌 1~2 千克,可与有机肥和生理酸性肥料混合施用,不宜与磷肥混施。轻度缺锌地块隔 1~2 年再施 1 次,中度缺锌地块隔年或于翌年减量施用。一般 2~3 年施 1 次即可。作追肥时常用作根外追肥,一般喷施 0.1%~0.2%硫酸锌溶液或氨基酸螯合锌溶液,每 7~10 天喷施 1 次,需喷施 2~3 次。种肥主要用作浸种或拌种,可用 0.02%~0.05%硫酸锌溶液浸种 8~10 小时。拌种时每千克种子加硫酸锌 2~5 克,喷适量水,边喷边搅拌,以能拌匀种子为宜。

二、硼　肥

(一)硼　酸

硼酸是速效性可溶性硼肥,含硼量为 17.5%左右。硼酸主要用作喷施,对缺硼蔬菜可叶面喷施 0.1%~0.2%硼酸溶液。番茄在苗期和开花期各喷施 1 次;花椰菜在苗期和莲座期(或结球期)各喷 1 次;马铃薯在蕾期和初花期各喷 1 次;扁豆在苗期和初花期各喷 1 次;萝卜和胡萝卜在苗期及块根期各喷 1 次;其他蔬菜在生长前期喷施 2~3 次效果较好。一般每次每 667 米^2 喷施 40~80 千克硼酸溶液,使蔬菜叶面、叶背湿润而不滴流为宜。硼酸作基肥时可与氮肥、磷肥配合施用,也可单独施用,一般每 667 米^2 施用 0.5~1 千克,注意要施均匀,防止浓度过高而造成蔬菜中毒。作种肥常采用浸种和拌种的方法,浸种可用 0.01%~0.1%硼酸溶液浸泡 6~12 小时,阴干后播种。拌种时每千克种子用硼酸 0.15~0.5 克。

(二)硼　砂

硼砂含硼量为 11.3%左右。可作基肥、种肥、种肥,但多用于

浸种或喷施。

1. **浸种** 将种子浸于0.01%~0.05%硼砂溶液中,4~6小时后捞出,晾干后播种。播种时种子不要与氮肥、磷肥、硼镁磷肥直接接触。

2. **基施** 用于基肥时,一般每667米^{2}用硼砂0.5~1千克,拌细土10~15千克,或与农家肥、化肥混合均匀,开沟条施或穴施于土壤中,切忌硼砂与种子或幼根直接接触。施用硼砂不宜深翻或撒施,不要施用过量。每667米^{2}用硼砂0.5千克,配合农家肥1~2吨、氮肥(纯N)12.5~17.5千克、磷肥(P_2O_5)6千克,混合施用效果好。

3. **喷施** 蔬菜施硼砂以喷施为主,一般喷施0.05%~0.2%硼砂溶液。番茄在苗期喷施1次,在开花结果期喷1~2次;花椰菜在苗期和莲座期(或结球期)各喷1次;菜豆、豇豆等豆类蔬菜在苗期和初花期各喷施1次;萝卜和红萝卜在苗期及块根生长期各喷1次;马铃薯在蕾期和初花期各喷施1次;其他蔬菜一般在生长期喷施2~3次。每7~10天喷施1次,每667米^{2}每次喷施40~80千克硼砂溶液。

三、锰 肥

目前,设施蔬菜常用的锰肥是硫酸锰、氯化锰和锰的螯(络)合物。其中用硫酸锰较为普遍,含锰量为31%左右,宜作基肥、追肥和种肥。用硫酸锰作基肥时,将干粉均匀撒施,与其他肥料混合使用效果更好,每667米^{2}用量1~3千克。浸种可用0.01%~0.1%硫酸锰溶液浸泡12~24小时;拌种每千克种子用硫酸锰2~6克;追肥用0.1%~0.2%溶液浇注,每667米^{2}用量2~4千克;喷施每667米^{2}用0.1%~0.2%硫酸锰溶液40~60千克,在苗期至生长盛期喷施2~3次,每次间隔7~10天。

四、铁　肥

铁肥是作物必需的微量营养元素，设施蔬菜缺铁会影响产量和品质。对铁敏感的蔬菜有花椰菜、甘蓝、番茄、草莓、马铃薯、绿叶菜等。设施蔬菜常用的铁肥有硫酸亚铁、硫酸亚铁铵、螯(络)合铁等，以硫酸亚铁使用较普遍。

(一)常用铁肥的种类

①硫酸亚铁。含铁 19%~20%，含硫 11.5%，易溶于水，有一定的吸湿性，性质不稳定。②螯(络)合铁肥。有氨基酸铁肥、柠檬酸铁等，含铁 10%左右。可与许多农药混用，对作物安全。③硫酸亚铁铵。含铁为 14%左右，含氮 7%，含硫 16%。

(二)常用铁肥施用方法

在设施蔬菜生产中，铁肥主要用作叶面喷施或基施。

1. 叶面喷施　作物缺铁可用 0.2%~1%有机螯合铁或硫酸亚铁溶液叶面喷施，每 667 米^2 每次用 40~75 千克肥液，每隔 7~10 天喷 1 次，直至复绿为止。硫酸亚铁应在喷洒时现配制，不能存放。配制方法：在每 100 升水中先加入 10 毫升无机酸(如盐酸、硝酸、硫酸)，也可加入食醋 100~200 毫升，再用已经酸化的水溶解硫酸亚铁。

2. 基施　一般每 667 米^2 施用硫酸亚铁 3~6 千克，与有机肥混合施用。铁肥在土壤中易转化为无效铁，故每年都应施用。土壤施铁肥与生理酸性肥料混合施用能起到较好的效果，如硫酸亚铁和硫酸钾造粒合施，肥效明显高于各自单独施用。也可将铁肥加入专用配方肥中施用，或每 667 米^2 用硫酸亚铁 3~6 千克与农家肥 500~1 000 千克混合施用。

五、钼 肥

钼是作物所必需的微量元素之一。对钼敏感的蔬菜主要是花椰菜、萝卜等十字花科作物,其次是叶菜类和黄瓜、番茄等,豆果蔬菜、十字花科蔬菜等易缺钼。需钼较多的蔬菜作物有胡萝卜、油菜、豆类蔬菜、花椰菜、甘蓝、菠菜、番茄、马铃薯等。设施蔬菜常用的钼肥是钼酸铵,有时也用钼酸钠。钼酸铵含钼50%~54%,可作基肥、种肥和根外追肥。作基肥应与有机肥、化肥混合施用,每667米^{2}用量为50~100克;拌种每千克种子用钼酸铵1~3克,配成0.2%~0.3%溶液,喷在种子上,边喷边搅拌,拌好后将种子阴干即可播种。根外追肥是将钼酸铵配成0.01%~0.1%溶液,一般在苗期或现蕾期喷施1~2次。

六、铜 肥

铜也是作物所必需的微量营养元素之一,可促进蔬菜作物生长发育。对铜敏感的蔬菜作物有莴苣、洋葱、菠菜、胡萝卜、甜菜、硬化甘蓝、甘蓝、花椰菜、芹菜、萝卜、黄瓜、芜菁、番茄等。设施蔬菜常用的铜肥是硫酸铜,目前新产品是氨基酸螯合铜,其性能及施用效果优于硫酸铜。

(一)硫酸铜

含铜24%~25%,溶于水,水溶液呈酸性。硫酸铜可用作基肥、种肥、追肥,主要用于种子处理和根外追肥。浸种采用0.01%~0.05%溶液,浸泡15~20分钟。根外追肥用0.02%~0.04%硫酸铜溶液。拌种每千克种子用0.6~1.2克硫酸铜。作基肥,每667米^{2}施用1~2千克,每隔3~5年施1次。

(二)氨基酸螯合铜

外观为棕色粉状物,吸湿性强,易溶于水,含铜10%~16%。作基肥或追肥,每667米^{2}用氨基酸螯合铜0.1~1千克,可添加到蔬菜专用配方肥中基施或追施,或用适量水溶解后随灌溉冲施。最佳施用方式是喷施,叶面喷施0.02%~0.1%氨基酸螯合铜溶液,每7~10天喷施1次,一般喷施1~2次,既给蔬菜作物补充了氨基酸营养素和铜营养元素,又能增强作物抗逆能力,促进蔬菜作物健壮生长。

第五节 复混肥料

复混肥料是复合肥料和复混肥料的统称,是由化学方法和物理方法生产而成,产品要符合国家有关标准。

一、硝酸磷肥

硝酸磷肥含氮13%~26%、磷12%~20%,大部分为灰白色颗粒,部分溶于水,水溶液呈酸性反应。硝酸磷肥质量标准执行GB/T 10510—1998。硝酸磷肥是一种既含氮又含磷的复合肥料,适用于酸性和中性土壤,对多种作物都有较好的效果。可作基肥或追肥,也可作种肥,作基肥以集中深施效果更好。硝酸磷肥的氮以硝态氮为主,约占50%以上,易随水流失,应优先用于旱地和喜硝态氮蔬菜作物。作基肥一般每667米^{2}用量为15~30千克,作追肥每667米^{2}用量为10~15千克,作种肥每667米^{2}用量为5~10千克,不可与种子直接接触,以免烧种,施用时应配钾肥和有机肥。

二、农用硝酸钾

硝酸钾含氮13%、氧化钾44%~46%，溶于水，为中性肥料。产品质量标准执行GB/T 20784—2006。硝酸钾特别适于茄果类、马铃薯等蔬菜，可作基肥、种肥、追肥或根外追肥。作基肥应深施，每667米^{2}用量为5~10千克。浸种或拌种一般用0.1%~0.2%硝酸钾溶液。根外追肥一般用0.5%~1%硝酸钾溶液。硝酸钾属易燃易爆产品，不得与有机肥、还原剂及易燃品等物料混运混贮。

三、磷酸二氢铵

磷酸二氢铵又称为磷酸一铵，为浅色颗粒或粉状物，溶于水，弱碱性，是速效磷氮复合肥，含磷41%~58%、含氮9%~10%，产品质量标准执行GB 10205—2001。磷酸一铵最适于作基肥施用，一般每667米^{2}用量15~30千克。因该产品氮磷比高达1∶4，施用时应与有机肥和其他化肥配合施用。

四、磷酸氢二铵

磷酸氢二铵又称为磷酸二铵，为浅色颗粒，溶于水，弱酸性，是速效二元复合肥，含磷37%~45%、含氮12%~14%，产品质量标准执行GB 10205—2001。磷酸二铵最适于作基肥，一般每667米^{2}用量15~25千克，应与有机肥和其他化肥配合施用。

五、磷酸二氢钾

磷酸二氢钾是高浓度二元复合肥，外观为白色或灰白色晶体，

易溶于水，水溶液呈酸性。含磷52%左右、钾34%左右，农用产品执行标准为HG 2321—1992。主要用于浸种和根外追肥，常与尿素一起施用。叶面喷施一般用0.1%~0.3%溶液，喷2~3次，间隔7天左右。浸种用0.1%~0.2%磷酸二氢钾溶液浸泡12~18小时，捞出后晾干即可播种。

六、氮磷钾三元复混肥料

氮磷钾复混肥是当前肥料行业发展最快的肥料品种，主要包括有磷铵钾和尿磷钾类型的复混肥料，是设施蔬菜生产重要的肥料品种之一。产品质量标准执行GB 15063—2009。

氮磷钾复混肥料为颗粒状，中性，肥效快而持久，含氮为10%~12%、磷20%~30%、钾10%~15%。各种土壤和各种蔬菜作物都可施用，最适于作基肥，一般每667米^{2}施用50~100千克，如作追肥应早施。

七、掺混肥料

掺混肥料质量标准执行GB 21633—2008。掺混肥料是以几种颗粒大小相近的单质化肥或二元复合肥料为基础肥料，按当地土壤和作物要求确定的配方，经计量配料和简单的机械混合而成的。其特点是针对性强，氮、磷、钾及中微量元素的比例容易调整。可以根据用户要求生产各种规格的专用配方肥料，适合蔬菜作物的测土配方施肥的需要，其主要特点是工艺简单、加工成本低、配方灵活、配比多样。掺混肥料可作基肥和追肥，一般每667米^{2}用量为50~120千克。

八、有机—无机复混肥料

有机—无机复混肥料是近年兴起的一种新型肥料，是利用生化处理后的粪便、动植物残体和草炭、风化煤、褐煤、腐殖酸、氨基酸等富含有机质的资源为原料，与化肥（含中、微量元素等）相配合生产制造的既含有机质又含无机肥的产品。在生产时还可选择添加植物生长调节剂、杀虫剂、杀菌剂，制成多功能药肥。有机—无机复混肥料既具有化肥的速效性，又具有有机肥的长效性，还有相互增效的作用。产品外观为棕褐色至黑色颗粒剂，氮磷钾含量为15%~30%，有机质含量为8%~20%，pH值为3~8，水分为8%~12%，性能稳定，养分平衡，具有改土培肥、活化土壤养分、调节作物生长等功能。产品质量标准执行GB 18877—2009，其技术指标见表2-8。

表2-8 有机—无机复混肥料技术指标

项目		指标	
		Ⅰ型	Ⅱ型
总养分（$N+P_2O_5+K_2O$）的质量分数[a]，%	≥	15.0	25.0
水分（H_2O）的质量分数[b]，（%）	≤	12.0	12.0
有机质的质量分数，%	≥	20	15
粒度（1.00~4.75毫米或3.35~5.60毫米）[c]，%	≥	70	
酸碱度（pH值）		5.5~8.0	
蛔虫卵死亡率，%	≥	95	
粪大肠菌群数，个/克	≤	100	
氯离子的质量分数[d]，%	≤	3.0	
砷及其化合物的质量分数（以As计），%	≤	0.0050	
镉及其化合物的质量分数（以Cd计），%	≤	0.0010	

续表 2-8

项 目		指 标	
		Ⅰ型	Ⅱ型
铅及其化合物的质量分数(以 Pb 计),%	≤	0.0150	
铬及其化合物的质量分数(以 Cr 计),%	≤	0.0500	
汞及其化合物的质量分数(以 Hg 计),%	≤	0.0005	

a 标明的单一养分含量不低于 3.0%,且单一养分测定值与标明值负偏差的绝对值不得大于 1.5%。

b 水分以出厂检验数据为准。

c 指出厂检验结果,当用户对粒度有特殊要求时,可由供需双方协商解决。

d 如产品氯离子含量大于 3.0%,在包装容器上标明“含氯”,该项目可不做要求。

第六节 水溶性肥料

水溶性肥料是指经水溶解或稀释,适合作追肥和根外追肥,用于灌溉施肥、叶面施肥、无土栽培、浸种蘸根等用途的液体或固体肥料。水溶性肥料具有针对性强、吸收快、效果好、用量省、生产成本低、施用方便等特点。水溶性肥料主要有大量元素水溶性肥料、微量元素水溶性肥料、含氨基酸水溶性肥料、含腐殖酸水溶性肥料等。

一、大量元素水溶性肥料

大量元素水溶性肥料是指以大量元素氮、磷、钾为主要成分的,添加适量微量元素的液体或固体水溶性肥料。执行标准 NY 1107—2010,其主要技术指标见表 2-9。

表 2-9 大量元素水溶性肥料主要技术指标

项目	指标			
	中量元素型		微量元素型	
	固体产品	液体产品	固体产品	液体产品
大量元素含量[a] ≥	50.0%	500 克/升	50%	500 克/升
中量元素含量[b] ≥	1.0%	10 克/升	—	—
微量元素含量[C]	—	—	0.2%~3.0%	2~30 克/升
水不溶物含量 ≤	5.0%	50 克/升	5.0%	50 克/升
pH 值(1∶250 倍稀释)	3.0~9.0	3.0~9.0	3.0~9.0	3.0~9.0
水分(H_2O),% ≤	3.0	—	3.0	—
汞(Hg)(以元素计),毫克/千克 ≤	5	5	5	5
砷(As)(以元素计),毫克/千克 ≤	10	10	10	10
镉(Cd)(以元素计),毫克/千克 ≤	10	10	10	10
铅(Pb)(以元素计),毫克/千克 ≤	50	50	50	50
铬(Cr)(以元素计),毫克/千克 ≤	50	50	50	50

a 大量元素含量指总 N、P_2O_5、K_2O 含量之和。产品应至少包含两种大量元素。单一大量元素含量不低于4%或4克/升。

b 中量元素含量指钙、镁元素含量之和。产品应至少包含一种中量元素。含量不低于0.1%的单一中量元素均应计入中量元素含量中。

c 微量元素含量指铜、铁、锰、锌、硼、钼元素含量之和。产品应至少包含一种微量元素。含量不低于0.05%的单一微量元素均应计入微量元素含量中。钼元素含量不高于0.5%或5克/升。

二、微量元素水溶性肥料

微量元素水溶性肥料是指由铜、铁、锰、锌、硼、钼等微量元素按适合植物生长所需比例制成的液体或固体水溶性肥料。执行标准 NY 1428—2010，其产品技术指标见表 2-10。

表 2-10　微量元素水溶性肥料产品技术指标

项　目		固体产品	液体产品
微量元素[a]	≥	10.0%	100 克/升
水不溶物	≤	5.0%	50 克/升
pH 值(1∶250 倍稀释)		3.0~10.0	3.0~10.0
水分(H_2O)	≤	6.0%	—
汞(Hg)(以元素计)，毫克/千克	≤	5	5
砷(As)(以元素计)，毫克/千克	≤	10	10
镉(Cd)(以元素计)，毫克/千克	≤	10	10
铅(Pb)(以元素计)，毫克/千克	≤	50	50
铬(Cr)(以元素计)，毫克/千克	≤	50	50

a 微量元素含量指铜、铁、锰、锌、硼、钼元素含量之和。产品中应至少包含两种微量元素。含量不低于 0.05%(0.5 克/升)的单一微量元素均应计入微量元素含量中。钼元素含量不高于 1%(10 克/升)。

三、含氨基酸水溶性肥料

含氨基酸水溶性肥料是指以氨基酸为主体添加适量铜、铁、锰、锌、硼、钼微量元素或钙元素而制成的液体或固体水溶性肥料。执行标准 NY 1429—2010，其技术指标见表 2-11。

表 2-11 含氨基酸水溶性肥料技术指标

项 目	指 标			
	中量元素型		微量元素型	
	固体产品	液体产品	固体产品	液体产品
游离氨基酸 ≥	10.0%	100 克/升	10.0%	100 克/升
中量元素[a] ≥	3.0%	30 克/升		
微量元素[b] ≥	—	—	2.0%	20 克/升
水不溶物 ≤	5.0%	50 克/升	5.0%	50 克/升
水分(H_2O)(%) ≤	4.0	—	4.0	—
pH 值(1∶250 倍稀释)	3.0~9.0	3.0~9.0	3.0~9.0	3.0~9.0
汞(Hg)(以元素计),毫克/千克 ≤	5	5	5	5
砷(As)(以元素计),毫克/千克 ≤	10	10	10	10
镉(Cd)(以元素计),毫克/千克 ≤	10	10	10	10
铅(Pb)(以元素计),毫克/千克 ≤	50	50	50	50
铬(Cr)(以元素计),毫克/千克 ≤	50	50	50	50

a 中量元素含量指钙、镁元素含量之和。产品应至少包含一种中量元素。含量不低于 0.1%(1 克/升)的单一中量元素均应计入中量元素含量中。

b 微量元素含量指铜、铁、锰、锌、硼、钼元素含量之和。产品应至少包含一种微量元素。含量不低于 0.05%(0.5 克/升)的单一微量元素均应计入微量元素含量中。钼元素含量不高于 0.5%(5 克/升)。

四、含腐殖酸水溶性肥料

含腐殖酸水溶性肥料是指以适合植物生长所需比例的腐殖酸为主体,添加适量氮、磷、钾大量元素或铜、铁、锰、锌、硼、钼微量元素而制成的液体或固体水溶性肥料。执行标准 NY 1106—2010,其产品技术指标见表 2-12。

表 2-12　含腐殖酸水溶性肥料产品技术指标

项　目		指　标		
		大量元素型		微量元素型
		固体产品	液体产品	固体产品
腐殖酸含量	≥	3.0%	30 克/升	3.0%
大量元素[a]	≥	20.0%	200 克/升	—
微量元素[b]，%		—	—	6.0
水不溶物	≤	5.0%	50 克/升	5.0%
pH 值(1 : 250 倍稀释)		4.0～10.0	4.0～10.0	4.0～10.0
水分(H_2O)，%	≤	5.0	—	5.0
汞(Hg)(以元素计)，毫克/千克	≤	5	5	5
砷(As)(以元素计)，毫克/千克	≤	10	10	10
镉(Cd)(以元素计)，毫克/千克	≤	10	10	10
铅(Pb)(以元素计)，毫克/千克	≤	50	50	50
铬(Cr)(以元素计)，毫克/千克	≤	50	50	50

a 大量元素含量指总 N、P_2O_5、K_2O 含量之和。产品应至少包含两种大量元素。单一大量元素含量不低于 2%(20 克/升)。

b 微量元素含量指铜、铁、锰、锌、硼、钼元素含量之和。产品应至少包含一种微量元素。含量不低于 0.05%的单一微量元素均应计入微量元素含量中。钼元素含量不高于 0.5%。

第七节　微生物肥料

一、微生物肥料的种类

(一)农用微生物菌剂

农用微生物菌剂具有直接或间接改良土壤、恢复地力、维持根际微生物区系平衡、降解有毒有害物质等作用，应用于农业生产，通过其中所含微生物的生命活动，增加植物养分的供应量，促进植物生长，改善农产品品质及农业生态环境。执行标准 GB 20287—2006，其主要技术指标见表 2-13。

表 2-13 农用微生物菌剂主要技术指标

项 目	剂 型		
	液 体	粉 剂	颗 粒
有效活菌数（cfu）①，（亿个/克或亿个/毫升） ≥	2.0	2.0	1.0
霉菌杂菌数（个/克或个/毫升） ≤	3.0×10^6	3.0×10^6	3.0×10^6
杂菌率（%） ≤	1.0	20.0	30.0
水分（%） ≤	—	35.0	20.0
细度（%） ≥	—	80	80
pH 值	5.0~8.0	5.5~8.5	5.5~8.5
保质期②（月） ≥	3	6	6

注：①复合菌剂，每种有效菌的数量不得少于 0.01 亿个/克或 0.01 亿个/毫升；以单一、的胶质芽孢杆菌制成的粉剂产品中有效活菌数不少于 1.2 亿个/克。
②此项仅在监督部门或双方认为有必要时检测。

微生物菌剂按照内含的微生物种类或功能特性可分为根瘤菌菌剂、固氮菌菌剂、解磷类微生物菌剂、硅酸盐微生物菌剂、光合细菌菌剂、有机物料腐熟剂、促生菌剂、菌根菌剂、生物修复菌剂等。

（二）复合微生物肥料

复合微生物肥料是指特定微生物与营养物质复合而成的，能提供保持或改善植物营养、提高农产品产量、改善农产品品质的活体微生物制品。执行标准为 NY/T 798—2015，其主要技术指标见表 2-14。

表 2-14　复合微生物肥料主要技术指标

项　目		剂　型	
		液　体	粉　剂
有效活菌数(cfu)[a],亿个/克(毫升)	≥	0.50	0.20
总养分($N+P_2O_5+K_2O$)[b],%		6.0~20.0	8.0~25.0
有机质(以烘干基计),%	≥	—	20
杂菌率,%	≤	15.0	30.0
水分,%	≤	—	30.0
pH 值		5.5~8.0	5.5~8.0
保质期[c],月	≥	3	6

注:a 含两种以上微生物的复合微生物肥料,每一种有效菌的数量不得少于 0.01 亿个/克(毫升)。

b 总养分应为规定范围内的某一确定值,其测定值与标明值正负偏差的绝对值不应大于 2.0%,各单一养分值应不少于总养分含量的 15%。

c 此项仅在监督部门或仲裁双方认为有必要时才检测。

(三)生物有机肥

生物有机肥指由特定功能微生物与有机肥料复合而成的一类兼具微生物肥料和有机肥效应的肥料。执行标准为 NY 884—2012,其主要技术指标见表 2-15。

表 2-15　生物有机肥主要技术指标

项　目		剂　型	
		粉　剂	颗　粒
有效活菌数(cfu)(亿个/克)	≥	0.20	0.20
有机质(以干基计)(%)	≥	25.0	25.0
水分(%)	≤	30.0	15.0

续表 2-15

项 目		剂 型	
		粉 剂	颗 粒
pH 值		5.5~8.5	5.5~8.5
粪大肠菌群数(个/克或个/毫升)	≤	100	
蛔虫卵死亡率(%)	≥	95	
有效期(月)	≥	6	

二、微生物肥料施用方法

微生物肥料可用作基肥、追肥进行沟施或穴施,还可拌种、浸种、蘸根。生物有机肥和农用微生物菌剂均可作基肥、种肥、追肥。

(一)农用微生物菌剂

①每 667 米^2 用固态菌剂 2 千克左右与有机肥 40~60 千克混合均匀后施用,可作基肥、追肥和育苗肥用。②拌种。播种前用 10~20 倍菌剂稀释液浸种或将种子喷湿,使种子与液态生物菌剂充分接触后再播种。也可将种子用清水或小米汤喷湿,拌入固态菌剂充分混匀,使所有种子外覆有一层固态生物肥料后播种。③浸种。菌剂加适量水浸泡种子,捞出晾干,种子露白时播种。或将固态菌剂浸泡 1~2 小时后,用浸出液浸种。④蘸根,液态菌剂稀释 10~20 倍,幼苗移栽前把根部浸入液体,蘸湿后立即取出。喷根,幼苗很多时,可用 10~20 倍液喷湿幼苗根部。⑤按 1∶100 的比例将菌剂稀释,搅拌均匀后灌根或冲施。

（二）复合微生物肥料

①基肥。固态复合微生物肥料一般每667米^{2}施用10~20千克，与农家肥一起施用。②追肥。固态复合微生物肥料一般每667米^{2}施用10~20千克，在作物生长期间追施。

（三）生物有机肥

①基肥。一般每667米^{2}施用100千克左右，和农家肥一起施入，经济作物和设施栽培作物根据当地种植习惯可酌情增加用量。②追肥。与化肥相比，生物有机肥营养全、肥效长，但肥效较慢。因此，施用生物有机肥作追肥时，应比化肥提前7~10天施用，可按化肥作追肥的用量等量投入。

（四）微生物肥料施用注意事项

微生物肥料是生物活性肥料，施用时要严格按照产品使用说明书操作，否则难以获得良好的施用效果。施用中应注意：①微生物肥料施入土壤后，需要一个适应、生长、供养、繁殖的过程，一般15天后可以发挥作用。②微生物肥料要结合覆土、浇水等措施，避免微生物肥料受阳光直射或因水分不足而难以发挥作用。③微生物肥料可以单独施用，也可以与有机肥和其他肥料混合施用，但要注意避免与过酸过碱的肥料混合施用。④微生物肥料应避免与农药同时施用，不能用拌过杀虫剂、杀菌剂的工具盛装微生物肥料。⑤微生物肥料不宜久放，拆包后要及时施用。

第三章 茄果类蔬菜高效栽培与安全施肥技术

第一节　设施番茄高效栽培与安全施肥

番茄又称西红柿，以成熟多汁的浆果供食用，既是蔬菜又是水果。番茄栽培广泛，设施栽培是今后的发展方向，以实现四季生产，周年均衡供应。

一、生育周期和对环境条件的要求

（一）生育周期

番茄从播种到采收结束，大致分为4个生长发育时期。①发芽期。从种子发芽到第一片真叶露心为发芽期，一般为9~14天。②幼苗期。从第一片真叶露心到第一穗花序现大蕾为幼苗期，在适宜条件下需45~50天，夏季育苗仅需20天左右。③开花期。从现蕾到第一穗果坐住为开花期，一般为15~30天。④结果期。从第一穗果坐住到采收结束为结果期，一般需70~180天，春提早

和秋延后栽培需 75~100 天，越冬长季节栽培需 6~8 个月。番茄从开花到果实成熟一般需 50~60 天，夏季需 40~50 天，冬季需 75~100 天。

（二）对环境条件的要求

1. 对温度的要求　适宜番茄生长的日平均温度为 18℃~25℃，番茄在每个生长发育期，对温度的要求如表 3-1 所示。

表 3-1　番茄各生育期对温度要求参考值

<table>
<tr><th>生长发育期</th><th>气 温</th><th>地 温</th><th>备 注</th></tr>
<tr><td>发芽期</td><td>适温 25℃~30℃，最适宜温度 28℃，最低温度 12℃</td><td rowspan="4">根系生长适温 20℃~25℃，低于 5℃ 吸收受阻，30℃ 以上发育缓慢</td><td rowspan="4">低于 15℃ 导致落花落果，低于 10℃ 生长缓慢，5℃时停止生长，高于 30℃ 影响养分积累和果着色</td></tr>
<tr><td>幼苗期</td><td>白天适温 20℃~25℃、夜间 10℃~15℃</td></tr>
<tr><td>开花期</td><td>白天适温 20℃~30℃、夜间 15℃~20℃，最低 15℃</td></tr>
<tr><td>结果期</td><td>白天适温 24℃~30℃、夜间 12℃~15℃</td></tr>
</table>

2. 对光照的要求　番茄是喜光作物，光饱和点为 7 万勒，适宜光照强度为 3 万~5 万勒。光照有利于花芽分化，促进结果，提高产量和品质。棚室番茄栽培，必须在品种筛选、合理密植、植株调整等方面采取相应措施，创造较好的光照条件，多数品种在 11~13 小时日照条件下植株生长健壮。

3. 对水分的要求　番茄较喜干爽的空气环境，空气相对湿度 45%~55%为宜。空气湿度过大，不仅影响正常授粉，造成落花落果，而且易引起番茄灰霉病等多种病害的发生。土壤相对湿度一般要求为 60%~85%，幼苗期适当控水、以 60%~75%为宜，以防徒

长;结果期加大浇水量,以满足果实生长发育需要,土壤相对湿度以75%~85%为宜,生产中注意保持相对稳定,忌忽干忽湿,以免造成裂果和脐腐病。

4. 对气体的要求 增施二氧化碳气肥(CO_2)有利于光合作用,植株生长旺盛,产量增加。生产中,常常通过增施有机肥或结合高温闷棚土施作物秸秆等方法提高棚室内 CO_2 浓度,增产效果很好,而且还起到了杀菌抑菌的作用。

5. 对土壤的要求 番茄对土壤的要求不太严格,但以肥沃的壤土和沙壤土最为适宜,土壤 pH 值以 6~7.5 为宜。番茄生长期长、产量高、需肥量大,因此要求土壤营养充足。

二、茬口安排和品种选择

(一)茬口安排

1. 冬春茬棚室栽培 棚室结构不同,播种日期也不同。土墙结构日光温室一般在 11 月上旬播种育苗,翌年 1 月下旬至 2 月上中旬定植,3 月中下旬至 6 月收获;砖墙结构日光温室一般在 12 月中下旬播种育苗,翌年 2 月中下旬定植,4 月中旬至 6 月底采收。塑料大棚早春茬栽培的一般在 1 月上中旬播种育苗,3 月中下旬定植,5 月底至 7 月份采收。

2. 秋延后日光温室、塑料大棚栽培 塑料大棚栽培一般在 6 月中下旬播种育苗,苗龄 25 天左右,7 月中旬定植,9 月底至 11 月份采收;日光温室较塑料大棚晚 20~25 天育苗,一般在 7 月上中旬播种育苗,8 月上中旬定植,10 月份开始采收。

3. 越冬一大茬棚室栽培 一般 9~10 月份播种育苗,11 月份定植,翌年 1 月份开始采收,6 月结束。目前,有些地方播种期提前至 7~8 月份定植,10 月份开始采收,翌年 6 月份采收结束。

4. **大棚越夏栽培**　主要适用于冷凉地区如内蒙古、河北北部张家口、承德及东北等无霜期较短的地区。一般在3月中下旬育苗,5月份定植,7月初开始采收,延续至10月份。

(二)品种选择

随着国外品种的不断引入及国内育种业的发展,番茄品种更新换代很快。生产中应依据不同茬口、不同消费习惯等选择。例如,出口市场需要果皮较厚、耐贮运的硬果型品种;秋季尽量选择抗黄化曲叶病毒品种,如齐达利、迪芬尼、迪利奥、粉甜288、惠丽、佳西娜、浙粉702、瑞菲、格利、荷兰6号等。不同品种各具特点,如大多红果品种属硬果型品种,皮较厚,耐裂、耐运输,且产量较粉果品种为高。粉果品种汁多,适口性好,但易裂,产量不及红果品种。按种植茬口选择品种时,越冬茬一般选用保罗塔、齐达利、奥运001、金棚1号、倍赢、浙杂206及佳粉系列品种;越夏茬一般选用耐热、抗裂的迪芬尼、惠丽、瑞菲、满田2185、百利、格雷、百灵等品种;春茬一般选用较早熟的倍赢、蔓其利、满田2185、2180、百利、金棚等品种。

三、育苗技术

(一)常规育苗

1. **营养土配制**　取肥沃无草籽无菌的大田土3份、充分腐熟的优质有机肥4份、草炭3份,混合均匀过筛备用。营养土中一般不需要加入化肥,如大田土、有机肥质量较差,每立方米营养土可加入生物有机肥3千克,再用水溶解磷酸二铵1千克,均匀喷拌于营养土中。为防止苗期病虫害发生,每立方米可加入50%硫菌灵可湿性粉剂或50%多菌灵可湿性粉剂80~100克、2.5%敌百虫粉

剂 60～80 克，与营养土掺匀后一起过筛，装入营养钵中或铺入育苗床内。

2. **营养钵育苗**　将配制好的营养土装入育苗钵中，育苗钵大小以 10 厘米×10 厘米或 8 厘米×10 厘米为宜，装土量以虚土装至与钵口齐平为佳，然后将经处理过的种子植入育苗钵中。也可以先把经预处理的种子撒播在小面积的土盘中，幼苗生长至 1～2 片真叶时移栽至营养钵中。

3. **育苗畦育苗**　把营养土直接铺入育苗畦中，厚度 10 厘米左右。把预处理好的种子撒播在小面积的土盘或土盆中，幼苗生长至 1～2 片真叶时，移栽至棚室中的育苗畦。

4. **营养块育苗**　将配制好的营养土与适量的草炭混匀后压制成块状的定型营养块，在每一营养块中心部压一穴，直接播种在土块穴中并覆土，然后按常规管理法即可。

一般在育苗前 7～10 天，用药剂对育苗棚室熏蒸 1 昼夜，然后通风排毒气准备播种。消毒方法是每 667 米^2 用 45%百菌清烟剂 200～250 克加灭蚜松烟剂 300～500 克点烟熏棚（按药剂说明书施用）。

（二）穴盘育苗

1. **穴盘选择**　冬春季育苗：培育 5～6 片叶苗，苗龄 60 天左右，一般选用 72 孔苗盘。夏季育苗：由于气温高，苗期 20～30 天，一般选用 128 孔或 72 孔苗盘。

2. **基质配制**　基质配比（按体积计算）：草炭∶蛭石为 2∶1，或草炭∶蛭石∶废菇料为 1∶1∶1。冬春季配制基质时，每立方米基质加入三元复合肥或专用配方肥 2～2.5 千克，肥料与基质混拌均匀后备用；夏季配制基质时，每立方米加入三元复合肥或专用复混肥 1～2 千克，再加入 50%多菌灵可湿性粉剂 80～100 克、1.1%苦参碱粉剂 50～100 克，将上述物料混合搅拌均匀后备用。

(三)播　种

1. 播种时间　冬春季穴盘育苗主要为早春保护地生产供苗,播种期为12月上旬至翌年1月中旬,视用户需要而定。夏季育苗苗期为20~30天,视棚室不同,一般从6月中下旬至7月上中旬均可播种。

2. 种子处理　播种前检测发芽率,选择发芽率大于90%以上的籽粒饱满、发芽整齐一致的种子。已包衣的种子可直接播种;未包衣的种子播前先温汤浸种(55℃水)浸泡30分钟,然后用1%硫酸铜溶液浸泡5分钟,捞出后用清水冲洗干净,用清水浸泡2~3小时后再用10%磷酸三钠溶液处理20~30分钟,然后用清水冲洗干净,风干后播种。

3. 播种　播前用清水将基质喷透,待水渗下后播种,播种量为10~15克/米^2。播种深度为1厘米,播后覆盖蛭石或细土。为预防苗期病害,可在覆盖层上撒施50%多菌灵粉剂,每平方米以8~10克为宜。冬季育苗,苗盘上面加盖一层地膜,以保水保温。夏季不需盖膜,但要及时喷水。

(四)苗期管理

出苗后,将地膜掀去,白天设施温度保持在25℃左右、夜间16℃~18℃,在保持基质水分的同时,注意降低空气湿度。育苗温室夜间温度低于10℃时,可采取电热线加温或其他临时加温措施。在幼苗长至3叶1心后,结合喷水喷施1~2次氨基酸复合微肥,或用0.2%磷酸二氢钾溶液进行叶面喷施。定植前7天左右,白天尽量降低温度和湿度,使秧苗接受与定植后相似环境的锻炼。苗期注意防治病害,苗出齐后可喷施0.36%苦参碱水剂500~600倍液进行预防,冬季喷3~4次,夏季喷1~2次。夏季育苗棚应用“两网一膜”技术,同时结合药剂防治病虫害,每667米^{2}可用1%

虫菊·苦参碱微囊悬剂50~60毫升,用水稀释为1 000~1 500倍液,淋灌防治白粉虱、蚜虫,阻断病毒病传播途径。

(五)嫁接育苗方法

嫁接育苗可增强植株长势和抗病性能,但生产中要慎重选用砧木和接穗。番茄嫁接育苗方法主要有以下几种。

1. **劈接法** 劈接的接口面积大,嫁接部位不易脱离或折断,而且接穗能被砧木接口完全夹住,不会发生不定根。但因接穗无根,嫁接后需要进行细致管理。嫁接适期,砧木苗有4~5片真叶展开;接穗比砧木略小,有4片真叶展开。砧木苗一般生长较慢、茎较细,所以要较接穗提前5~7天播种。

嫁接时,要从砧木苗的第三和第四片真叶中间把茎横向切断,然后从砧木茎横断面的中央纵向向下切成1.5厘米长的接口。再把刚从苗床中挖出的接穗苗,在第二片真叶和第三片真叶中间稍靠近第二片真叶处下刀,将基部两面削成1.5厘米长的楔形接口。最后把接穗的楔形切口对准形成层插进砧木的纵接口中,用嫁接夹固定,7~10天后把夹子除掉。

嫁接后,接口愈合的适宜温度为白天25℃、夜间20℃,早春嫁接最好将移栽有嫁接苗的营养钵放置于电热温床上。在接口愈合前,如果设施内空气湿度低,则容易引起接穗凋萎,因此嫁接后的5~7天内空气相对湿度要保持在95%以上。增湿方法:摆放嫁接苗前在苗床上浇水,嫁接后覆盖小拱棚,密闭保湿;嫁接后4~5天内不通风,第五天以后选择温暖且潮湿的傍晚或早晨通风,每天通风1~2次;7~8天后逐渐揭开小拱棚薄膜,增加通风量,延长通风时间。嫁接后要遮光,可在小拱棚外覆盖草苫或稻草等,嫁接后的前3天要全部遮光,之后半遮光、两侧见光,随嫁接苗生长,逐渐撤掉覆盖物,成活后转入正常管理。

2. **靠接法** 砧木和接穗均可以在苗盘中密集播种,培育小

苗,出现2片真叶时将幼苗分到铺有营养土的苗床上,砧木苗、接穗苗都展开4~5片真叶时为嫁接适宜期。苗龄偏大时,只要二者的生长状态基本相同也可以嫁接,靠接可持续进行很长时间。

嫁接时,要仔细地把砧木苗、接穗苗全根挖出。这是因为带根苗在嫁接时不用担心萎蔫,注意嫁接场所的空气湿度要比较高,以利接口愈合。用不持刀的手捏住接穗苗,苗稍朝向指尖,在子叶与第一片真叶或第二片真叶之间,用刀片按35°~45°角向上把茎削成斜切口,深度为茎粗的1/2~2/3,注意下刀部位在第一片真叶的侧面。番茄发根能力强,接穗苗茎的割断部位容易生根,根入地后会使嫁接失去作用。所以,砧木苗和接穗苗的茎都应长些,以便在较高的部位嫁接。把砧木上梢去掉,留下3片真叶,在嫁接成活以前要保留这3片真叶,以便与接穗苗相区别,否则容易弄错而造成嫁接失败。把砧木上部朝里、根朝向指尖,放在手掌上,用刀在第一片真叶(或第二片真叶)下部、侧面,按35°~45°角斜着向下切到茎粗的1/2或更深处,呈舌楔形。该切口高度必须与接穗切口高度一致,以便于移栽。将接穗切口插入砧木切口内,使两个切口嵌合在一起,再用嫁接夹固定。

嫁接完成立即移栽,移栽时要把砧木和接穗的茎分离开。切口愈合后要摘除砧木萌芽。为预防倒伏,必要时应立杆或用支架绑缚。当伤口愈合牢固后去掉嫁接夹,注意去夹时机要适宜,去夹过早不利于接口愈合;去夹过晚则影响嫁接苗幼茎的生长增粗。用营养钵移栽时,砧木要栽在钵的中央,接穗靠钵体一侧。移栽后及时浇足水,使土壤下沉,根与土密切接触,浇水后密闭苗床。高温季节育苗,苗床上面要遮光,使床内无风、高湿,严防强光合高温造成幼苗萎蔫。移栽后的2~3天内一定要遮光保湿。低温季节育苗,在移栽后要用小拱棚把苗床密闭起来,也需要遮光,4~5天内都要如此。移栽后苗床白天温度保持25℃~30℃、夜间20℃左右。以后,依据苗的萎蔫程度,让苗逐步习惯直射光的照射,予以锻炼。嫁接后10天左右,接穗开始生长,选晴天的下午,在嫁接部位下边的接穗一侧把茎试着割断几株,即“断根”。割断后只要苗萎蔫不严重,第二天以后便可把全部嫁接苗的接穗下部的茎割断。如果萎蔫的苗过多,可进行1天左右的遮光,予以缓和。靠接苗的砧木和接穗的接口都较小,嫁接部位容易脱离或折断,所以在定植前可不除掉夹子。为避免嫁接夹过紧夹坏茎部,最好换部位改夹1~2次;也可以用短支柱把苗架好,再除掉夹子。

四、整地定植

(一)整地施基肥

1. 基肥施用 基肥应施用一定量的有机肥,配合一定量的氮、磷、钾等化肥。原则上短季节栽培基肥中氮肥的施用量是整个生育期氮肥施用总量的20%;全生育期磷肥用量全部作基肥施入,不再追施磷肥;基肥中钾肥的施用量占整个生育期钾肥用量的40%。长季节栽培施肥总量增加,基肥占全生育期施肥总量的比例有所降低。以下是以番茄目标产量来制订的施肥方案,供参考。

(1)每667米^{2}产量6 000~7 500千克基肥施用方案

①适用栽培模式 日光温室冬早春栽培和秋延后初冬栽培,从定植到收获结束5~6个月。塑料大棚早春栽培和秋延后栽培,从定植到收获结束4~5个月。塑料大棚越夏栽培,主要分布在冷凉地区和无霜期短的高海拔地区,从定植到收获结束5~6个月。

②全生育期化肥用量 全生育期每667米^{2}用尿素75~100千克、过磷酸钙110~125千克、硫酸钾用量80~90千克。如施用其他肥料,可根据有效成分进行换算。

③基肥用量 每667米^{2}施优质有机肥5 000~7 000千克、生物有机肥100~200千克、尿素14~20千克、过磷酸钙110~125千

克、硫酸钾 30~36 千克及适量的微量元素。

(2)每 667 米^2 产量 10 000~15 000 千克基肥施用方案

①适用栽培模式　越冬长季节一年一大茬日光温室栽培,占地 10 个月以上。

②全生育期化肥用量　全生育期每 667 米^2 尿素 160~200 千克、过磷酸钙 160~200 千克、硫酸钾 100~160 千克。

③基肥用量　每 667 米^2 施优质有机肥 7 000~8 000 千克、生物有机肥 150~250 千克、尿素 20~25 千克、过磷酸钙 180~250 千克、硫酸钾 35~40 千克以及适量的微量元素。

本方案属常规施肥方案,设施蔬菜施肥应结合测土配方施肥技术进行适当调整,做到合理施肥。

2. **整地做垄**　整地时先将基肥中的有机肥铺施于地面,然后机翻或人工锹翻两遍,使肥料与土壤充分混匀,之后耙平地面。做垄后开沟将基肥中的化肥施入沟中,与土壤充分搅匀。也可将上述肥料全部混合均匀,整地时撒施 40%~60%,然后耕翻两遍,再将余下的肥料在做垄开沟时施入沟中,与土充分搅匀。

定植前设施内应进行消毒处理,每 667 米^2 可用 50%百菌清烟剂 250 克进行熏蒸清毒,而后再进行定植。一般采用垄高 20 厘米、宽 40 厘米,垄中单行种植,行距 100 厘米,株距 33~40 厘米。定植前 7~10 天将垄做好。也可做成 1.5 米宽的平畦或小高畦,小高畦高约 10 厘米、畦面宽 60~70 厘米,早熟品种的株行距为 20 厘米×50 厘米,中熟品种的株行距为 30 厘米×50 厘米。

(二)定　植

1. **定植时间**　日光温室冬春茬一般在 1 月底至 2 月底定植。日光温室秋冬茬一般 7 月底至 8 月上旬定植。塑料大棚早春栽培一般在 3 月中下旬定植。大棚延秋栽培一般在 7 月上中旬定植。日光温室越冬栽培 8~11 月份均可定植。大棚越夏栽培一般于 5

月份定植。

2. **定植密度** 早熟品种每667米^{2}定植6 000株左右，中熟品种为4 000株左右。一般长季节栽培定植密度为每667米^2 1 800～2 000株；中短季节栽培为每667米^2 2 000～3 000株；通常硬果型红果品种密度约为每667米^2 2 000株，而粉果品种密度为每667米^2 2 500～3 000株。

3. **定植** 定植前棚室土壤要进行药剂处理，每667米^{2}用50%多菌灵可湿性粉剂或50%硫菌灵可湿性粉剂4～5千克，再加1.1%苦参碱可湿性粉剂3千克或2.5%敌百虫可湿性粉剂2～3千克与10倍以上的干细土拌匀，撒施后耕翻入土，对预防病虫害有一定效果。目前生产中多采用5～6片叶的小龄苗定植，具有缓苗快的特点。定植时在垄上按30～40厘米的株距挖穴，穴深10～12厘米。如是日光温室栽培，应掌握前密后稀的原则，即温室前部因光照条件好，可适当密栽，株距30厘米；后部光照条件差，适当稀栽，株距35～45厘米。定植后马上浇定植水，水量要充足，将栽培垄全部浸润透。可采用膜下畦灌，有条件的地方可膜下滴灌或微喷灌，这样既可节水又可避免棚内湿度过高而引起病害。

五、田间管理

（一）温度管理

定植后缓苗期间，温度可高一些，以利于迅速缓苗，设施内温度白天控制为25℃～30℃、夜间15℃～18℃。外界气温较低时，温室一般不通风，室内湿度过大时应选择中午时段适当通风，潮气放出后及时封闭棚膜。一般在定植7～10天后，白天温度保持25℃左右、夜间15℃～17℃。夏季定植的，由于7～8月份温度高，将温度降到生长适温有一定难度，应尽量放大通风口、控制浇水，以免

由于高温高湿而引起植株疯长。进入开花结果期，白天温度保持20℃~30℃、夜间15℃左右，温度低于15℃易引起落花落果，高于30℃则影响养分的积累。条件不适宜时，应增加一些辅助栽培措施，如采用两网一膜等技术。

（二）植株调整与采收

1. **整枝** 一般多采用单干整枝，即每株只留1个主干，把侧枝摘除。这种整枝方法产量较高。只要生产中注意合理密植，就能保持番茄坐果率较高。

2. **换头** 日光温室长季节栽培时，每个植株都需获得10穗以上的果实。保持主茎的不断伸长虽可获得需要的花序量，为此应采用换头的方法，即打掉主干的生长点，使养分集中供给逐渐膨大的果实。随着温度的升高和侧枝的发展，前期的果实已陆续采收，这时养分转移到侧枝的生长。换头的部位各有不同，目前采用较多的是定植后在植株有4~5穗花序时开始掐尖，在主干4~5穗花序后留2叶掐尖，以诱发侧枝的萌发。这时养分集中到果实的发育与成熟上，待温度升高后，以诱发出的侧枝为主干，重复基本的栽培管理。

3. **打杈** 除主干和换头后的主侧枝外，其余的侧枝和萌芽都要掰除去掉。应注意的是，在侧枝长至5~6厘米时，进行打杈。

4. **打顶** 早春栽培和秋延栽培一般留5~6穗花序后打顶。在最后1穗花序充分开花坐果后，留花穗以上3~4片叶，其余的打顶。长季节或棚室周年栽培模式一般留8~10穗果以上，采取换头方法栽培的要经过多次打顶，每次打顶后要在最上部花序上保留2~3片叶。生产中应掌握在拉秧前40~50天进行最后1次打顶，以保证最后1穗花序能正常发育成商品果。

5. **去叶** 植株透光不足，影响生殖生长，造成落花落果，应及时摘除一些叶片。植株下部的病、老、黄叶要及时摘除，已收获的

下部果实周围的枝叶也要及时全部除掉。

6. **吊蔓及落蔓** 番茄属蔓生草本植物，随着枝叶和果实的增多增大，需插架绑蔓或吊蔓，使其直立生长，以增加透光，提高产量和品质，且利于田间操作。目前生产中多采用吊蔓栽培方式，一般在定植缓苗后开始吊蔓。其方法是在植株各行上部拉铁丝，将尼龙线绳吊在铁丝上，用以固定生长的植株。

7. **疏果** 品种不同，选留的果数也不同，一般大果型品种第一穗果留3~4个，以上各穗留4~5个；中果型品种第一穗果留4~5个；小型果品种可留5个以上。疏果时，首先将病果、畸形果去掉。

8. **保花保果** 番茄虽属自花授粉作物，但遇到低温、高温等不利环境条件时，柱头不能正常授粉，导致子房不膨大。棚室番茄栽培，为保证产量应采用以下2种安全方法进行保花保果。

(1)熊蜂授粉法 设施栽培中使用熊蜂授粉的优点是果实整齐一致、无畸形果、品质优，消费者不受激素的困扰，省工省力。一般500~667米^{2}的棚室，一棚放一箱蜂，将蜂箱置于棚室中部距地面1米左右高的地方即可。蜂群寿命不等，一般40~50天，春季或秋季短季节栽培一箱蜂可用到授粉结束。利用熊蜂授粉，坐果率可高达95%以上。

(2)振动授粉法 利用番茄自花授粉的特点，在晴好天气的上午对已经开放的花朵用手弹数次振动花柄，促进花粉散出落到柱头上进行授粉，特别是越夏栽培和春季栽培后期的5~6月份棚室温度高于30℃时，采用振动授粉是促进授粉的最好方法，可避免使用植物生长调节剂蘸花，从而造成大量畸形果产生。有条件的科技园区可利用手持振动器进行操作。

9. **采收和贮藏** 在番茄自然成熟后即可采摘。拔秧时如有部分果实刚达到绿熟期或转色期，可用筐或箱装起来，放在温室中进行贮藏。贮藏期间要经常检查，陆续挑选着色好的果实上市

出售。

(三)合理浇水

定植时浇足定植水,一般滴灌用水量为35米^3/667米^{2}左右,畦灌比滴灌多1/3~1/2。定植7~10天后浇1次缓苗水,之后原则上不再浇水,第一穗果核桃大小时开始浇水。此期如果水分多,易引起植株徒长,从而影响以后的开花结果。主要栽培措施是中耕,以促使根系向土壤深层发展。如土壤、植株表现干旱,尤其是采取滴灌措施的,前期水分不是很大,这时确需浇水时,可补浇1次水。另外,因品种特性各异,有些品种不需要控苗,可根据需要补水。当第三花序开花时,正是第一果穗膨大期(核桃大小)进行浇水,水要充足,一般滴灌25~30米^3/667米^2,畦灌(明水)40~50米^3/667米^2,水量以渗透土层15~20厘米为宜。

进入结果初期,冬春茬栽培番茄,一般10~12天浇1次水,以保证果实发育所需;进入盛果期,需水量逐渐加大,一般5~7天浇1次水。越冬栽培,进入结果期后,室内外温度逐渐降低,且外界光照时间短而弱,植株生长和果实发育均较缓慢,此期必须适当控制浇水。最冷的12月中下旬至翌年1月份基本不浇水,2月中旬后随着天气转暖开始浇水,一般10~15天浇1次水。换头栽培的此期还应掌握“浇果不浇花”的原则,控制好浇水量,防止落花落果。

无论是哪种种植模式,番茄水分管理总原则是:苗期要控制浇水,防止秧苗徒长,以达到土地最大持水量的60%左右为宜。结果期水量加大,以达到土地最大持水量的80%为宜,且要保持相对稳定。棚室内土壤水分过大时,除妨碍根系的正常呼吸外,因室内空气湿度过大还易发生病害。土壤忽干忽湿很容易导致裂果和脐腐病的发生。

(四)安全追肥

追肥可用尿素和硫酸钾,也可用番茄专用配方肥或复混肥(18∶5∶17)。除随水冲施外,还可根据番茄生长情况进行根外追肥,而且要适时适量增施二氧化碳气肥。番茄栽培应注意喷施氨基酸螯(络)合的中微量元素肥料,可稀释为500~800倍液,必要时可加入0.5%~1%磷酸二氢钾或1%尿素,还可加入适量的中性或酸性农药,每667米^{2}喷施肥液40~60千克,每隔7~8天喷施1次。

1. 中短季节栽培模式追肥 按每667米^{2}产量6 000~7 500千克追肥方案,番茄第一穗果坐住后进行第一次追肥,追肥方式为随水施肥,每667米^{2}追施尿素15~22千克、硫酸钾12~15千克;第二穗果开始膨大时(距第一次追肥10~15天)进行第二次追肥,每667米^{2}追施尿素15~22千克、硫酸钾12~15千克;结第三穗果时进行第三次追肥,每667米^{2}施尿素16~22千克、硫酸钾12~15千克;第四穗果开始膨大、第五穗果坐果后进行第四次追肥,每667米^{2}施尿素15~23千克、硫酸钾12~15千克。如果施用番茄专用配方肥或18∶5∶17复混肥,每667米^{2}每次施用30~40千克。

2. 长季节栽培模式追肥 按每667米^{2}产量10 000~15 000千克追肥方案,在番茄第一穗果膨大时进行第一次追肥,在整个生育期分6~9次随水追肥,每667米^{2}每次施用尿素16~23千克、硫酸钾10~16千克,或番茄专用配方肥或18∶5∶17复混肥40~60千克。一般秋季施2~3次,于第一穗果膨大时开始追第一次肥,第二穗果开始膨大时追第二次肥,第三或第四穗果膨大时追第三次肥,以后视植株长势而定。这种栽培模式(8月初定植),10月中下旬已留有4~5穗花序,此时摘心换头,到12月底前这几穗果一般可成熟上市。12月中旬至翌年2月份是温室的低温期,此期应严格控制追肥,以中耕为主。2月中旬后,天气转暖,室内外温

度上升迅速,配合浇水开始追肥,到采收结束。生产中应掌握换头后第一穗果膨大时开始追肥,以后追肥管理同冬春茬栽培。

设施栽培番茄施基肥和追肥,应根据不同棚室的具体情况进行适当地调整。有条件的地方,应坚持测土配方施肥,并适时进行二氧化碳施肥,以获得优质高产高效益。目前生产上为追求高产,超量施肥现象严重,加速了土壤盐渍化,致使微量元素吸收困难,造成因缺素果实不能完全转色和发生病害,影响产量和品质,所以合理施肥是蔬菜生产必须遵守的原则。

六、主要病害防治

(一)猝倒病

1. 危害症状 猝倒病是真菌侵染所致,主要发生在番茄苗期。幼苗在茎基部呈水渍状软腐倒伏,即猝倒。初感病时秧苗呈暗绿色,感病部位逐渐缢缩,病苗成片折倒死亡。染病后期茎基部黄褐色干枯。

2. 防治方法

(1)生态防治 清园,切断越冬病残体组织。穴盘育苗采用未使用过的蛭石或灭菌消毒的营养土,或用大田土和腐熟有机肥配制的育苗营养土;严格限制化肥用量,采用配制好的营养块育苗方法;合理分苗、密植;控制浇水,降低棚室湿度;注意苗床土消毒处理。

(2)药剂防治 ①采用包衣的种子播种,可有效地预防苗期猝倒病和其他苗期病害。②苗床土药剂处理:取大田土与充分腐熟有机肥按6∶4混匀,并按每立方米苗床土加入58%甲霜·锰锌可湿性粉剂40~50克、2.5%咯菌腈悬浮液10毫升拌匀一起过筛,用于装营养钵或作苗床表土铺在育苗畦上。另外,还可以在种子

包衣播种覆土后,用58%甲霜·锰锌可湿性粉剂600倍液进行土壤封闭。

(3)药剂淋灌 可选择58%甲霜·锰锌可湿性粉剂500倍液,或50%多菌灵可湿性粉剂300~500倍液,或64%噁霜·锰锌可湿性粉剂500倍液,或72.2%霜霉威盐酸盐可湿性粉剂800倍液对秧苗进行喷淋灌根。

(二)茎基腐病

1. **危害症状** 番茄茎基腐病是缓苗期到生长期易发生的病害。发病部位在地表刚出土部位,茎秆基部缢缩变暗黑腐烂,拔出病苗根系良好,只是接触地表部分病变。秧苗因茎秆基部输导组织感病出现营养供应不足逐渐萎蔫而死亡。棚室、越夏栽培番茄均可发生。定植后至生长发育期感病,除茎基部变褐黑色、坏死外,病部以上叶片变黄褐色,逐渐枯死,叶片多残留在枝干上不脱落。

2. **防治方法**

(1)生态防治 ①高垄栽培,浇水时浸浇小水。高温季节采用高垄栽培,可以避免沟浇井水冷刺激而降低幼苗的抗病性,也不会因受水浸泡的干扰而感病。②把好浇水关。越夏栽培番茄浇水应尽量在清晨进行,以减少温差,早春栽培的应尽可能地采用棚膜晒水提温浇苗。③基肥深施入土。将腐熟有机肥与秸秆等一起深施入土、耙好,不要让有机肥、尤其是没有腐熟好的圈肥暴露在土壤表层,以免因高温产生有害气体对秧苗造成危害和污染。④清除病残体,及时排水。

(2)药剂防治 ①营养土消毒,参考猝倒病苗床土药剂处理。②移栽前淋灌或浸盘。移栽前应对定植苗进行预防用药,如对苗盘秧苗可用58%甲霜·锰锌可湿性粉剂500倍液进行浸盘浸根处理,在移栽前淋灌,预防效果较好。③定植后发生病害应及时防

治，可选用58%甲霜·锰锌可湿性粉剂500倍液，或72%硫酸链霉素可溶性粉剂3 500～4 000倍液喷雾淋根，每株用药液100～300毫升，每7～10天喷淋灌根1次，一般喷淋灌根2次。也可用恶霉灵、百菌清等农药进行防治，按产品说明书要求使用。

（三）灰霉病

1. 危害症状　番茄灰霉病是棚室冬、春季节栽培重要病害之一，主要危害叶片、花、幼果。感染灰霉病的叶片，病菌先从叶缘侵染，呈典型性V形病斑。花期受害，病菌残留在柱头，继而向青果果面、果柄扩展，致使感病青果呈灰白色、软腐，长出大量灰绿色霉菌层。

2. 防治方法

（1）生态防治　①棚室采用高畦覆地膜栽培，地膜下渗浇小水。有条件的可以考虑采用滴灌，节水控湿。②加强通风透光，尤其是阴天除注意保温外应严格控制灌水过量。③早春将上午通风改为清晨短时间放湿气，尽可能早地排出棚室里的雾气。④及时清理病残体，摘除病果、病叶和侧枝，集中烧毁或深埋。⑤注意不要在阴雨天气进行整枝打杈。⑥合理密植、高垄栽培、控制湿度。⑦氮、磷、钾肥均衡施用，育苗时苗床土注意消毒及药剂处理。

（2）药剂防治　①因番茄灰霉病多在花期侵染，所以番茄蘸花时的药剂预防作用就非常重要。其方法是向配好的蘸花药液中加入2.5%咯菌腈胶悬浮剂10毫升，或50%腐霉利可湿性粉剂1 000倍液进行蘸花或喷花，使花器均匀着药。②果实膨大期可用50%腐霉利可湿性粉剂1 000倍液对果实重点喷雾。③单独进行灰霉病防治时可选用25%嘧菌酯胶悬浮剂1 500倍液，或75%百菌清可湿性粉剂600倍液，或58%甲霜·锰锌可湿性粉剂600～800倍液，或70%锰锌·百菌清可湿性粉剂500～600倍液，或50%异菌脲可湿性粉剂1 000～1 500倍液，每667米^{2}用药液40～

50升,每7天左右喷1次,连续喷3~4次,药剂轮换使用。

(四)早疫病

1. **危害症状** 早疫病是危害番茄的主要病害之一,设施番茄发病较重,主要侵染叶、茎、果实,典型性症状是形成具有同心轮纹的不规则轮纹型病斑。一般叶片受害严重,初像针尖似的小黑点,不断扩展呈轮纹状斑,边缘多具浅绿色或黄色晕环,轮纹表面稍有凹陷,为椭圆形或梭形病斑,感病部位生有刺状不平坦物,潮湿时病斑处长出霉状物。茎秆感病多在分杈处。果实感病多在花萼附近,初期为椭圆形或不规则褐黑色凹陷病斑,后期感病部位较硬,也生有黑色霉层。

2. 防治方法

(1)选用抗病品种 可选用倍赢、瑞菲、齐达利、迪芬尼、保罗塔、新红琪、格雷、特宝、惠丽、浙粉808、浙粉702、百灵、百利等较抗(耐)病品种。

(2)生态防治 把握好移栽定植后的棚室温湿度,注意通风,不能长时间地闷棚。

(3)药剂防治 ①预防可选用75%百菌清可湿性粉剂600倍液,或25%嘧菌酯胶悬浮剂1 500倍液消毒灭菌。②发病前期可用77%氢氧化铜可湿性粉剂400~600倍液,或70%代森锰锌可湿性粉剂600~800倍液喷雾,每7~10天喷1次。在发病期可用50%甲基硫菌灵可湿性粉剂700~1 000倍液,或72.2%霜霉威盐酸盐水剂800倍液,或64%锰锌·百菌清可湿性粉剂500~600倍液,或2%嘧啶核苷类抗菌素水剂150倍液,或2%武夷霉素水剂150~200倍液均匀喷雾,每隔5~7天喷1次,连续喷2~3次。对茎部病斑可先刮除,再用2%嘧啶核苷类抗菌素水剂10倍液涂抹。为提高防效,应轮换交替用药。还可结合其他病害的预防,每667米^{2}用百菌清烟剂250克,在傍晚封闭棚室后,分放于6~7个点燃

放烟熏。

(五)晚疫病

1. **危害症状**　晚疫病是一种低温高湿流行性病害,早春和晚秋保护地多雨、温差大的季节容易大发生和流行。此病在番茄整个生育期中均有危害,可侵染幼苗、叶、茎和果实,以叶和果实危害最重。一般从棚室前端开始发病,先侵染叶片和幼果,逐渐向茎秆、叶柄蔓延致使其变黑褐色,重症植株病叶枯干垂挂在叶柄上,植株易萎蔫、折断。感病果实坚硬,凹凸不平,初期呈油渍状暗绿色,后变成暗褐色至棕褐色。湿度大时叶正、背面病健交界处均可以看到白色霉状物。

2. 防治方法

(1)选用抗病品种　可选用倍赢、迪芬尼、瑞菲、齐达利、保罗塔、新红琪、百灵、百利、莱福 60 等抗病品种。

(2)生态防治　清园切断越冬病残体组织、合理密植、高垄栽培、控制湿度是防治该病的关键技术。地膜下渗浇小水或滴灌,降低棚室湿度;清晨尽可能早地快速放风排湿,尽快进行湿度置换,以利快速提高气温。氮、磷、钾肥均衡施用,育苗时苗床土注意药剂消毒处理。

(3)药剂防治　预防为主是防治晚疫病的关键技术,在易发病的季节里,最好在未发病时喷药预防。药剂可选用 45%百菌清烟剂或 15%腐霉·百菌清烟剂,每 667 米^2 用药 200~250 克,傍晚封闭棚室,分 6~7 个燃放点,点燃烟熏过夜,隔 9~10 天 1 次。发生病害时,及时清除病害部位深埋或烧毁,并进行喷药防治。可喷洒 25%甲霜灵可湿性粉剂 600~800 倍液,或 75%百菌清可湿性粉剂 500 倍液,或 72%霜脲·锰锌可湿性粉剂 600~800 倍液,或 30%烯酰吗啉可湿性粉剂 1 500~2 000 倍液,或 72.2%霜霉威盐酸盐水剂 800 倍液,每 667 米^2 喷洒 40~60 千克药液,间隔 7~10 天

喷施 1 次,连续喷 3～4 次。保护地用药应在上午 10 时以后,喷药后通风散湿。茎基部感病可用 58%甲霜·锰锌可湿性粉剂 500 倍液喷淋或涂抹病部,尤其是感病植株茎秆涂抹病部效果更好。

(六)叶霉病

1. **危害症状** 叶霉病在引进的硬果型番茄品种上发生较重,主要侵染叶片。叶片受害先从下部叶片开始,逐步向上部叶片扩展。叶片正面先出现不规则浅黄色褪绿斑,叶背面病斑处长出初为白色霉层,继而变成灰褐色或黑褐色绒状霉层,高温、高湿条件下叶片正面也可长出黑霉。随着病情加重发展叶片反拧卷曲,植株呈卷叶干枯症状。

2. 防治方法

(1)选用抗病品种 选用抗病品种是防治叶霉病的最好方法。一般抗寒性强品种在抗叶霉病方面相对较弱。生产中可选用特宝、倍赢、美国大红、抗病佳粉、沈粉 3 号等抗病品种。

(2)生态防治 ①加强对温湿度的控制,将温度控制在 28℃以上、空气相对湿度控制在 75%以下不利于发病。②适当通风,增强光照;适当密植,及时整枝打杈,将已经开始转色的下部穗位果实周围老叶及时去掉,加强通风透气。③配方施肥,尽量增施生物菌肥,以提高土壤通透性和根系吸肥活力。

(3)药剂防治 在发病初期,可选用 2%春雷霉素水剂 200～300 倍液,或 70%甲基硫菌灵可湿性粉剂 800～1 000 倍液,或 75%百菌清可湿性粉剂 500～600 倍液,或 50%腐霉利可湿性粉剂 800～1 000 倍液,或 62. 25%腈菌唑+70%代森锰锌可湿性粉剂 600 倍液喷施,隔 7～15 天喷 1 次,连续防治 2～3 次。注意轮换用药,使用百菌清的在采果前 23 天停止用药。也可选用 45%百菌清烟剂或 15%腐霉·百菌清烟剂,每 667 米^2 每次用 250 克,分 6～7 个燃放点,燃熏 1 夜。

(七)枯萎病

1. 危害症状 该病主要危害番茄根茎部,多在开花结果期发病,往往在盛果期植株枯死。发病初期下部叶片发黄,继而变褐色、干枯,但枯叶不脱落。一般从植株下部的叶片先发病,植株逐渐向上蔓延,最后整株枯死。

2. 防治方法

(1)种子处理 播种前用52℃温水浸种30分钟,或用50%多菌灵可湿性粉剂500倍液浸种1小时,或用硫酸铜1 000倍液浸种5分钟。也可用种子重量0.3%的70%敌磺钠或50%多菌灵或50%异菌脲可湿性粉剂拌种。

(2)苗床消毒 提倡做新苗床育苗,沿用旧苗床时要进行土壤消毒,方法是每平方米床面用50%多菌灵可湿性粉剂或70%甲基硫菌灵可湿性粉剂8~10克,加细土4~5千克拌匀制成药土,先将1/3药土撒在畦面上,把其余药土播种后覆在种子上。

(3)药剂防治 定植时用高锰酸钾1 000倍液作定根水,在定植成活后至结果期,定期或不定期地继续喷淋此药液数次,以预防病害发生。在零星病株发病初期开始灌根保护,药剂可选用20%乙酸铜可湿性粉剂600~800倍液,或75%代森锰锌干悬浮剂600倍液,或50%异菌脲可湿性粉剂500~600倍液,或70%恶霉灵可湿性粉剂1 000倍液,或25%络氨铜水剂600~800倍液,或10%混合氨基酸铜水剂200倍液,或50%多菌灵可湿性粉剂500倍液,或50%甲基硫菌灵可湿性粉剂500倍液,或50%多菌灵可湿性粉剂800倍液+15%三唑酮可湿性粉剂1 500倍液,或50%琥胶肥酸铜(DT)可湿性粉剂400倍液,或70%敌磺钠可湿性粉剂500倍液,每株灌药液300~500克,每7~10天灌1次,连灌2~3次。还可采用涂抹防治法,可用50%腐霉利或50%多菌灵或50%甲基硫菌灵可湿性粉剂100倍糊状液,然后用毛笔蘸液涂抹病部,发病重的

5~7 天再涂 1 次,效果较好。

(八)溃疡病

1. **危害症状** 番茄幼苗期至结果期均可发生溃疡病,幼苗、叶片、茎秆、果实等均可受害。

(1)幼苗期 先从叶片边缘部位开始,由下而上逐渐萎蔫,发病严重时植株矮化或枯死。

(2)成株期 病菌由茎部侵入,从韧皮部向髓部扩展。初期,下部凋萎或纵卷缩,似缺水状,一侧或部分小叶凋萎,茎内部变褐色。病斑由下向上扩展,长度可达一至数节,最后下陷或开裂,茎略变粗,生出许多不定根。湿度大时从病茎或叶柄病部溢出菌脓,菌脓附在病部上面形成白色污状物;后期茎内变褐色而中空,全株枯死,枯死株上部的顶叶呈青枯状。果柄受害多由茎部病菌扩展而致其韧皮部及髓部呈现褐色腐烂,可一直延伸到果实内,致幼果滞育、皱缩、畸形,使种子发育不正常和带菌。有时从萼片表面局部侵染,产生坏死斑,病斑扩展到果面。潮湿时病果表面产生圆形"鸟眼斑",周围白色略隆起,中央为褐色木栓化突起,单个病斑直径 3 毫米左右,有时许多鸟眼斑连在一起形成不规则的病区。鸟眼斑是番茄溃疡病病果的特异性症状,由再侵染引起,不一定与茎部系统侵染同发生于一株。

2. **防治方法** 番茄溃疡病应采取以生态防治措施为主,辅以药剂防治的综合防治。

(1)生态农业防治 ①加强检疫,不到溃疡病发生的地方引种。②选用抗病品种。目前生产上使用的粉状元、RH-19 大红果番茄、粉玉、粉宝等品种,在同样条件下虽表现一定的抗病性,但效果都不很理想。野生番茄高抗,可用于培育抗病品种。③高温闷棚。番茄溃疡病的病菌在 53℃条件下 10 分钟致死,可利用高温季节,密闭温室处理 15~20 天,以杀死土壤中残留的病菌,防止病害传播。④加强农业管理。实行与非茄科蔬菜3年或3年以上轮作;选用新苗床育苗,如用旧苗床,需每平方米苗床用40%甲醛30毫升喷洒,盖膜4~5天后揭膜,晾15天后播种。控制氮肥用量,增施磷、钾肥,提高番茄对病菌的抵抗力;适时通风透光,创造有利于番茄生长、不利于病菌危害的环境条件。避免雨水未干时整枝打杈,雨后及时排水,及时清除病株并烧毁。

(2)药剂防治

①种子处理　用55℃温水浸入30分钟;干种子置于70℃恒温箱中处理72小时;用5%盐酸溶液浸种5~10小时,或用72%硫酸链霉素可溶性粉剂500倍液浸种2小时,或1.5%次氯酸钠溶液浸种20~40分钟,取出冲净晾干后催芽;干种子也可用0.6%醋酸溶液浸种24小时,处理时温度保持在21℃左右,种子浸透后,用水洗净立即使种子干燥,以免发生药害。

②土壤消毒　每667米^{2}用47%春雷·王铜可湿性粉剂200~300克,对水60~100升,在移栽前2~3天或盖地膜前地面喷雾消毒,对病害有很好的预防作用。

③药剂防治　发现病株及时拔除,清除病残体烧掉,并对全田进行喷雾防治。药剂可选用53.8%氢氧化铜水分散粒剂200倍液,或14%络氨铜水剂300倍液,或27%碱式硫酸铜可湿性粉剂500~600倍液,或80%烯酰吗啉水分散粒剂1 500~2 000倍液,或16%松脂酸铜乳油600~800倍液,或86.2%氧化亚铜可溶性粉剂1 200~1 400倍液,或72%硫酸链霉素可溶性粉剂3 000~4 000倍液,或47%春雷·王铜可湿性粉剂500倍液,或50%琥胶肥酸铜可湿性粉剂500倍液,或1∶1∶200波尔多液,间隔7~10天喷1次,连续3~4次,交替用药。

(九)病毒病

1. 危害症状　番茄病毒病是一种重要的病害,田间病害症状可归纳为以下几种表现型。

(1)花叶型 叶片上出现黄绿相间或深浅相间的斑驳,叶脉透明,叶片略有皱缩,植株略矮。

(2)蕨叶型 植株不同程度矮化,由上部叶片开始全部或部分变成线状,中下部叶片向上微卷,花冠变为巨花。

(3)条斑型 可发生在叶、茎、果上,在叶片上为茶褐色的斑点或云纹,在茎蔓上为黑褐色条形斑块,斑块不深入茎、果内部。

(4)混合型 症状与条斑型基本相似,但危害果实的症状与条斑型有所不同,混合型危害果实斑块小,且不凹陷;条斑型则斑块大,且呈油渍状,褐色凹陷坏死,后期变为枯死斑。

2. 防治方法

(1)生态防治

①选用抗病品种 针对当地主要毒源,因地制宜选用抗病品种,如金粉低架王、金粉 M-6F1、金粉盛丰、欧拉玛黄罗曼、全能冠军、紫番茄种子、美粉佳丽 F1、奥丽尔、粉宝、粉玉等品种对病毒病均有一定的抗性。

②合理轮作 与非茄科作物实行 3 年以上轮作,减少和避免番茄病毒病的土壤和残留物传毒,以减轻病毒病危害。

③加强田间管理 适当早播,使植株在成龄阶段进入高温季节,减轻病害;施用充分腐熟的有机肥,适时浇水中耕培土,促进根系发育,培育壮苗,增强抗病力,严格挑选健壮无病苗移栽;田间发现病株及时拔除烧掉,注意清理田边杂草,收获后清洁田园,减少传毒来源;注意防止农事操作中人为传病,如接触过病株的手和农具应用肥皂水冲洗,吸烟菜农用肥皂水洗手后再进行农事操作;整枝打杈时,用 10%磷酸三钠溶液洗手或清洗工具,这样可以避免病毒相互传播。

④早期避蚜治蚜 高温干旱年份要注意防蚜避蚜。可用银灰膜全畦或畦梗覆盖,或用银灰膜做成 8~10 厘米宽的长条拉在大

棚架上，利用银灰膜反光性驱避蚜虫，以减少蚜传毒。

（2）药剂防治

①种子消毒　为防种子带毒，播种前用10%磷酸三钠溶液或1%高锰酸钾溶液浸种20~30分钟，用清水冲洗干净，然后播种或催芽。

②土壤消毒　连作地块极易引起病毒在土壤中的积累，整地前每667米^{2}施用生石灰100~150千克或高锰酸钾5~8千克消毒土壤。

③及时防治蚜虫　对蚜虫、白粉虱等害虫，可用10%吡虫啉可湿性粉剂2 000~2 500倍液，或0.65%茼蒿素水剂300~400倍液，或0.2%阿维虫清乳油1 500~2 000倍液喷雾防治，以减少病毒传播。

④药剂防治　在发病初期（5~6叶期）开始喷药保护，可选用植物病毒疫苗水剂500倍液，或1.5%烷醇·硫酸铜乳剂1 000倍液，或0.5%菇类蛋白多糖水剂100倍液，或20%吗胍·乙酸铜可湿性粉剂600倍液，或20%乙酸铜可湿性粉剂800~1 000倍液，或高锰酸钾1 000倍液喷雾，隔7天喷1次，连续喷2~3次。发病初期用高锰酸钾500倍液灌根，同时叶面喷施20%吗胍·乙酸铜可湿性粉剂500~600倍液，每7天1次，连喷3次，治愈率可达85%以上。

（十）根结线虫病

1. 危害症状　病害主要发生在番茄植株的根部、须根和侧根上。病部产生许多大小不一的畸形瘤状根结，严重时在根节形成不定形的大肿瘤，根系变粗、表面不平，一般在根结上还可生出细弱新根，新生根可再次感染形成畸形瘤状根结，在瘤状根结内有很多很小的乳白色线虫。受害轻者植株地上部分没有明显的异常症状，发病重时植株矮小、发育不良，叶片变黄，果实小。病害严重的

植株似缺水状,开始仅在中午高温时整株萎蔫,早、晚还能恢复,后来植株萎蔫不再恢复,根部发生腐烂,最后植株萎蔫死亡。

2. **防治方法** 防治番茄根结线虫病应在选用抗病品种、合理轮作、高温闷棚等农业防治措施的基础上,辅以药剂防治,进行综合防治。

(1)生态防治

①选用抗病品种 奥格迪、RH-19 大红果番茄、粉状元、金斯盾 F1、美粉佳丽 F1、美粉抗线一号 F1、全能冠军、金粉盛丰、全能 216 等番茄品种对根结线虫病有一定的抗性。

②合理轮作 番茄、黄瓜、甜椒是根结线虫病的重要寄主,发病田块不可连茬种植,应与韭菜、蒜、葱等作物实行 2~3 年轮作,可降低土壤中的线虫量,减轻受害。水旱轮作效果较好,最好与禾本科作物轮作。

③高温闷棚 春茬番茄拉秧时气温较高,结合深翻进行闷棚,可杀死线虫或降低虫口密度。具体方法:先清除病根,再深翻土壤,灌透水覆盖地膜,进行高温闷棚,使地表温度高达 72.2℃左右,10 厘米地温 49℃以上,保持 2 小时,可杀死土壤中的根结线虫和土传病害的病原菌,防效可达 80%。

④加强田间管理 培育无病壮苗,适时施肥灌水,培育壮苗,提高番茄对根结线虫的抵抗能力;及时清除杂草,减少线虫繁殖。收获后集中将病残体深埋或烧毁。深翻土深度 20 厘米以上,浇透水,使线虫因缺氧而窒息死亡。

(2)药剂防治

①土壤消毒 定植前每平方米用 1.8%阿维菌素乳油 1~1.5 毫升对水 6 升喷淋土地,或每 667 米^2 用 3%氯唑磷颗粒剂 4~6 千克拌细土 50 千克,或 40%棉隆微粒剂 6.7~10 千克与 20 倍干细土混匀制成药土,撒施、沟施或穴施。

②药剂灌根 定植缓苗后用 1.8%阿维菌素乳油 1 000~1 500

倍液灌根,每隔 10 天 1 次,连续灌根 2~3 次,有较好的防效。植株局部受害时,可用 50%辛硫磷乳油 1 500 倍液,或 80%敌敌畏乳油 1 000 倍液,或 90%晶体敌百虫 800 倍液灌根,每株灌药 250~500 克,隔 10 天灌 1 次,连续灌根 2~3 次。

(十一)脐腐病

番茄脐腐病又称蒂腐病、烂脐病、顶腐病,俗称膏药顶,是常见的一种生理性病害,全国各地均有发生,保护地重于露地。一般年份发病率 30%~40%,轻者果实变扁、变轻、变甜失光,严重时整个果实变黑腐烂,减产 30%左右。

1. 危害症状 脐腐病只危害果实,先在青幼果的顶端脐处发生,发病初期在脐部出现水渍状病斑,后逐渐扩大,致使果实顶部凹陷、变褐。病斑通常直径 1~2 厘米,其下部果肉干腐收缩、有时龟裂,果实变扁,严重时病斑扩展到小半个果实。遇到潮湿条件,果实表面生出白色、粉红色或黑色霉层。病果多发生在第一、第二穗果实上,这些果实往往长不大、发硬,提早变红。

2. 防治方法

①选用抗病品种 果皮光滑、果实较尖的番茄品种较抗病,如绿宝石 2 号、紫星等品种较抗病。

②地膜覆盖 水分供应失常是诱发此病的主要原因。采用地膜覆盖可保持土壤水分相对稳定,减少土壤中养分的流失,预防此病的发生。

③适时灌水 防止土壤过分干旱。第一水为定植时,第二水为开始坐果时,这两次水量均不能太大。第三花序开完以后、第一穗果如鸡蛋大小时开始浇大水,保持土壤湿润。夏季灌水宜在清晨或傍晚进行,注意做到勤浇、浅浇。

④合理施肥 避免施氮肥过多,且不要一次施用过量,注意氮、磷、钾肥比例适当,多施腐熟有机肥。

⑤加强栽培管理　在开花后,及时摘除枯死花蒂和病果,并适当整枝和疏叶,减少植株水分蒸腾,摘心可促进钙向果实转移。

⑥根外追施钙肥　番茄结果后1个月内是吸收钙的关键时期,可叶面喷洒1%过磷酸钙水浸液,或0.1%硝酸钙6 000倍液,或氨基酸钙1 000倍液。从初花期开始,每隔10~15天喷施1次,连续喷施2~3次。使用硝酸钙时,不可与含硫的农药及磷酸盐(如磷酸二氢钾)混用,以免产生沉淀。

(十二)绵腐病

绵腐病是番茄常见的病害之一,全国各地菜区均有发生,雨水多的年份发病严重。

1. 危害症状　绵腐病是造成番茄烂果的重要原因。多为近地面果实发病,尤其是发生生理裂果的成熟果实最易染病。果实发病后产生水渍状、淡褐色病斑,迅速扩展,果实软化、发酵,有时病部表皮开裂,其上密生白色霉层。被害果多脱落,很快烂光,也有不脱落的病果。

2. 防治方法

(1)生态防治　①采用高畦覆膜栽培,种植密度要适宜;及早整枝、搭架;合理施肥,注意增施钾肥,合理、均匀灌水,切忌大水漫灌,防止生理裂果产生。番茄成熟后要及时采收。②培育壮苗。宜选择3年以上未种过茄果类蔬菜、地势高燥、排水方便、土质肥沃、背风向阳的田块育苗,苗床土每年换新土。早春采用温床或电热线苗床或用塑料钵育苗,加强防寒、保温和通风。育苗期一般不浇水,且要疏松床土,减少土壤水分,以便提高地温。

(2)药剂防治

①种子处理　采用包衣种子播种,或用种子重量0.3%~0.4%的40%福美·拌种灵可湿性粉剂拌种,或每100千克种子用2.5%咯菌腈悬浮剂400~800毫升拌种。

②床土消毒　每平方米苗床施用25%甲霜灵可湿性粉剂9克+70%代森锰锌可湿性粉剂1克,与细干土5千克拌匀后制成的药土。也可用50%多菌灵可湿性粉剂8~15克,与干细土10~15千克混均匀制成的药土。施药前先把苗床底水打好,且一次浇透,水下渗后将1/3药土撒在畦面上,播种后再把其余的2/3药土覆盖在种子上面。

③药剂防治　一般可结合防治番茄疫病等进行兼治。发病初期,可选用72%霜脲·锰锌可湿性粉剂600~800倍液,或72.2%霜霉威盐酸盐水剂800倍液,或69%烯酰·锰锌可湿性粉剂800倍液,或25%甲霜灵可湿性粉剂800倍液,或40%三乙膦酸铝可湿性粉剂250倍液,或15%恶霉灵可湿性粉剂400倍液,或64%噁霜·锰锌可湿性粉剂500~600倍液,或53%甲霜·锰锌可湿性粉剂500~800倍液喷雾,每隔7~10天喷1次,连续喷2~3次。重点保护果穗,适当兼顾地面。

第二节　设施茄子高效栽培与安全施肥

一、生育周期和对环境条件的要求

(一)生育周期

1. **发芽期**　从种子吸水萌动到第一片真叶出现为发芽期,需10~16天。

2. **幼苗期**　从第一片真叶出现到现蕾为幼苗期。幼苗3~4叶前以营养生长为主,3~4叶期开始花芽分化,一般1个花序只有1朵花。苗期白天温度保持25℃左右、夜间15℃~20℃较为适宜,温度低于15℃将严重影响花芽分化和开花。在适宜条件下幼苗

期为50~60天。

3. **开花结果期** 茄子每分一次杈就结一层果实,按果实出现的先后顺序,习惯上称为门茄、对茄、四面斗、八面风、满田星。果实从开花到瞪眼期需8~12天,从瞪眼期到成熟需13~14天,从商品成熟期到种子成熟需30天左右。

(二)对环境条件的要求

1. **温度** 茄子喜高温,耐热性强,发芽期适宜温度为28℃~30℃,低于25℃发芽缓慢。茄子生长发育适宜温度为22℃~30℃,低于20℃影响授粉和果实发育,低于15℃生长缓慢、易落花。茄子停止生长的温度为13℃,低于10℃新陈代谢紊乱,0℃时会受冻害,持续时间长则会死亡。气温度高于35℃时,花器容易生障碍,尤其是夜温高的情况下,短花柱花比率增加,落花现象严重。

2. **光照** 茄子属于喜光作物,对光照要求不是很严格,光饱和点为4万勒,光补偿点为2 000勒。茄子植株日照时间越长,生长发育就越旺盛,植株生长发育健壮。光照强度不足时,茄子的长花柱减少,落花严重,果实着色不良。

3. **水分** 茄子对水分的需求量较大,生长发育需要充足的水分,土壤相对含水量以70%~80%为宜。生长前期需水量较少,开花期需水量大,在果实收获前后需水量达到高峰。但是茄子又怕过度潮湿和积水,生产中应注意改善土壤通透气环境,茄子生育期适宜的空气相对湿度为70%~80%。

4. **土壤** 茄子喜欢中性偏微碱的土壤,在土壤pH值6.8~7.3范围内能正常生长。一般在富含有机质、土壤疏松肥沃的沙质壤土生长最好。对肥料的需求,后期需求量比前期多1/3,生育期以氮肥为主,配施磷、钾肥。氮不足生长势弱,分枝少,落花多,果实生长慢,果色不佳。配施磷肥可促进提早结果,重施钾肥可增

加产量。

二、茬口安排和品种选择

（一）茬口安排

设施茄子在不同地区茬口安排也不同，华北中南部地区茬口安排如表3-2所示。

表3-2　设施茄子茬口安排

设施名称	茬　口	播种期	苗龄（天）	定植期	上市期
地膜+小拱棚	春提早	12月下旬至翌年1月上旬	80~100	3月底至4月初	5月中旬至8月上旬
塑料大中棚	春提早	12月上中旬	80~100	3月中下旬	5月上旬至7月下旬
	秋延后	6月中旬至7月上旬	35~45	7月下旬至8月中旬	9月中旬至11月下旬
日光温室	秋冬茬	7月上中旬	35~45	8月上旬至9月上旬	10月下旬至翌年1月下旬
	冬春茬	10月中下旬	80~100	翌年1月下旬至2月上旬	3月上旬至7月下旬
	越冬茬	8月中旬	50~65	10月中旬至11月上旬	翌年1月上旬至7月上旬

（二）品种选择

1. **茄杂2号**　中早熟品种，生长势强，果实圆形、紫黑红色，果实光泽度好；果肉浅绿白色，肉质细腻、味甜。单果重800~

1 000 克,最大果重 2 000 克。果实内种子少,品质好。膨果速度快,从开花到采收 15~16 天,连续坐果能力强。抗逆性较强,适应性广,每 667 米^2 产量 7 000~15 000 千克。适合于春季棚室栽培。

2. **黑茄王** 耐热、抗病,果实圆形、紫黑油亮,籽少,商品性好。单果重 800~1 000 克,每 667 米^2 产量 5 000 千克左右。适合露地及大棚秋延后栽培。

3. **茄杂 9 号** 中晚熟品种,果实长灯泡形、紫黑油亮,果肉浅绿色。单果重 600~800 克,最大果重 1 500 克。耐低温弱光。适于大棚秋延后种植。

4. **茄杂 10 号** 早熟品种,果实紫黑色、长牛角形,果长 30~35 厘米、粗约 5 厘米,果肉浅绿色,单果重 150~200 克。适于棚室种植。

5. **茄杂 11 号** 早熟品种,果实紫黑色、长羊角形,果长 35~40 厘米、粗约 3.5 厘米,果肉浅绿色,单果重约 150 克。适于棚室种植。

6. **农大 601** 中早熟圆茄,株型紧凑,生长势强,坐果早,膨果快。果皮黑亮、着色均匀,果肉细嫩、籽少,商品性状优良。抗病性强,适合于春提早、秋延后棚室栽培。

7. **快星 1 号** 早熟圆茄。株高约 70 厘米,膨果快,结果能力强。果实紫红色发亮,果肉细嫩,平均单果重 500 克以上。植株抗枯萎病、黄萎病,耐寒,每 667 米^2 产量 5 000 千克以上。适于早春保护地及露地栽培。

8. **紫月** 中熟长茄。株高 90~100 厘米,结果性好。果实长棒槌形,果长约 35 厘米、粗 3~5 厘米,具有光泽,单果重 200 克。抗病、优质,每 667 米^2 产量 4 000~5 000 千克。适于早春保护地及越夏栽培。

9. **墨星 1 号** 早熟圆茄,生育期短,低温坐果能力强,结果性好。果圆形略扁,紫黑油亮。果肉细嫩,少籽,不易老,耐贮运,平

均单果重 500 克以上。抗枯萎病、黄萎病，耐寒，每 667 米^2 产量 5 000 千克左右。适于早春保护地及露地栽培。

10. **布利塔**　无限生长型品种，耐低温、弱光，早熟，坐果多。果实棒槌形、紫黑色，质地光亮油滑，单果重 450～500 克。产量高，平均每 667 米^2 产量 10 000 千克以上。

11. **尼罗**　无限生长型品种，耐低温、弱光，早熟，坐果多。果实长形、紫黑色，质地光亮油滑，耐运输。单果重 350～400 克，产量高，每 667 米^2 产量 10 000 千克以上。

12. **安德烈**　无限生长型品种，耐低温、弱光，早熟，坐果多。果实灯泡形、紫黑色，质地光亮油滑，味道好，耐运输。单果重 350～400 克，产量高，每 667 米^2 产量 15 000 千克以上。

13. **朗高**　无限生长型品种，耐低温、弱光，早熟。果实长形、紫黑色，质地光亮油滑。单果重 400～450 克，产量高，每 667 米^2 产量 10 000 千克以上。

14. **超九叶圆茄**　中晚熟品种，果实圆形稍扁，外皮深黑紫色、有光泽，耐贮运。果肉较致密、细嫩、浅绿白色，稍有甜味，品质佳。单果重 1 000～1 500 克，每 667 米^2 产量 4 000～5 000 千克。

15. **引茄 1 号**　坐果率高，持续采收期长，生长势旺，抗病性强，根系发达，耐涝性强。长形茄，果皮紫红色、光泽好，外观光滑漂亮，皮薄，肉质洁白细嫩，口感好，品质佳，商品性好。每 667 米^2 产量 3 500～3 800 千克。适宜冬春保护地栽培。

三、育苗技术

（一）育苗方式

生产中应根据不同地区、不同茬口、不同棚室种植模式等因素选择不同的育苗方式。

1. **苗床营养土育苗** 在棚室里建造阳畦式温床,为保证秧苗正常发育,最好利用电热温床,华北地区电热温床的功率密度以100瓦/米^{2}为宜。利用冷床育苗时,要加强保温措施。营养土可直接铺入育苗畦中,厚度10厘米左右。把种子撒播在小面积的土盘或土盆中,待出土生长至1~2片真叶时,移栽至棚室中的育苗畦。

2. **营养钵育苗** 把营养土装入育苗钵中,育苗钵规格以10厘米×10厘米或8厘米×10厘米为宜,装土量以虚土装至与钵口相平为好。播种后用药土覆盖。也可以先把种子撒播在小面积的土盘中,待出土生长至1~2片真叶时再移栽至营养钵中。

3. **穴盘无土育苗** 穴盘无土育苗是目前生产上应用较多的育苗方法。冬春季育苗,培育5~6片叶苗,一般选用72孔穴盘;夏季育苗,一般选用128孔或72孔苗盘。

4. **营养块育苗** 应用配置好的营养草炭土压制成块的定型营养块,直接播种在土块穴中,随即覆土,按常规管理即可。

5. **工厂化育苗** 采用草炭、蛭石、废菇料,加入腐熟有机质肥料作基质,进行现代化温控管理。

(二)营养土与基质配制

1. **营养土配制** 一般按田园土5份、腐熟有机肥4份、草炭1份的比例配制;若土质黏重,可按田园土4份、腐熟有机肥3份、腐熟牛马粪3份的比例配制。另外,每立方米营养土加过磷酸钙1~2千克、硫酸钾0.5千克,混合均匀。为防止苗期病虫害的发生,每立方米营养土可加入50%多菌灵粉剂100克和2.5%敌百虫粉剂80克,一起过筛混拌均匀。将药土装填营养钵或铺在育苗畦上,可防治苗期病虫害。

2. **穴盘基质配制** 基质配比(按体积计算)为草炭∶蛭石=2∶1,或草炭∶蛭石∶废菇料或腐熟有机肥1∶1∶1。冬春季配

制基质时,每立方米加入三元复合肥或专用配方肥2~3千克,肥料与基质混拌均匀后备用;夏季配制基质时,每立方米加入三元复合肥或专用配方肥1~2千克。

(三)播种育苗

1. **育苗时间**　可根据当地气候条件和定植适宜期确定播种期。一般育苗苗龄为80~100天,北方地区冬春棚室保温条件好的,茄苗生长速度快,苗龄可稍缩短。若采用酿热温床或电热温床,秧苗发育快,苗龄可缩短为80~85天。

(1)春季棚室双覆盖栽培　晋、冀、鲁、豫、辽、京、津等区域,一般12月下旬至翌年1月上旬播种,3月底至4月上旬定植。定植适宜期为棚温不低于10℃,10厘米地温稳定在13℃以上有7天的时间,从定植适宜期再往前推算一个苗龄的时间即为播种适宜期。培育适龄壮苗是茄子丰收的关键。播种过晚,苗龄短,植株小,始收期推迟,难以达到早熟栽培目的;播种太早,苗过大甚至在苗床中开花,定植后缓苗慢,造成门茄坐果难。冬春季育苗,遇到降温时节,建议喷施氨基酸复合微肥600~800倍液,以提高茄苗的抗寒性。

(2)日光温室秋冬栽培　育苗时间一般为7月中下旬至8月上旬,苗龄为35~40天,8月下旬至9月上旬定植。培育适龄壮苗是这茬茄子栽培成功的关键,应在苗床上插高于80厘米的竹拱架,上面覆塑料布、遮阳网或竹帘,起到防强光、避高温和防露水的作用。夏季育苗用营养钵较好,有条件的地方,在苗床周围用尼龙网纱围起来,以防害虫迁入。出苗后中耕松土,防苗徒长。2叶期后喷施0.36%苦参碱可溶液剂600~800倍液,7~8天喷1次,预防苗期病虫害。

(3)越冬一大茬栽培　育苗时间一般在8月下旬至9月上中旬。深冬茬茄子,为增强耐寒能力,提高抗病性,一般采用嫁接栽

培,育苗时间提前至7月中旬至8月中旬,可在露地做平畦育子苗,分苗时再转入温室。露地育苗也要搭拱架,上覆棚膜防雨。高寒地区,须在温室或阳畦育苗,保温防寒尤为重要。砧木可选用托鲁巴姆或刺茄(CRP)或赤茄,其中托鲁巴姆的嫁接亲和性较强,生长势增强明显,生产上应用最多。砧木种子(托鲁巴姆)每667米^{2}用种10~15克,接穗种子每667米^{2}用种30~40克。

2. **种子处理**　播种前5~7天进行种子处理,选择发芽率大于90%的籽粒饱满和发芽整齐一致的种子。已包衣的种子可直接播种,未包衣的种子播前首先用1%甲醛溶液或高锰酸钾溶液浸种20~30分钟,捞出用清水洗净,然后用种子量5倍以上的55℃温水浸种,需不断搅拌,浸泡15分钟,再用25℃温水浸泡8~12小时,搓去种皮上的黏液,洗净后摊开晾一晾,再将种子装入纱布袋,放在28℃~30℃条件下催芽。在催芽过程中每天用清水投洗1次,注意使其受热均匀,6~7天即可出芽。若采用每天16小时30℃、8小时20℃的变温催芽方法,能明显提高出芽的整齐度,而且芽壮。茄子种子浸种后,也可不催芽直接播种。夏季育苗时,种子应用10%磷酸三钠溶液浸种15~20分钟,以杀灭种子表面的病毒,然后用清水冲洗干净,风干后播种。

茄子嫁接砧木种子发芽和出苗较慢,幼苗生长也慢,尤其是托鲁巴姆种子休眠性强,提倡用赤霉素(920)处理。方法是先将砧木种子置于55℃~60℃温水中,搅拌水温至30℃后再浸泡2小时,取出种子风干,再用0.1%~0.2%赤霉素溶液浸泡24小时,处理时环境温度保持20℃~30℃,然后用清水洗净进行变温催芽。砧木应比接穗早播15~20天,一般砧木出苗后再播接穗,待砧木苗长至5~7片真叶、半木质化,接穗苗5~6片真叶时,进行嫁接。

3. **播种及苗期管理**

(1)播种　播前用清水将基质或营养钵喷透,以水从穴盘底孔滴出为宜,使基质达到最大持水量。待水渗下后播种,每平方米

播 7~10 克种子，每定植 667 米^2 需 30~40 克种子。播种深度约 1 厘米，播后覆盖蛭石 1~1.5 厘米厚，然后喷洒 72.2%霜霉威盐酸水剂 400~600 倍液，每平方米喷淋药液 2~3 千克，预防苗期病害。冬季育苗，苗盘上加盖地膜，以保水保温。夏季不盖膜，但要及时喷水。

(2)培育自根苗　一般在 8 月上旬至 9 月上旬播种，用育苗钵或穴盘育苗为好，以保护根系。需要分苗的，可在露地做平畦育子苗，分苗时转入温室。苗齐后及时间苗，苗距保持 2~3 厘米见方，间小苗、弱苗，这段时间一般不浇水。幼苗 2~3 片真叶时分苗，分苗前 1 天喷透水，起苗时尽量少伤根，分苗密度以 10 厘米见方为宜。分苗后 7~10 天浇 1 次水，浇水后及时松土。结合浇水每 7~10 天追施复混肥 1 次，每次 667 米^2 用量 10 千克，共追肥 2~3 次。缓苗后，可叶面喷洒尿素、磷酸二氢钾、糖、醋分别为 0.2%~0.3%的混合液肥，或氨基酸复合微肥 600~800 倍液，每 667 米^2 喷 40 千克左右，每 7~8 天喷 1 次，连续喷 2~3 次。

(3)培育砧木和接穗苗　7 月下旬将催好芽的砧木种子直接播在营养钵中，播后覆厚约 1 厘米的细土。在砧木开始出苗时，将育苗床铺平营养土，浇足底墒水，水渗后撒一层营养土，使床面平整，将接穗种子均匀播入苗床，播后盖约 1 厘米厚的细土。出苗期间，营养钵和苗床都要注意保温保湿，白天温度保持 25℃~30℃、夜间 18℃~20℃；出苗至真叶展开期，夜温降至 16℃左右，10 厘米地温保持 18℃以上。接穗出苗后，适当间苗，要求白天温度保持 25℃~28℃、夜间 16℃~20℃。茄子苗期主要是增温管理，播种后的出苗阶段和分苗后的缓苗阶段，适当提高温度，掌握白天 28℃~30℃、夜间 20℃~25℃、10 厘米地温 19℃~25℃；齐苗后和缓苗后，白天 20℃~28℃、不超过 30℃，夜间 15℃~20℃。整个苗期 10 厘米地温控制在 18℃~22℃，不低于 16℃。苗床温度主要通过通风和揭、盖草苫来调节。为改善苗床光照条件，应选用无滴膜，并经常清理膜面，尽量延长光照时间。遇连阴天，可用人工补光，一般光照强度要达到2 000~3 000勒及以上。

4. **嫁接及嫁接后苗期管理** 一般采用劈接法嫁接，在砧木、接穗苗5~7片真叶时进行嫁接，时间为9月中下旬。嫁接前1天的下午，用80万单位青霉素、链霉素各1支对水15升喷洒幼苗，或喷洒75%百菌清可湿性粉剂800~1 000倍液，消灭感染源。砧木苗嫁接前适当控水，以防嫁接时胚轴脆嫩劈裂。嫁接时从砧木基部向上数留2片真叶，用刀片横断茎部，然后由切口处沿茎中心线向下劈深0.7~0.8厘米的切口。再选粗度与砧木相近的接穗苗，从顶部向下数，在第二或第三片真叶下方下刀，把茎削成2个斜面长0.7~0.8厘米的楔形。将接穗插入砧木的切口中，要注意对齐接穗和砧木的表皮，用嫁接夹夹好。嫁接后把苗钵摆在苗床上，浇透水，盖上小拱棚，保温保湿，适当遮阴。前5天白天温度控制在24℃~26℃、夜间18℃~20℃，棚内空气相对湿度保持90%以上；5天后空气相对湿度逐渐降低至80%，并适当通风、见光。8天后空气相对湿度降至70%左右；10天后去掉小拱棚、拿掉嫁接夹，转入正常管理。砧木生长势强，在嫁接口下面经常萌发出侧枝，要及时抹去，以免消耗营养。定植时要注意嫁接苗接口位置应高于栽培畦土表面一定距离，以防接穗根二次污染致病。

5. **工厂化育苗** 目前很多地区利用无土基质进行工厂化育苗。由于育苗盘面积较小，秧苗一般较小，3~4片叶即可定植。工厂化育苗一般没有土传病害，但是苗龄较小，影响早熟。

四、整地定植

（一）棚室熏蒸

定植前15天，每667米^{2}用硫磺粉1.5~2.5千克和40%敌·

辛·灭乳油250毫升,分别与3~5千克干锯末混匀,再掺到一起,分若干堆点燃,密闭熏蒸24小时。棚室越冬周年生产的连作地块,采用高温闷棚方法进行土壤消毒灭菌,可有效降低土壤中病菌和线虫的危害。其操作顺序:拉秧、深埋或烧毁染病植株,撒施石灰、稻草或秸秆及活化剂,每667米^{2}施入腐熟鸡粪500~1 000千克、农家肥7 000~8 000千克、过磷酸钙100~200千克。然后,深翻土壤,大水漫灌,铺地膜并封闭大棚,持续高温闷棚20~30天,土壤温度保持在50℃以上。可放置土壤测温表,经常观察土壤温度。闷棚结束,揭开地膜晾晒后即可做垄定植。一般在9月下旬至10月上旬覆棚膜,定植前后培好墙外防寒土,封冻前填埋底脚外防寒沟,这是北方较寒冷地区栽培越冬茬茄子的两项重要措施。处理后的土壤栽培前应增施磷、钾肥和生物肥。

(二)整地施基肥

1. 越冬茬长季节栽培　在定植前7~10天施足基肥,一般每667米^{2}施腐熟圈粪10 000千克、过磷酸钙150千克、生物有机肥200~300千克,肥料撒施后深翻。也可每667米^{2}施腐熟鸡粪1 500~2 000千克、磷酸氢二铵30~50千克、硫酸钾20千克,将肥料混匀后沟施。整平地面,按宽行90厘米、窄行70厘米做南北向的定植沟,沟宽40~50厘米、沟深30厘米,将基肥施入沟内深翻,与土充分混匀,在沟内浇水。水渗后可操作时,起高20厘米、宽60厘米的栽培垄,宽行留30厘米走道,窄行留10厘米浇水沟。

2. 冬春茬栽培　每667米^{2}施腐熟圈粪5 000千克、生物有机肥200~300千克、优质腐熟鸡粪2 000~3 000千克、磷酸氢二铵50千克、硫酸钾30~50千克。圈粪和生物有机肥撒施耕翻入地,鸡粪和化肥最好沟施。采用高畦覆地膜、大小行种植,大行距80~90厘米,小行距50~60厘米,株距40~50厘米。可采用膜下暗灌形式。

3. **秋冬茬栽培** 每667米^{2}施优质农家肥5000千克、生物有机肥200~300千克、磷酸氢二铵50~70千克作基肥，深翻混匀，按大小行栽培。

4. **春、秋大棚栽培** 结合整地每667米^{2}施腐熟有机肥5000千克、生物有机肥200~300千克。茄子属深根性作物，施用粪肥后深翻30厘米。可做高畦，畦宽80~90厘米，畦高12~15厘米，畦间距60~70厘米，每畦种2行。结合做畦，每667米^{2}沟施优质腐熟鸡粪2000~3000千克、磷酸氢二铵30~50千克、硫酸钾25千克、过磷酸钙50千克、饼肥150~200千克。为提高地温，做畦后覆盖地膜。也可按大小行做成栽植沟，不覆地膜，日后渐渐培土成高垄，可防止挂果后植株倒伏。

（三）定 植

1. **越冬一大茬栽培** 定植时间一般为10月上旬至11月上旬。选择晴天无风的上午，采用双行错位法定植。选生长旺盛、整齐一致的秧苗，按40~50厘米的株距栽苗，每667米^{2}栽植1600~2000株。栽植时花蕾朝南，栽苗后浇透水，每667米^{2}随水穴施硫酸铜2千克、碳酸氢铵8千克，预防黄萎病。嫁接苗定植时接口要高出地面至少3厘米，接穗不可接触土壤。土壤干湿适度时，进行中耕，增加土壤的通透性，提高地温，促使根系发育。中耕两遍后，覆地膜，从地膜上划小孔，把秧苗掏出即可。

2. **冬春茬棚室栽培** 采取高畦覆地膜、大小行种植，大行距80~90厘米、小行距50~60厘米，株距40~50厘米。定植时选晴天上午，按株距在膜上打孔，穴内浇水，而后栽入苗坨，再填土整平。栽苗深度以覆土高于土坨1厘米左右为宜。定植后盖小拱棚，栽苗1~3天后地温稍有上升时，再浇定植水。

3. **秋冬茬栽培** 选阴天或晴天的傍晚定植，要随栽随顺沟浇大水，以防秧苗打蔫。定植时，大部分地区尚未扣棚膜，棚膜需露

地生长一段时间。每667米^{2}栽植2000~3500株。定植前1天给苗床浇大水，起苗时尽量少伤根，确保一次全苗。

4. 春茬大棚栽培 定植密度依品种和整枝留果数而定，一般以每667米^{2}栽植1500~2500株为宜。茄杂2号生长势强、果大，密度适当放稀，每667米^{2}可栽植1500~1600株，不能超过1800株。一般棚内10厘米地温稳定在13℃以上即可定植。如果大中棚内有地膜加小拱棚、中棚加盖草苫等保温措施，可适当提前1~2周定植。定植采用开沟或挖穴暗水稳苗方法，避免畦面浇大水降低地温，延迟缓苗。栽植宜深些，以畦面高出土坨1厘米左右为宜。

5. 秋延后大棚栽培 茄苗3~5片真叶、苗龄30~40天时即可定植，一般为7月底至8月上中旬。栽植密度因品种而异，一般每667米^{2}栽1500~2500株，黑茄王等品种每株结3个茄子打顶，每667米^{2}可栽植1800~2200株。为防止茄苗日晒萎蔫，选阴天或晴天的下午定植，定植水要浇足浇透。

五、田间管理

（一）温度管理

1. 春早熟棚室茄子温度管理 华北地区在12月上旬播种，翌年3月中下旬定植。出苗期白天温度保持在25℃~30℃、夜间16℃~20℃；幼苗出土后白天温度25℃左右、夜间15℃左右；分苗前3~4天，白天温度保持20℃左右、夜间15℃左右；分苗后白天温度保持25℃左右、夜间15℃~18℃；定植前5~7天，白天温度保持20℃~25℃、夜间15℃~18℃。

2. 越冬一大茬棚室茄子温度管理 茄子生育适温为22℃~30℃，低于17℃生长缓慢。定植后至缓苗期温度白天28℃~

30℃、夜间不低于15℃,地温20℃左右。正常情况下,在果实始收前,晴天上午温度保持25℃~30℃、下午20℃~28℃、夜间10℃~20℃;果实采收期,上午26℃~32℃、下午24℃~30℃、夜间15℃~24℃。阴天时夜间不低于10℃~13℃。在不加温日光温室里,冬季很难实现上述温度指标。这段时间光照时间短、强度弱,温度管理必须从低掌握,遇到连阴天时,要利用各种可行的增温保温措施,尽量不使最低气温低于8℃,争取地温保持在17℃~18℃及以上。严冬过后,天气转暖,要逐渐转入按上述指标的正常温度管理。

定植时,如果光照强,定植后的1~2天中午放草苫遮阴。缓苗后嫁接苗生长较快,要通过中耕等措施蹲苗,防止徒长造成落花落果。一般在12月上旬开始进入开花坐果期,此期管理重点是强化温室保温。12月下旬至翌年1月下旬是一年中最冷的季节,茄秧和果实生长均较缓慢,栽培管理的好坏是越冬栽培成功的关键。缓苗生长期的管理目标是茄秧能安全越冬,果实有一定生长量。主要管理措施是保温防寒。如果室内最低气温降至10℃以下就应进行临时加温。寒冷季节一般白天不通风,上午揭苫时间以揭开之后暂时下降1℃左右、20多分钟后又能升温为准。阴天只要不降雪就要揭苫,这是因为不揭苫照不到散射光,室内就得不到热量补充,室温就会越来越低,无光又低温的环境对茄子生长很不利。降雪后应立即除雪,揭苫见光。掌握晴天室温高,阴天室温低,下午室温降至20℃左右时立即盖纸被或草苫等。一般每天应有6小时以上的光照时间,2月中旬以后,应适当早揭苫、晚盖苫,增加植株见光时间。

3. 冬春茬棚室茄子温度管理 ①茄子秧苗在缓苗期要尽量创造高温高湿条件,促进发根。定植后5~7天要密封温室和小拱棚,不通风。在心叶开始变绿时即已缓苗,此时可通风降温,并在行间中耕。②缓苗后至采收前期,处在早春季节,气温较低,应以

提高温度为主,夜间温度一般不低于 15℃,白天不超过 35℃。要注意通风排湿,以免高温高湿引起植株徒长,不利于结果。③结果期应掌握白天温度 25℃~30℃,前半夜 16℃~17℃,后半夜 10℃~13℃,10 厘米地温 20℃,在此条件下 25~30 天即可采收。

4. **秋冬茬棚室茄子温度管理**　当日平均温度达到 16℃~18℃时,抓紧时间扣膜。扣膜初期不要完全封严,注意通风,以后随天气转冷逐渐减少通风,使茄子渐渐适应温室环境,直至封严。室温原则上不低于 15℃,温度不能保证时,要及时加盖草苫、纸被,并在前坡底部和后坡覆草,必要时需临时补温。适时通风排湿,白天温度不要超过 30℃。

5. **春茬大棚茄子温度管理**　定植后 5~7 天内不通风提高棚温,白天温度保持 30℃~33℃,夜间加强防寒保温,促进发根缓苗。缓苗后开始通风,白天温度保持 25℃~30℃,不超过 33℃,夜间保持在 15℃以上,不低于 13℃,以利于开花坐果和果实发育。通风时应掌握由小到大的原则。5 月份以后,当外界气温稳定在 15℃以上时,要昼夜通风,防止高温障碍,掌握白天温度不超过 33℃,夜间不高于 20℃。

6. **秋延后大棚茄子温度管理**　扣棚膜定植的,一般在 6 月下旬至 7 月上旬育苗,8~9 月份定植,9 月中旬以前将大棚两侧的膜撩起,无雨时开通风口通风,以降温散湿。高温天气的中午可覆盖遮阳网降温。9 月中旬以后,随着外界气温的下降,逐渐把大棚的两侧膜放下,白天开口通风,夜间盖严。10 月上旬以后,白天温度保持 25℃~30℃、夜间 15℃~18℃及以上。夜间温度降至 15℃以下时,可在棚内覆盖小拱棚;再冷时,在小拱棚与大棚之间覆一层膜,即三层膜覆盖,以适当延长采收期。

(二)肥水管理

1. **越冬一大茬茄子**　浇定植水后 5~7 天、秧苗心叶开始生长时,视天气、土壤墒情和秧苗生长状况浇缓苗水。坐果后应及时追肥、浇水,可采用膜下暗灌或滴灌,每667米^{2}随水冲施尿素9~11千克。生育前期和越冬期水量不宜多,使空气相对湿度不超过80%。翌年1月份尽量不浇水,进入2月份看秧苗、看天气浇水,3月中旬浇1次大水,3月下旬以后每6~7天浇1次水,每隔15天左右追肥1次,每667米^{2}可追施尿素9~12千克、磷酸氢二铵9~11千克、硫酸钾5~7千克。灌水半小时后通风,排湿防病,在保证温度的前提下,尽量加大通风量。盛果期叶面喷施0.5%~1%尿素+0.5%~1%磷酸二氢钾+0.3%硝酸钙或氨基酸复合微肥的混合液,以快速补充营养,促进丰产。一般每7~8天喷施1次,每次每667米^{2}喷施肥液50~70千克。

2. **冬春茬茄子** 门茄膨大时不可缺水,为防止棚室湿度过大,可隔沟浇水,停2~3天中耕松土后再浇另一沟。对茄膨大时,再次浇水,每667米^{2}随水冲施尿素10~15千克。门茄收完后,进入盛果期,外界气温已高,应防止高温高湿危害,同时要加强水肥管理。一般地表保持见湿见干,一次清水、一次肥水,每667米^{2}施尿素5~6千克、过磷酸钙10~15千克、硫酸钾4~5千克,或专用配方肥20千克。此期可在氨基酸复合微肥液中加0.5%~1%尿素+0.5%~1%磷酸二氢钾,混匀后对植株进行喷施,每7~8天喷1次,每次每667米^{2}喷施肥液50千克左右。

日平均温度稳定通过15℃以后,棚室可昼夜通风,并结合浇水多次冲施专用配方肥或复混肥,每667米^{2}每次施10~12千克。盛果期喷施0.5%尿素+0.5%磷酸二氢钾+氨基酸复合微肥,每7~8天喷施1次,每次每667米^{2}喷施肥液50~70千克,对促进茄子植株健壮生长、加速产量的形成、防止早衰、延长结果期等有良好的效果。

3. **春茬大棚茄子** 定植后加强中耕松土,提高地温,促进发根缓苗。缓苗后浇缓苗水,浇水后中耕培土蹲苗,防止徒长。门茄

“瞪眼”期结束蹲苗，浇催果水。在开花结果前期，加强肥水管理，结合浇水追施催果肥，一般每667米^{2}施专用配方肥或三元复合肥40~50千克，促进门茄迅速膨大。门茄应及时采收，一般单果重0.5千克左右即可采收。以后每隔5~7天浇1次水，保持土壤湿润。浇水后加强通风排湿，减少棚内结露。追肥在门茄、对茄、四门斗茄坐果时分别进行，共追肥3~4次，每次每667米^{2}追施专用配方肥15~20千克，或磷酸氢二铵3~5千克、硫酸钾2~4千克、尿素10~15千克。在盛果期可叶面喷施氨基酸复合微肥600倍液+0.3%~0.5%尿素和0.5%磷酸二氢钾混合肥液4~5次，一般每7~8天喷施1次，每次每667米^{2}喷施肥液50~70千克。

4. **秋延后大棚茄子**　在缓苗后进行蹲苗，这一期间少浇水、多松土培土。如果此时温度高，土壤水分过大，易引起徒长。最好采用地膜覆盖保湿。在门茄坐住后每667米^{2}可随水冲施尿素10~15千克，对茄膨大时每667米^{2}追施专用配方肥或三元复合肥15~20千克，施肥后浇大水1次。在10月下旬以后，一般10~15天浇1次水，每667米^{2}追专用配方肥或三元复合肥15~20千克。在结果期喷施氨基酸复合微肥600倍液+0.5%~1%尿素+0.5%~1%磷酸二氢钾混合肥液，每7~8天喷1次，每667米^{2}喷施肥液50~70千克。

（三）整枝打杈

茄子按对茄、四门斗茄分枝规律留枝。门茄以下的侧枝全部摘掉，留门茄、对茄、四门斗、八面风茄子，但在四门斗茄生长过程中，应视植株结果情况剪去徒长枝和过长枝条，不留空枝。

1. **越冬一大茬茄子整枝**　一般采用双干整枝，门茄采收后，将下部老叶摘除，待对茄形成后剪去上部2个向外的侧枝，形成双干枝。开春后拴绳吊蔓，使植株茎叶均匀摆布，利于植株的旺盛生长。嫁接茄子要及时去掉接口下砧木滋生出的侧枝。一般株高可

长至 1.7~2 米,每株可结茄子 9~15 个。

2. 冬春茬茄子整枝 冬春茬茄子一般采取双干整枝,用绳吊枝。及时清理下部老叶和黄叶,以改善株行间通风透光条件,加速结果。

3. 春茬大棚茄子整枝 采用双干整枝方式,一般留果 5 个左右。及时摘除顶部的生长点,在整个生育过程中,打掉第一侧枝以下的叶片和分枝,促进果实生长。分枝不宜过多,否则易造成徒长、落花落果及着色不良等现象。

4. 秋延后大棚茄子整枝 密植栽培的可在对茄“瞪眼”后,其上留 2~4 片叶打顶,每株留 3 个茄子,果实个大、均匀。一般密度栽植应采取双干整枝,搭架栽培,以防倒伏。

(四)保花保果

茄子落花原因较多,如花的素质差、营养不良、连阴天或持续低温高温、病虫危害等均可造成落花。防止落花应从培育壮苗、加强管理、改善通透条件和预防病虫害等事项着手。棚室茄子生产中,为保证产量,可采用熊蜂辅助授粉的方法进行保花保果。熊蜂授粉的优点是果实整齐一致,无畸形果,避免人们受植物生长调节剂的困扰,省工省力,简单易掌握。一般 500~667 米^2 的棚室放 1 箱蜂,将蜂箱置于棚室中部距地面高 1 米左右的地方即可。蜂群寿命不等,一般为 40~50 天,给予一定的水分和营养,春季和秋季短季节栽培 1 箱蜂可用到授粉结束。利用熊蜂授粉,坐果率可达 95%以上。

(五)二氧化碳施肥

二氧化碳施肥是设施蔬菜栽培中增产极为显著的一项新技术,一般可增产 30%左右。二氧化碳施肥在开花结果前期进行,效果最为显著。每天日出后约 1.5 小时,棚室内二氧化碳浓度开

始低于外界,故宜在揭苫或太阳出来 1.5 小时后进行二氧化碳施肥。二氧化碳施肥以不挥发性酸和碳酸盐反应法较为经济,其中以碳酸氢铵+硫酸法为好,取材容易,成本低,易掌握,菜农容易接受。

(六)采　收

茄子一般在开花后 20~25 天即可采收。采收标准是看萼片与果实相连处的白色或淡绿色环状带,当环状带已趋于不明显或正在消失,则表示果实已停止生长,即可采收。采收方法是在露水干后,用剪子剪断果柄,轻放筐内或箱内,防止擦伤。采收后,如需暂时存放,应注意防止果实冷害,最好覆盖保温物。

第三节　设施辣(甜)椒高效栽培与安全施肥

辣椒又名番椒、海椒等,甜椒是辣椒的一个变种,在温带地区为 1 年生草本植物。辣椒营养价值很高,人们四季需要,目前在北方设施栽培发展较快。

一、生育周期和对环境条件的要求

(一)生育周期

辣(甜)椒的生育周期主要包括发芽期、幼苗期和开花结果期。①发芽期。从种子萌动到子叶展开、真叶初现,需 23 天左右。②幼苗期。从真叶显露到第一花蕾显露、第二片真叶展开时,苗端已分化 8~11 片真叶,生长点开始分化第一花蕾,需 40~50 天。③开花结果期。从第一花蕾显现到第一果坐住为开花期,以后为

结果期。始花期为20~30天,结果期是开花和结果交替进行,一般为60~80天,如加强管理可延长至120天以上。

(二)对环境条件的要求

1. **温度** 辣(甜)椒是喜温性蔬菜,不耐霜冻,0℃时霜冻可致死。种子发芽适宜温度为25℃~26℃,在适温条件下一般5天左右即可发芽,低于15℃或高于35℃不利种子发芽。苗期应控制温度,白天温度保持23℃~26℃、夜间18℃~22℃。开花结果期适宜温度白天为20℃~25℃、夜间16℃~20℃,低于15℃时将影响正常开花坐果,导致落花落果。盛果期适宜温度为25℃~28℃,35℃以上的高温和15℃以下的低温均不利于果实生长发育。辣椒根系生长发育的适宜温度为23℃~28℃,地温过高影响根系发育,还易诱发病毒病。

2. **光照** 辣(甜)椒对日照时间要求不严,只要有适宜的温度和良好的营养条件,即能顺利进行花芽分化,在10~12小时较短日照条件下开花结果较快。辣(甜)椒种子萌发需要黑暗条件,但植株生长需要良好的光照。辣(甜)椒进行光合作用的光饱和点约为3万勒,光补偿点约为1 500勒,光照过强易抑制植株生长,也易发生病毒病和日灼病。在华北地区春季大棚或小拱棚栽培甜椒,其植株生长势远比露地栽培要强。辣(甜)椒较耐弱光,但光照过弱则易使植株生长衰弱,导致落花落果。

3. **水分** 辣(甜)椒对水分要求严格,既不耐旱,又怕涝,适宜较干燥的空气条件。辣(甜)椒植株本身需水量不大,但由于根系不发达,需经常浇水,才能获得丰产。一般大果型品种的甜椒对水分要求比小果型品种的辣椒更为严格,尤其是开花坐果期和盛果期,如土壤干旱、水分不足,则极易引起落花落果,并影响果实膨大,使果面多皱缩、少光泽,果实弯曲。植株在日间持续积水或土壤水分较长时间呈饱和状态时,易受渍涝,造成萎蔫、死秧或引起

疫病。空气湿度过大或过小，也易引起辣(甜)椒落花落果，过大的空气湿度还容易引发病害。适宜的土壤相对含水量为80%左右，空气相对湿度为60%~80%。

4. **土壤**　辣(甜)椒对土壤条件要求不严格，适于中性或微酸性土壤，一般以土壤深厚肥沃、富含有机质、保水保肥力强、排水良好的壤土或沙壤土为佳。辣(甜)椒对土壤的通气条件要求较高，通透性高的土壤有利于根系生长发育。

5. **肥料**　辣(甜)椒是需肥量较多的蔬菜，每生产1 000千克果实，需氮3~5.2千克、磷0.6~1.1千克、钾5.6千克、钙1.5~2千克、镁0.5~0.7千克。氮素肥料不足，植株长势弱，株丛矮小，分枝少，叶量小，花数减少，果实也难于充分膨大，产量降低。充足的磷、钾肥有利于提早花芽分化，促进开花、坐果和果实膨大，并能使茎秆生长健壮，有利于增强植株的抗病能力。在不同生育期，辣(甜)椒对氮、磷、钾肥的需求也有区别，幼苗期由于生长量小，需肥量并不大。花芽分化期，要求氮、磷、钾肥配合施用。初花期，植株营养生长还很旺盛，若氮素肥料过多，则易引起植株徒长，进而造成落花落果并降低对病害的抗性。进入盛花期和坐果期后，果实迅速膨大，需要大量的氮、磷、钾肥。

二、茬口安排和品种选择

(一)茬口安排

我国北方地区辣(甜)椒棚室栽培茬口主要有以下几种：日光温室栽培有越冬茬、冬春茬、秋冬茬；塑料大中拱棚栽培有春提早和秋延后茬口；小暖窑栽培有冬春茬、秋冬茬；小拱棚主要是春提前栽培。

(二)品种选择

1. **中椒 7 号** 中国农业科学院蔬菜花卉研究所育成的杂交一代种。植株生长势强,果实灯笼形、绿色,纵径 9.3 厘米,横径 6.9 厘米,果面光滑,肉厚 0.48 厘米,单果重 100 克左右。味甜、品质好,早熟,抗病,耐贮运。适于保护地栽培。

2. **农乐** 中国农业大学园艺学院蔬菜系育成的一代杂种。植株生长势强,连续结果性能好。果实长灯笼形,纵径 10.5 厘米,横径 6 厘米,肉厚 4.6 毫米,3~4 心室,平均单果重 89 克。果实绿色,果面光滑而有光泽,肉质脆甜,品质优良,商品性状好。早熟,适应性广。抗烟草花叶病毒,中抗黄瓜花叶病毒。适宜保护地和露地早熟栽培,也可进行保护地秋延后栽培。

3. **中椒 10 号** 中国农业科学院蔬菜花卉研究所育成的一代杂种。生长势强,单株结果率高。叶面平展,株高 76 厘米,开展度 69 厘米,始花节位 9~10 节,花冠白色,果柄下弯。果实羊角形、绿色,果面光滑。果实纵径 16 厘米、横径 3 厘米、肉厚 0.3 厘米左右,2~3 心室,胎座中等大小,品质优良,商品性好,味微辣、脆甜,口感佳,平均单果重 30 克。抗逆性强,适应性广,耐寒、耐热。苗期抗病性鉴定表现抗烟草花叶病毒、中抗黄瓜花叶病毒,田间表现抗病毒病,耐疫病。早熟,定植至始收 30 天左右。适宜华北各地保护地早熟栽培,也可在广东、广西、海南等南菜北运基地进行冬季栽培。

4. **京椒 7 号** 北京市农林科学院蔬菜研究中心育成的杂交一代。早熟,植株生长势强,株高 80 厘米左右,嫩果淡绿色,老熟果鲜红色,果实羊角形,平均单果重 65 克。辣味适中,品质佳,果面光滑顺直,肉厚腔小,耐运输。连续结果性强。适于保护地栽培。

5. **甜椒 3 号** 北京市农林科学院蔬菜研究中心育成的一代

杂种。植株长势强,连续结果率高,株高 84 厘米。果实灯笼形,3~4 心室,纵径 11 厘米,横径 7 厘米,单果重 100 克以上,果肉厚 4~5 毫米,果实深绿色,味甜质脆。早熟,主茎 12~13 叶节着生第一花。抗烟草花叶病毒、中抗黄瓜花叶病毒。适宜保护地栽培。

6. **橘西亚**　荷兰引进的杂交一代种。植株生长旺盛,果实近正方形,其长、宽均为 11 厘米,4 心室,嫩果呈明亮的绿色,老熟果呈鲜艳的橘红色。

7. **白公主**　由荷兰引进的杂交一代种。果实近方形,其长、宽均为 10 厘米,表面光滑,平均单果重 150 克。嫩果蜡白色,老熟果亮黄白色,色彩鲜艳。

8. **红将军**　由荷兰引进的杂交一代种。植株生长势强,果实肉质厚、方形,表皮光滑。其长、宽均为 10 厘米,单果重 170 克左右。嫩果绿色,老熟果深红色。抗病毒力强,产量高,收获时间较集中。

9. **紫贵人**　由荷兰引进的杂交一代种。果实长 10 厘米、宽 8 厘米,平均单果重 140 克,果实紫色,果肉厚。该种品质好,口味佳,是凉拌调色的最佳材料。

10. **柠檬黄、金辉、荷兰、黄玉**　这 4 个品种均是由以色列引入的杂交一代种。果实方灯笼形,3~4 心室,单果重 50~60 克。嫩果象牙白色,老熟果橙黄色或橘红色。耐贮性好,味甜,品质极佳。

此外,还有从日本引进的大型黑(果实黑绿色)、大型黄(果实黄色)、大型紫(果实紫色)、大型橙(果实橙黄色)等品种。

越冬茬栽培一般选用耐低温、耐弱光的品种,如红英达、红罗丹、索菲亚、世纪红等;早春选用冀研 12 号、冀研 13 号、农大冀星 7 号、硕源 3 号等品种;越夏露地选用耐热、耐强光的品种。

生产中应根据当地市场销售渠道和价格优势、种植模式、季节及管理水平,选择优质高产、抗性强的品种。不选择没有在当地经过示范试验的品种,以免造成不必要的经济损失。尤其是越冬和早春栽培品种,品种的耐寒性、耐弱光性、低温下的坐果率均为影响甜(辣)椒经济效益的重要因素,这些都是选择品种的关键。

三、育苗技术

(一)壮苗与弱苗的特征

1. **壮苗的特征** 幼苗茎秆粗壮,节间短,根系发达、完整,株高18~20厘米。8~10片真叶,叶片肥厚,叶色浓绿,已出现花蕾,无病虫害、无损伤,大小苗均匀一致,并且经充分锻炼的幼苗为壮苗。壮苗定植后发根、缓苗快,生长旺盛,开花结果早、产量高。

2. **徒长苗的特征** 幼苗茎细长,节间长,须根少而细弱,叶薄色淡,叶柄较长,子叶脱落,下部叶往往枯黄。徒长苗抗逆性和抗病性均较差,定植后缓苗慢、生长慢,容易落花落果,比壮苗开花结果晚,易感病,不易获得早熟高产。

3. **老化苗的特征** 茎细弱,节间紧缩,根少,叶小色浓绿或带黄色,幼苗生长缓慢,开花结果迟,结果期短,植株容易衰老。

(二)育苗设施

茄子冬春季和秋冬季育苗,外界气温低,应在日光温室或小暖窑(改良式阳畦)等保温设施内育苗;夏秋季育苗,应在既能防雨又能降温的遮阳棚内育苗。

(三)育苗方式

1. **常规育苗** 就地做畦育苗,床土应疏松、通气性好、肥沃、营养齐全,土壤酸碱度要求为中性至微酸性或微碱性,土壤不含病原菌和害虫(卵)。育苗期间不分苗,一般供667米^{2}生产用苗,需要播种育苗面积为30~40米^2；如果进行分苗，供667米^{2}生产用苗，需要播种面积为10米^{2}左右，分苗面积为30~40米^2。播种前需要平整床土，每15米^{2}施过筛优质腐熟家畜粪100~150千克、三元复合肥1~1.5千克。为防治苗期病害，播种时可施用药土。药土配制：每平方米播种面积用50%多菌灵和50%福美双可湿性粉剂各8~10克与15千克细土充分搅拌均匀。待底水渗完后，先于床面撒1/3药土，播种后再撒2/3药土作盖土，厚度不够1厘米时可加盖一般床土补足，使覆土厚度至1厘米左右。

2. 营养钵育苗　营养钵是用聚乙烯塑料压制而成，底部有排水孔，如小花盆状。辣（甜）椒常用营养钵规格为10厘米×10厘米或10厘米×8厘米。将营养土装入育苗钵中，摆放在畦内用于育苗。

3. 营养块育苗　用配制好的营养草炭土压制成定型的营养块，在做好的育苗畦上铺一层塑料薄膜，按10厘米行距、6~8厘米株距，将营养块摆放在畦内，营养块之间的间隙可用细沙填平。直接播种在营养块穴中，然后覆土，按常规管理即可。

4. 穴盘工厂化育苗　以穴盘为容器，以草炭、蛭石、营养元素等作育苗基质，进行精量播种，一次成苗的育苗体系。这种育苗方式选用的苗盘是分格的，每穴播1粒种子，出苗后成株苗的根系缠绕在基质中，根坨呈上大下小的形状。辣（甜）椒穴盘育苗一般采用72孔或128孔穴盘。采用基质育苗，可以避免根部病害的土壤传播。定植时不伤根，没有缓苗期，有利于培育壮苗。穴盘苗重量轻，每株重量仅为30~50克。基质保水能力强，根坨不易散，适宜远距离运输。

（四）营养土配制与苗床土处理

1. 营养土配制

（1）营养土的基本要求　①没有病菌和害虫。②营养丰富，

有机肥与化肥比例适当。③疏松适度，透气性和保水性良好。④育苗容器不同，配制营养土所要求的基质也有不同。

(2)营养钵育苗营养土的配制 选用3年未种过茄果类蔬菜的肥沃表层沙壤土50%(重量比)，加腐熟过筛的有机肥50%(重量比)，每立方米基质加三元复合肥0.5~1千克、50%多菌灵可湿性粉剂80~100克、2.5%敌百虫粉剂60~80克。将土壤、肥料和农药充分混合均匀，然后装入营养钵，摆放在畦内用于播种。

(3)穴盘育苗基质的配制 选用草炭与蛭石为基质的，其比例为2∶1；选用草炭、蛭石、废菇料为基质的，其比例为1∶1∶1。每立方米配制基质加三元复合肥2.5~2.8千克，混拌均匀后备用。128孔的育苗盘每1 000个苗盘需备用基质约3.7米^3，72孔的育苗盘每1 000个苗盘需备用基质约4.7米^3。覆盖材料用蛭石。

2. 苗床土消毒

(1)药剂喷淋法 在播种前将苗床土壤浇透水，然后用58%甲霜·锰锌可湿性粉剂500倍液喷洒苗床，每平方米喷洒4千克药液；播种后再用500倍液对苗床表面进行喷洒杀菌，可以有效地防治猝倒病、立枯病等病害。

(2)拌药土法 将58%甲霜·锰锌可湿性粉剂与50%多菌灵可湿性粉剂按1∶1混合，每平方米用药100克与干细土15~20千克混匀制成药土，播种时1/3铺在床面，2/3覆在种子上，使辣(甜)椒种子夹在两层药土中间，防止病菌侵入。注意覆土时保证种子上面覆土厚度为1厘米左右。

(五)育苗器具消毒

对于多次使用的营养钵、育苗盘等育苗器具，在育苗前应对其消毒。可以用40%甲醛300倍液，或0.1%高锰酸钾溶液喷淋或浸泡育苗器具30分钟以上，进行消毒灭菌。

(六)种子消毒

播种前,对种子进行消毒灭菌处理,避免种子传染菌毒。用55℃温水浸种30分钟,再用清水浸种3~4小时,然后用1%硫酸铜溶液浸种5~10分钟,可防治炭疽病和疫病。药剂浸种完成后,用清水冲洗干净,再用10%磷酸三钠溶液浸种30~40分钟,可防治病毒病;用200毫克/升的农用链霉素溶液浸种30分钟,对防治疮痂病、青枯病效果较好;用0.3%高锰酸钾溶液浸种20~30分钟,可防治病毒病。

(七)催芽播种

将经过消毒处理后的种子用湿布包好,置于25℃~30℃条件下催芽,每天早、晚各用清水冲洗1次,当大部分种子露白出芽后即可播种。播种前浇足底水。常规地畦育苗床一般采用撒播或条播,撒播播种要均匀,条播时注意开沟不能太深,防止覆土过厚导致出苗困难。营养钵育苗,是将种子穴播于营养钵内;穴盘育苗时,打孔播种,上覆盖蛭石1~1.2厘米厚。覆土后立即用塑料薄膜覆盖。

(八)播种至出苗阶段容易出现的问题

1. **床土板结**　播种后出苗前若苗床干旱而浇水,会造成床土板结。床土板结阻止空气流通,不利于种子发芽;已发芽的种子会被板结层压住,不能顺利钻出土面,致使幼苗细茎弯曲,子叶发黄。生产中应注意及时对床土进行疏松。

2. **不出苗**　播种后种子不出苗的原因:一是种子质量低劣,不能正常出苗。二是育苗环境条件不适宜,如育苗时温度超过35℃,或低于15℃,都影响出苗;湿度过大也会影响种子发芽。

3. **幼苗顶壳出土**　主要是因为播种时覆土较薄,幼苗出土时由于土壤阻力小,使种壳不能留在土壤中,而随子叶戴帽出土,影响子叶伸展。为了防止辣(甜)椒"戴帽苗"发生,播种时应注意将种子平放在营养土面上,使种子与营养土紧密接触,播后覆土厚以1~1.2厘米为宜。

(九)苗期管理

1. **温度管理** 辣(甜)椒苗期的适宜温度为25℃~30℃,温度过高、过低都不利于秧苗生长。冬、春季育苗时外界气温较低,应采用增加透光、密闭棚室、夜间加盖草苫等增温保温措施;夏、秋季育苗,外界气温较高,应采用遮阳降温、通风降温等措施,使温度尽量控制在发芽和幼苗生长的适宜温度范围。辣椒温度管理参考值如表3-3所示。

表3-3 辣(甜)椒苗期适宜温度参考值 (℃)

时 期	白天气温	夜间气温	需通风温度	地 温
播种至齐苗	25~30	20~22	—	22
齐苗至分苗	23~28	18~20	30	22
分苗至缓苗	25~30	18~20	32	20
缓苗至定植前	23~28	15~17	30	20

2. **光照管理** 冬春季育苗应及时揭开草苫,增加光照时间,提高苗床温度,可促进出苗和秧苗生长。夏秋季育苗播种后适当遮光降温,促进出苗。在幼苗拱土时,应及时揭去苗床覆盖物,让幼苗及时见光,以防徒长。生产中应注意,子叶顶土期间,晴天中午前后气温过高,棚顶用遮阳网等遮阴,可防止灼伤子叶(嫩芽);出苗后逐渐撤去遮阳网,增加光照,培育壮苗。

3. **水分管理** 出苗过程中,如果床土出现干旱应适当补充水分。为防止床土板结,可用多孔喷壶有顺序地从一端向另一端喷

洒，使床土保持湿润。苗齐后土壤干旱时，可适当浇小水。3~4 片真叶期，幼苗开始花芽分化，苗期保持土壤湿润，有利于优质花芽的形成。

4. **安全施肥**　一般在营养土配制时肥料充足，整个苗期可不用施肥。如果发现幼苗叶片颜色变淡，出现缺肥症状，可喷施磷酸二氢钾 500 倍液，以叶面湿润为宜。育苗过程中，切忌在苗期过量追施氮肥，以免秧苗徒长而影响花芽分化。穴盘育苗，若基质中肥料不足，幼苗长至 3 叶 1 心期以后出现缺肥症状时，可叶面喷施氨基酸复合微肥 600 倍液+0. 5%磷酸二氢钾+0. 5%尿素混合肥液，每 6~8 天喷施 1 次，连续喷 2~3 次，以叶面湿润为宜。

5. **防止徒长**　夏秋育苗时，外界气温较高，幼苗容易徒长。子叶出土至真叶破心是防止徒长管理的关键期，应在子叶出土后立即降低地温和气温，白天尽量增加光照，使子叶尽快绿化；如果白天弱光、夜间温度高，会加剧徒长，还易导致猝倒病的发生和蔓延。幼苗 4~5 片真叶时徒长，可用矮壮素 0. 2~0. 5 克对水 10 升喷洒，可促使幼苗叶色转浓绿、节短粗，控制徒长。

（十）定植前炼苗

经过锻炼的幼苗，抗逆能力提高。定植前炼苗的方法主要有以下几种。

1. **低温炼苗**　大棚春季早熟栽培，常应用低温炼苗，白天温度降至 20℃左右、夜间 10℃左右。降低苗床温度要逐步进行，不可突然降低过多。一般是在定植前 7~10 天，白天逐步加大通风量，定植前 3~5 天夜间不覆盖草苫等保温材料，使秧苗所处温度条件与定植环境一致。

2. **控制浇水**　定植前的 10 天内应减少苗床的浇水次数，在秧苗不发生干旱萎蔫的情况下不必浇水。适当地控制浇水，可控制秧苗地上部分的生长，有利于促进根系生长。

3. **蹲苗**　蹲苗就是采用人工措施,控制幼苗的生长,使幼苗的地上部和地下部生长达到新的平衡。营养钵或其他容器育苗,在定植前应搬动几次,加大钵与钵之间的空隙,增加见光空间和水分蒸发,以防止幼苗徒长。在蹲苗期间要经常观察,既不要使秧苗萎蔫,又要使苗多见阳光,如果床温过高可适当通风降温。

四、设施辣(甜)椒栽培模式

(一)冬春茬栽培

棚室辣(甜)椒冬春茬栽培是春季或初夏上市的一种栽培方式,是经济效益比较好的一茬。华北中南部地区一般在10月中下旬育苗,翌年1月中下旬定植,3月底至4月初开始收获,此期间正值供应淡季,经济效益较高。

1. **品种选择**　本茬口是早熟栽培,选择品种时应注重早熟性,兼顾其丰产性和抗病性等。目前常用品种有农乐、冀研12号、冀研新6号、红英达、红罗丹、索菲娅、硕源3号、湘研1号、苏椒5号、沈椒1号、中椒6号等。

2. **播种育苗期**　辣(甜)椒冬春茬栽培,一般苗龄90~100天,秧苗可长至10片叶左右,显现小花蕾,即达到生产用苗标准。日光温室辣(甜)椒冬春茬一般在10月中下旬播种育苗。

3. **整地定植**　为辣(甜)椒能在3月底至4月上旬上市,应在1月中下旬进行定植。定植前每667米^{2}施优质有机肥或堆肥5 000~6 000千克、生物有机肥150~200千克、专用配方肥80~120千克或磷酸二铵50~100千克、硫酸钾20千克、饼肥100~200千克、硫酸铜3千克、硫酸锌1~2千克、硼砂2~3千克,深翻使肥料与耕作层土壤混匀。采用小高畦地膜覆盖、膜下暗灌栽培,小高畦间距1.1~1.2米,每畦栽双行,实行大小行栽培,小行距0.45~

0.5 米,大行距 0.65~0.7 米,株距 0.4 米,一般每 667 米^2 栽植 2 500 株左右。生长势较弱的早熟品种栽培密度可适当大些,每 667 米^2 栽植 3 000 株左右。定植应选晴天上午进行,栽苗深度以覆土不超过子叶节为宜,栽后分穴浇水。也可采用先穴内浇水,坐水栽入苗坨,再填土整平。为了创造更有利于秧苗早发的环境,定植后要盖小拱棚增温。栽苗后待地温稍有回升时再浇定植水。

4. **定植后管理**

(1)前期 从定植到采收前为前期,缓苗前要尽量创造高温高湿条件,白天室温保持在 30℃左右、夜间 18℃~20℃,促进缓苗。在定植后的 5~7 天要密闭温室和小拱棚,不通风,提高室温。定植 1~3 天、地温稍有回升时浇定植水。

定植后 10 天左右,顺沟浇水 1 次,以后通风降温,并在行间反复中耕,中耕要避免伤根,促进秧苗健壮生长。坐果以前少浇水,以防徒长。始花时温度较低,为防止落花落果,可喷施氨基酸复合微肥 600 倍液,每 7 天左右喷雾 1 次,促进坐果。此期需要 40~60 天,管理上要竭力促根和枝叶生长。

(2)中期 从采收初期到采收盛期为中期,此期为定植后的 40~75 天,是辣(甜)椒生产的关键时期。温度对花器素质和果实膨大均有重要作用,白天温度不高于 30℃,夜间温度 18℃~19℃,低于 13℃易形成僵果和畸形果。土壤要保持湿润,一般结果前期 7~10 天浇 1 次水,结果盛期 6~7 天浇 1 次水。在结果前期,每 667 米^2 追施专用配方肥 25~30 千克或尿素 10~15 千克、硫酸钾 13~15 千克。进入盛果期,每 15 天左右追肥 1 次,每次每 667 米^2 追施专用配方肥或复混肥 20 千克。同时,每 7~10 天喷施 1 次氨基酸复合微肥 600~800 倍液+0.5%尿素+0.5%磷酸二氢钾混合肥液。3 月底去除草苫,当外界最低气温稳定在 15℃以上时,揭去棚围子,覆盖防虫网。

(3)后期 采收盛期过后,植株趋向衰老,此期管理应以维持

长势为主，不能缺肥水。一般每 15 天左右追肥 1 次，每次每 667 米^2 追施专用配方肥 10~15 千克或尿素 6~10 千克、硫酸钾 5~10 千克，并做到追肥与浇水结合进行。中后期除进行正常追肥外，还需进行根外追肥，可结合防病每 7~8 天喷 1 次氨基酸复合微肥 600 倍液+0.5%~1%尿素+0.1%硫酸钾混合肥液。及时整理植株，清除下部老、黄叶片及空枝、弱枝，以利植株通风见光，促进坐果。

(4)采收 以采收嫩果为主，只要果肉肥厚、色泽好，达到该品种果型的大小即可采收。一般第一层果实从开花到采收约需 30 天，第二层果实约需 20 天，第三层果实约需 18 天。第一层果实适当早收，不仅能提早上市，提高经济效益，还可防止坠秧。

(二)秋冬茬栽培

棚室秋冬茬栽培一般是 7 月下旬至 8 月上旬育苗，苗龄 35~40 天，定植后 40~50 天始收，翌年 1 月中旬至 2 月初结束。因后期光照时间短、光照强度小、温度低，为了争取在有限的时间里拿到产量，在整个生长过程中都要"重促忌控"，并尽最大努力防治初秋高温蚜虫迁飞传染病毒病。

1. **选用适宜品种** 宜选用抗病力强、耐贮藏的品种，如冀研 12 号、冀研 13 号、冀研新 6 号、冀研 28 号、湘研 1 号、中椒 6 号、农乐、苏椒 5 号、沈椒 1 号、中椒 7 号等。

2. **育苗** 在 7 月中下旬至 8 月上旬开始育苗，育苗要搭建遮阳防雨棚，采用营养钵或穴盘护根育苗方法。

(1)搭建遮阳防雨棚 此茬辣(甜)椒育苗期处于高温多雨季节，为避免雨涝和病毒病危害，育苗场应选择排水良好的地块，并搭建防雨遮阳棚。搭棚时注意覆盖物不宜过厚，一般以形成花荫为宜，覆盖物要随着幼苗的生长逐渐撤去。此外，还可将塑料大棚去掉围子，棚顶上覆盖遮阳网，两侧设防虫网。

(2)营养土配制　肥沃无病菌大田土5份、腐熟有机肥5份，每立方米加过磷酸钙1千克、草木灰10千克，混合均匀后待用。

(3)育苗技术要点　①播种前进行种子消毒。用55℃~60℃温水浸泡种子15分钟，捞出沥干，再用冷水浸泡4~8小时。用干净水洗净种皮上的黏质，然后用0.5%~1%高锰酸钾溶液浸泡15分钟灭菌，洗净后准备播种。②注意防治蚜虫和病毒病。可喷施0.3%苦参碱水剂600倍液，防治蚜虫、白粉虱，预防病毒病。③在高温季节育苗，尽量采用营养钵或穴盘护根育苗方法。④播种后苗床或育苗穴盘上铺盖旧报纸、遮阳网等不透明覆盖物保湿降温，待出苗时及时去掉苗床上的覆盖物。⑤幼苗子叶展平后要降低苗床温度，防止幼苗徒长。同时，延长光照时间，促进子叶肥大，生长健壮。⑥苗龄30~40天、植株长有7~9片真叶时即可定植。

3. **定植**　一般在8月中下旬至9月初定植。在整地前，每667米^{2}施优质腐熟有机肥5 000~7 000千克、生物有机肥200千克、专用配方肥50~60千克或三元复合肥50~60千克、硫酸铜3千克、硫酸锌1千克、硼砂1~2千克。各种肥料可随着深翻细耙，与土壤充分混合，然后起垄。在定植前，每667米^{2}用50%多菌灵可湿性粉剂2千克+50%敌百·辛硫磷乳油500~600倍液喷洒土壤，杀灭病菌和害虫。采用大、小行栽培，小行距0.45~0.5米，大行距0.65~0.7米，垄高0.15~0.18米，株距0.4米，一般每667米^{2}栽植2 500株左右。生长势较强的中晚熟品种栽培密度可适当小些，每667米^{2}栽植2 000株左右。定植应选择傍晚或阴天进行，定植时覆土以不超过子叶节为宜，随栽随浇定植水，浇水把垄湿透，以防萎蔫。

4. 田间管理

(1)定植后管理　定植后第二天浇1次缓苗水，适时进行浅中耕，中耕深度3厘米左右，促进缓苗。缓苗后浇1次水，并中耕保墒，促进根系发达。蹲苗7天左右，再开始浇水，此后一般7~10

天浇 1 次水,保持畦内见干见湿。缓苗后,白天温度以 22℃~28℃为宜,温度过高时要及时通风降温。坐果前尽量少浇水,以防徒长。

(2)开花期管理　为防止徒长,促进坐果,开花期切忌浇水和施用氮肥,适当控苗。温度过高时要及时通风降温,可喷施氨基酸复合微肥 600~800 倍液,每 7~8 天 1 次,促进坐果,提高坐果率。发现植株徒长可喷施 0.03%~0.05%缩节胺或 0.5%矮壮素溶液进行控制。

(3)结果期管理　在门椒坐住后开始浇水,结果期一般 7~10 天浇 1 次水,保持土壤湿润。进入结果期,每 15~20 天追肥 1 次,结合浇水每 667 米^2 每次追施专用配方肥 20~30 千克,或三元复合肥 20~30 千克。同时,每 7~8 天喷 1 次氨基酸复合微肥 600~800 倍液+0.3%磷酸二氢钾混合肥液。

(4)其他管理　注意及时防治病虫害;在夜温低于 16℃~18℃以前,及时扣棚膜。扣膜初期要加强通风,防止植株徒长、落花落果及病害发生。

(三)大棚春提前栽培

1. 育苗技术

(1)品种选择　宜选抗病、丰产、品质优良的中早熟品种,如冀研 12 号、冀研 13 号、冀研 6 号、冀研 28 号、甜杂 3 号、冀研 18 号、冀研 19 号等。

(2)种子处理　用 55℃温水浸种 30 分钟后,清水浸种 4 小时,再用 1%硫酸铜溶液浸种 5 分钟(可防治炭疽病和疫病的发生),然后用清水冲洗干净。也可用 200 毫克/升硫酸链霉素浸种 30 分钟(防治疮痂病、青枯病),或用 0.3%高锰酸钾溶液浸种 30 分钟(可防治病毒病)。再用清水常温浸种 8~10 小时,捞出晾干水分,置于 25℃~30℃条件下催芽,早晚用清水淘洗 1 次,出芽后

播种。

(3)育苗方式　可采用日光温室地畦育苗或营养钵育苗。一般供667米^{2}生产育苗,需播种30~40米^2。如果进行分苗,供667米^{2}生产用苗需播种面积10米^{2}左右,分苗面积30~40米^2。播种前每15米^{2}苗床施优质有机肥100~150千克、三元复合肥1.5千克。为防止苗期病害,播种时可用药土处理,每平方米播种面积用50%多菌灵可湿性粉剂10克与细干土15千克混合均匀,在底水渗完后,床面撒1/3药土,播种后再撒2/3药土作盖土,覆土厚度不足时加盖苗床土至1~1.2厘米。采用营养钵育苗,配制营养土可用未种过茄果类蔬菜的肥沃的表层沙壤土50%,加腐熟过筛有机肥50%,每立方米加三元复合肥1千克,将肥料与土混合均匀,然后装入营养钵,播种前浇透底水。

(4)苗期管理　出苗期和缓苗期要求的温度较高,出苗后至分苗前、缓苗后至炼苗阶段要求较低温度,定植前5~7天低温炼苗。播种后温度不应低于15℃,齐苗前白天温度28℃~30℃,齐苗后降温,白天25℃~28℃。苗出齐后覆土,露真叶后进行第二次覆土,覆土厚0.3厘米。幼苗拥挤处及时间苗,2~3片真叶时进行分苗或定苗,株行距为8~9厘米见方。幼苗从2~3片真叶开始,结合喷药,每7~10天喷1次800倍氨基酸复合微肥+0.2%磷酸二氢钾+0.1%尿素混合肥液,以促进花芽分化,提高幼苗抗病能力。

2. 施肥与定植

(1)平衡施肥　根据甜椒生长需求和土壤营养状况,春提前大棚在整地前,每667米^{2}施优质腐熟有机肥5 000~7 000千克、生物有机肥100~200千克、磷酸氢二铵50~80千克、硫酸钾20千克、饼肥100~200千克、硫酸铜3千克、硫酸锌1~2千克、硼砂1~2千克,各种肥料可随着深翻细耙,与土壤充分混合。如果肥量不足可利用沟施、条施,进行补充施肥。

(2) 适时定植 定植前 15 天扣棚暖地，10 厘米地温稳定在 12℃以上时定植，华北地区一般于 3 月中下旬定植。采用大小行栽培，小行距 0.45～0.5 米，大行距 0.65～0.7 米，株距 0.35～0.4 米，一般每 667 米^2 栽植 3 000～3 500 株。生长势较弱的早熟品种，栽培密度可适当大些。

3. 定植后管理

(1) 温度管理 定植后闷棚 5～7 天，不超过 35℃不通风，提高棚温，促进幼苗早发根、早缓苗。采用多层薄膜覆盖的，白天应将保温帘(膜)揭开，以利透光和提高地温，晚上再盖严保温。定植约 1 周后，幼苗叶色转绿，心叶开始见长，即可浇缓苗水。浇水后开始逐渐通风，晴天白天温度保持 25℃～28℃、夜间 17℃以上。4 月中旬后，当棚温上升至 25℃以上时应小通风。此后，随外界气温升高，逐渐扩大放风口，通风时从背风面揭开棚膜，当棚温下降至 20℃以下时逐渐关闭通风口。采用多层覆盖的，夜间棚温在 15℃以上时可不再覆盖。当外界最低气温稳定在 15℃以上时，晚上不再关闭通风口，进行昼夜通风。5 月中旬选择阴天的傍晚撤去棚膜，避免闪苗萎蔫。有些地区夏季只撤棚围子，不撤顶膜。

(2) 浇水与追肥 定植水后 2～3 天进行中耕，以提高地温、改善土壤通气状况，促进缓苗。定植后 1 周左右浇缓苗水，以后进入中耕蹲苗期，待绝大部分植株门椒核桃大小时结束蹲苗，开始浇水追肥。此后经常保持土壤湿润，一般结果期 7 天左右浇 1 次水，进入结果盛期 4～5 天浇 1 次水。浇水宜在晴天上午进行，每次浇水量不宜过大。甜椒喜肥不耐肥，门椒坐果后开始浇水追肥，每 667 米^2 每次施专用配方肥或三元复合肥 20～30 千克，每 15～20 天追肥 1 次。同时，每 7～10 天喷施 1 次氨基酸复合微肥 600～800 倍液+0.3%尿素+0.3%磷酸二氢钾混合肥液，并适时追施二氧化碳肥。在植株封垄前进行培土，培土不宜过早；否则，易使根部处于相对较深的土层中，地温回升慢，根系发展也慢，从而影响地上部生长。

第四节　设施樱桃番茄高效栽培与安全施肥

一、生育周期和对环境条件的要求

（一）生育周期

1. 发芽期　从种子发芽到第一片真叶出现(破心)为发芽期，一般为7~9天。

2. 幼苗期　第一片真叶出现至开始现大蕾阶段为幼苗期。幼苗期经历基本营养生长阶段和花芽分化发育2个阶段。播种后35~40天开始分化第二花序，再经10天左右分化第三花序。

3. 开花坐果期　樱桃番茄是连续开花坐果作物，这里所指的开花坐果期是第一花序出现大蕾至坐果的阶段。从花芽分化至开花需30~40天。

4. 结果期　从第一花序坐果到结束结果(拉秧)为结果期。此期应该创造良好的条件，促进秧、果并旺，连续不断结果，确保早熟丰产。

（二）对环境条件的要求

1. 温度　种子发芽适温为28℃~30℃，发芽最低温度为12℃。幼苗期白天适温为20℃~25℃、夜间10℃~15℃。开花期对温度反应比较敏感，尤其在开花前3~5天至开花后2~3天的时间内要求更为严格，白天适温为20℃~30℃、夜间15℃~20℃，15℃以下或35℃以上均不利于花器的正常发育及开花。低于10℃时植株停止生长，5℃以下易发生危害。结果期白天适温为

25℃~28℃、夜间16℃~20℃。

2. **光照** 樱桃番茄是喜光作物，光饱和点为7万勒。保证3万勒以上的光强度，才能维持其正常的生长发育，光照强，光合作用旺盛，产量高。樱桃番茄多数品种在11~13小时的光照条件下开花较早，在16小时光照条件下生长最好。

3. **水分** 樱桃番茄对水分属于半旱要求，适宜的空气相对湿度为45%~50%。幼苗期为避免徒长和发生病害，应适当控制浇水。第一花序坐果前，土壤水分过多易引起植株徒长、根系发育不良，造成落花。第一花序果实膨大生长后，需要增加水分供给，在盛果期需水量较大，应及时供给。

4. **土壤及养分** 樱桃番茄在排水不良的黏壤土上生长不良。适宜在土层深厚、富含有机质、肥沃、通气性好、保水性强、pH值为5.6~7的沙质壤土或壤土上栽培，以沙壤土为最好。为满足其生育过程中对营养的消耗和物质形成需从土壤中吸收大量的氮、磷、钾等营养元素，必须施足肥料。樱桃番茄吸收消耗最多的养分是钾，其次是氮、磷，氮、磷、钾的比例约为1∶0.2∶1.7。

二、品种选择与茬口安排

（一）品种选择

1. **小玲** 日本品种。果实圆球形、深红色，果皮硬度适中，耐运输，含糖量8%~9%。叶色深绿，生长势强，易坐果，单果重约20克。

2. **圣女** 台湾农友杂交一代品种。早熟品种，从定植至采收需60天左右。植株生长势较强，分枝力强，属于无限生长类型。结果能力强，每穗最高可结果60个左右。果实长椭圆形、鲜红色，种子少，不易裂果，果实含糖量可达9.8%，风味甜美。对病毒病、

萎凋病(枯萎病)、叶斑病、晚疫病耐性较强。单果重14克左右,每667米^{2}产量1 000千克左右。

3. **金珠** 台湾农友种苗公司育成。早生,播种后75天左右可采收。植株无限生长型,叶微卷,叶色深绿。结果力非常强,每穗可结果16~70个。双干整枝时,1株可结果500个以上。果实圆形至高球形,果色橙黄亮丽,单果重16克左右,含糖量可达10%,风味甜美,果实较硬,裂果少。本品种适于春季和秋季栽培。

4. **千禧** 台湾农友杂交一代。果肉桃红色,"圣女"类型。含糖量为9.6%,风味佳,不易裂果。每穗可结果14~31个,平均单果重20克。耐枯萎病,耐贮运,播种后75天开始收获。

5. **东方红莺** 东方正大种子有限公司选育,早熟品种。果实圆形、红色,直径2.5~3厘米,单果重15~20克。植株无限生长型,长势中等。花序多分枝,每穗坐果40~50个。果实含糖量高,口感佳,不易裂果,耐贮运。适宜温室大棚或露地越夏种植。

6. **樱桃红** 荷兰品种。早熟,植株生长势较强,无限生长类型。结果能力一般,每穗可结果10个左右。果实圆形、红色,果味稍甜,品质好。该品种抗病性强。单果重13克左右,每667米^{2}产量1 000千克左右。

7. **黄洋梨** 由日本引进。无限生长型,果实似洋梨,果型小,成熟后为黄色,单果重15~20克。中早熟,定植后50~60天可收获。每667米^{2}产量3 000千克左右。生长势及适应性较强,抗热、抗病。

(二)茬口安排

樱桃番茄不耐寒、不耐热。华北地区在日光温室栽培,根据播种期和定植期,茬口分为冬春茬、秋冬茬和越冬茬。秋冬茬采用日光温室栽培,一般7月中下旬至8月上中旬播种育苗,8月中下旬至9月上旬定植,9月中下旬至10月初覆盖薄膜,11月下旬至翌

年2月初采收。冬春茬一般10月下旬至11月上旬播种,翌年1月中下旬至2月上旬定植,3月上中旬至6月份上市。越冬茬属于一大茬栽培,一般9月中下旬至10月上旬育苗,11月份定植,翌年1月份开始收获,6月份收获结束。

三、樱桃番茄日光温室冬春茬栽培

(一)育　苗

冬春茬栽培苗期在冬季,应注意保温防寒,增强光照,培育壮苗。

1. **壮苗标准**　茎粗壮直立、节间短;有7~9片大叶,叶片深绿色、肥厚,根系发达,株高20~25厘米,茎粗0.6厘米左右,植株呈伞形,定植前现小花蕾,无病虫害。

2. **播种期**　播种期由苗龄、定植期、上市期决定。温室育苗,苗龄70天左右;用电热线加温温床育苗,苗龄可缩短至50天左右。在华北地区,如果计划在1月中下旬至2月上旬定植,3月上中旬至6月份上市,播种期一般安排在上年10月下旬至11月上旬。

3. 苗床土配制

(1)播种苗床土　根据当地条件,可从以下几个配方中选择苗床土:①3年内未种过茄果类蔬菜的肥沃大田壤土5份+腐熟牲畜粪肥5份(按重量计)。②3年内未种过茄果类蔬菜的肥沃大田壤土4份+过筛细炉渣3份+腐熟马粪3份(按重量计)。③50%草炭+30% 3年内未种过茄果类蔬菜的肥沃大田壤土+20%腐熟的鸡粪(重量比)。

(2)分苗苗床土　3年内未种过茄果类蔬菜的肥沃园土6

份+腐熟的畜禽粪肥4份。

(3)苗床土用量　播种苗床土厚度8~10厘米,每平方米苗床需土100千克左右;分苗苗床土厚度10~12厘米,每平方米苗床需土140千克左右。一般栽培每667米^{2}需用播种苗床5米^2、分苗床50米^2。

(4)苗床土消毒　用50%多菌灵可湿性粉剂300~500倍液,或64%噁霜·锰锌可湿性粉剂500倍液,或75%百菌清可湿性粉剂1 000倍液喷洒床土,翻一层喷一层,然后用塑料薄膜覆盖,密封5~7天,揭开晾2~3天即可使用。

4. 种子处理

(1)种子消毒　将种子在凉水中浸泡20~30分钟,捞出后放在50℃~55℃热水中不断搅拌,随时补充热水,使水温保持在50℃左右20~30分钟。药剂消毒请参考有关章节相关内容。

(2)浸种催芽　种子发芽适温为20℃~28℃。浸种6~8小时,把种子晾至离散,用湿润的毛巾或纱布包好,放到发芽箱、恒温箱内或火坑附近,在25℃~30℃条件下催芽。在催芽过程中,每天用温清水冲洗种子1~2次,当大部分种子露白时即可播种。

5. **播种**　将催芽后的种子晾干表面的水分。播种床中浇足底水,冬季播种时水温以30℃为宜,若地温偏低水温应高些。水渗下后在床上再撒一薄层细床土,将种子均匀地置于床面上,然后盖过筛的细土,厚度1厘米左右。

6. 苗期管理

(1)温度管理　①播种至齐苗,白天气温保持28℃~30℃、夜间24℃~25℃,地温20℃左右。②齐苗至分苗,白天气温保持20℃~25℃、夜间15℃~18℃,10厘米地温12℃~20℃。③缓苗期,白天气温保持20℃~25℃、夜间13℃~15℃,10厘米地温18℃~20℃。④定植前1周,白天气温保持15℃~18℃、夜间8℃~10℃,10厘米地温15℃左右。

(2)水分管理 苗期苗床宜见干见湿,缺水时应及时补充,不宜浇大水。空气相对湿度不超过70%。

(3)分苗 在幼苗2~3片真叶时分苗。分苗密度为10厘米×10厘米或8厘米×10厘米。也可直接分到营养钵内,分苗时浇透水。

(二)整地定植

1. 施肥整地 定植前15~20天扣膜,提高地温。结合整地每667米^{2}施充分腐熟有机肥5 000~7 000千克、生物有机肥150~200千克、专用配方肥80千克或过磷酸钙80千克+磷酸二铵50千克。深翻耙平,做小高畦,畦宽1.1~1.2米,覆盖地膜。定植前3~4天进行温室杀菌灭虫,每棚用硫磺粉2.5千克或22%敌敌畏烟剂0.5千克或15%腐霉·百菌清烟剂0.35~0.4千克,与锯末12千克混合,分6~12个堆点燃熏蒸,密闭48小时,通风24小时后即可使用。

2. 定植 设施内10厘米地温稳定在8℃以上即可定植。日光温室冬春茬宜在1月中下旬至2月上旬定植。采用破膜点水定植,每畦2行,有限生长类型株距25~30厘米,一般每667米^{2}定植3 000~3 500株。由于是搭架栽培,种植密度宁稀勿密。无限生长类型每667米^{2}定植2 000~2 500株。

(三)田间管理

1. 温湿度管理 定植初期,为促进缓苗,温室内不通风,白天温度保持25℃~30℃、夜间15℃~17℃。缓苗后开始通风调节温湿度,白天温度保持20℃~25℃、夜间15℃~17℃,空气相对湿度不超过60%。每次浇水后均要及时通风排湿,防止因湿度过高发生病害。

2. 肥水管理 缓苗后,点水定植的要补充1次小水,然后开

始蹲苗。樱桃番茄茎细弱，易窜高，所以要进行中耕蹲苗。在第一、第二花穗开花坐果后，结束蹲苗，浇1次小水，每667米^{2}随水冲施专用配方肥15~20千克或尿素10~15千克，1周后再浇1次水。以后视土壤、天气、苗情及时浇水，保持土壤见干见湿，并每隔15天左右追肥1次，每次每667米^{2}追施专用配方冲施肥15~20千克或尿素10~15千克。同时，每7~10天喷施1次氨基酸复合微肥600倍液+0.5%磷酸二氢钾混合肥液，至拉秧前15天停止。

3. **植株调整** 单干整枝，及时去除分杈。塑料绳吊蔓，由于采收期长，塑料绳一定要牢固、不易老化。根据栽培情况，可8~10穗果摘心或随时落秧盘条，使其无限生长。及时疏除底部老叶，及时掐去果穗前的小花，并进行疏花疏果。一般每穗留果20~25个，有的品种每穗留果10~15个。

（四）采 收

樱桃番茄一般在完全成熟时采收才能保证本品种固有的风味和品质。但黄色果在八成熟时采收反而风味好，这是因其果肉在充分成熟后容易裂变。采收的果实不可散堆装运，以免压伤，应装在塑料盒内，再装入箱中贮运。

四、樱桃番茄日光温室秋冬茬栽培

（一）播种育苗

培育壮苗是樱桃番茄日光温室秋冬茬栽培成功的关键。育苗时一定要注意防高温、防干旱、防雨冲、防强光、防蚜虫等不利条件。此茬口一般在7月20日至8月10日播种育苗。

1. **建苗床** 选择地势高、通风排水良好的地方建苗床，每平方米施腐熟牲畜粪肥4~5千克、三元复合肥0.5千克，并施入

50%多菌灵可湿性粉剂30~50克，精细整地，使土、肥、药混匀。然后插小拱棚，覆盖遮阳网。

2. **品种选择** 选择抗病能力强、耐低温和耐弱光的品种，如红太阳、维纳斯等。

3. **种子消毒** 用55℃温水浸泡种子20~30分钟，不断搅拌使水温降至30℃再浸泡6~8小时。捞出放在10%磷酸三钠溶液中浸泡20分钟，然后用清水洗净种子表面残留液，用湿纱布包好，放在30℃温度条件下催芽。

4. **播种** 经催芽的种子，有80%种子露白后播种，将种子均匀置于苗床面上，然后盖细土，厚度为1~1.3厘米。

5. **苗期管理** 幼苗2片子叶展平时移入8厘米×8厘米营养钵内。用遮阳网覆盖，防止强光照射和暴雨冲刷，发现蚜虫及时防治。苗床宜见干见湿，缺水应及时补充。苗龄25~30天、5片叶时定植。

（二）整地定植

1. **整地施基肥** 定植前每667米^{2}施腐熟优质有机肥5 000~7 000千克、复合微生物肥3~5千克、专用配方肥60~80千克或磷酸氢二铵50~60千克+硫酸钾20~30千克。深翻25~30厘米，耙平做畦。

2. **定植** 一般在8月中下旬至9月上旬选阴天或晴天下午定植。株行距28~35厘米×50~55厘米，每667米^{2}保苗3 000~3 500株，宜稀不宜密。定植时严格选苗，淘汰弱苗、残苗。

（三）田间管理

1. **温度** 前期注意通风降温，白天温度不超过30℃，夜间不超过20℃，采用遮阳网覆盖栽培可以收到事半功倍的效果。及时

浇水,土壤保持见干见湿。生育后期以防寒保温为主,及时覆膜加纸被,白天温度保持20℃~25℃、夜间15℃以上。

2. **光照** 进入12月份,光照渐差,除每日清洁透明室面外,还应在北墙张挂反光幕。

3. **浇水与追肥** 定植后2~3天浇1次缓苗水,缓苗后中耕保墒,防止营养生长过旺。第一穗果坐住时浇催果水,之后每10~15天浇1次水,并以水带肥,每次每667米^{2}冲施专用配方冲施肥10~15千克或三元复合肥5~10千克。在生长旺期,应适时施用二氧化碳肥。在严冬季节,尽量浇小水,不可大水漫灌,最好是膜下滴灌,可采用水肥一体化技术。生长发育期内,每7~10天喷施1次氨基酸复合微肥600~800倍液+0.3%~0.5%磷酸二氢钾的混合肥液,能增强植株抗逆性能,使植株健壮生长,促进优质丰产。

4. **植株调整** 采用塑料绳吊挂法支撑植株。一般是单干整枝方式,保留4~5穗果即可。

5. **授粉** 采用人工振荡授粉或熊蜂授粉。人工授粉在开花后的每天上午10~11时进行。

6. **病虫害防治** 主要病害有早疫病、灰霉病,主要虫害有蚜虫、白粉虱。应采用农业生态防治为主、药剂防治为辅的防治方法。重点调整设施内温度和科学施肥,创造适合樱桃番茄健壮生长而不适合病虫害发展的环境条件。可采用银灰色反光膜驱蚜,设黄板诱粘蚜虫及白粉虱,加盖遮阳网和防虫网。采用药剂防治时,选用生物农药及低毒、低残留农药,并注意安全施用间隔期,确保产品不受农药污染。

7. **采收** 日光温室秋冬樱桃番茄一般采收越晚价格越高,生产中应尽量延迟采收。在拉秧时,对于部分青果,应带果柄采后装筐贮存。

第四章
瓜类蔬菜高效栽培与安全施肥技术

第一节　设施黄瓜高效栽培与安全施肥

一、生育周期和对环境条件的要求

(一)生育周期

1. **发芽期**　播种后种子萌动至第一片真叶出现为发芽期,一般需5~10天。

2. **幼苗期**　从第一片真叶出现至4~5片真叶展开,达到“团棵”为幼苗期,一般需30~40天。这个时期分化大量花芽,应加强管理,为前期产量奠定基础。

3. **初花期**　从4~5片真叶至第一瓜坐住为初花期,一般需25天。

4. **结瓜期**　从第一果坐住到拉秧为止为结瓜期。结瓜期因栽培形式和条件不同而异,夏秋栽培结瓜期较短,越冬栽培结瓜期

长达120~150天。

(二)对环境条件的要求

1. 温　度

(1)地温　黄瓜对地温的要求比较严格,生育期最适宜10厘米地温为20℃~25℃,最低14℃。地温是黄瓜越冬和早春栽培的重要因素。

(2)气温　黄瓜喜温,又忌高温,适宜生长温度为18℃~30℃,最适宜温度为22℃~26℃。黄瓜不耐霜冻,低于5℃,植株出现低温冷害,表现为生长延迟和生理障碍等。

2. **光照**　黄瓜属短日照作物,大多数品种对日照长短要求不严,但8~11小时的短日照有促进花芽分化的作用。在温度和二氧化碳浓度处于自然状态条件下,黄瓜光饱和点为5.5万~6万勒,光补偿点为1 500勒,最适宜的光照强度为2万~6万勒。

3. **水分**　黄瓜喜湿、怕涝、不耐旱,空气相对湿度在85%~95%条件下生长正常。但是过高的空气湿度是病害发生的诱因,还会抑制蒸腾作用,降低根系对水分、养分的吸收,影响产量和品质。黄瓜对土壤湿度要求比较严格,适宜的土壤相对含水量为70%~80%,苗期为60%~70%,成株期为80%~90%。

4. **气体**　黄瓜根系较浅,要求土壤通透性良好,土壤中含氧量以15%~20%为适宜。为此,应多施有机肥,改善土壤通透性状况,以利黄瓜丰产。黄瓜光合强度随二氧化碳浓度升高而增加,大量施用有机肥的温室,掀草苫时二氧化碳浓度可达到1 500微升/升,配合相应的温度及肥水措施,可大幅度提高黄瓜产量。黄瓜对棚室内二氧化碳饱和点为1 000微升/升,甚至更高,其补偿点为64微升/升。

5. **土壤**　黄瓜应选择富含有机质的肥沃土壤栽培。黄瓜喜中性偏酸的土壤,土壤pH值5.5~7.6范围内均能正常生长,以

pH 值 6.5 为最适宜，pH 值 4.3 以下会枯死。黄瓜耐盐碱性能差。

二、茬口安排和品种选择

（一）主要设施类型

黄瓜栽培设施目前主要有大棚和日光温室。大棚黄瓜主要有早春茬栽培、秋延后栽培；日光温室黄瓜有冬春茬栽培、秋冬茬栽培及越冬一大茬长季节栽培。

（二）茬口安排

1. **大棚早春茬栽培** 华北等地区一般在 1~2 月份播种育苗，苗期 45 天左右，5~7 月份供应市场。

2. **大棚秋延后栽培** 华北等地区大棚秋延后栽培，播种期为 7 月底至 8 月底，上市期为 9 月中下旬至翌年 1 月上旬。

3. **日光温室冬春茬栽培** 一般在 11 月中下旬至 12 月中下旬播种，翌年 1 月中下旬至 2 月中旬定植，3 月下旬至 4 月初开始收获，7 月上旬结束。西北地区一般在 9 月中下旬播种。

4. **日光温室秋冬茬栽培** 一般在 8 月份育苗，9 月份定植，10 月份开始收获。

5. **日光温室越冬一大茬长季节栽培** 一般在 10 月初育苗，10 月中下旬嫁接，10 月底至 11 月初定植，12 月份开始收获，翌年 6 月份结束。

（三）品种选择

黄瓜有两种类型：一是水果型黄瓜，以光滑无刺、易清洗、味甜、品质好逐渐受到人们欢迎。二是传统有刺黄瓜，产量高，符合人们的传统消费习惯，占有很大市场。目前，设施栽培主要品种有

满田 700、满田 706、以色列 454、戴多星、拉迪特、康德、V27、7RZ22-33、春光 2 号、戴安娜、绿优 88、园春 3 号、V4、博美系列耐低温弱光温室专用品种、哈研系列、凤燕、春燕、荷兰小黄瓜、锦龙黄瓜等。

选择品种应注意的问题：除了要看种子的发芽率和发芽势外，还要根据设施类型、品种特性、管理能力等因素选择适宜的品种；同时，还应根据当地市场销售渠道和价格优势选择品种。不选择没有经过示范试验的品种。尤其是越冬和早春栽培品种，其品种的耐寒性、弱光性、低温下的坐瓜率及抗病性都是影响黄瓜经济效益的重要因素。应该强调的是任何新品种只有在适宜的地区、采用适宜的栽培技术，才能发挥出增产、增收的潜力。

三、育苗技术

黄瓜育苗方式主要有苗床育苗、营养钵育苗、简易穴盘无土育苗、营养块育苗及工厂化无土育苗等。工厂化育苗采用育苗盘，单苗株行距 3 厘米×3 厘米，基质为草炭、蛭石和少量的复合肥及杀菌剂。种子不浸种，干籽直播，苗龄 20 天左右、2 叶 1 心。工厂化育苗省工，幼苗没有土传病害，但是苗龄小，定植后采收期延后。简易穴盘无土育苗，简单易行、不缓苗、成活率高而被广泛应用，因此本书只介绍日光温室黄瓜越冬栽培的穴盘无土育苗技术。

（一）穴盘选择

冬春季育苗选用 50 孔或 72 孔穴盘，夏季育苗选用 72 孔穴盘，越冬长季节栽培选用 72 孔穴盘。

（二）基质配方

按体积计算草炭：蛭石为 2：1。苗龄较短的每立方米基质加三元复合肥1.5千克,长季节育苗,每立方米基质加三元复合肥2千克。同时,加50%多菌灵可湿性粉剂100克、2.5%敌百虫粉剂60~80克,与基质拌匀备用。

(三)播种育苗

1. 播种时间 冬春季节育苗主要是为日光温室冬春茬和塑料大棚早春茬栽培供苗,一般育苗期为35~50天。如果定植时间在1月中下旬至3月下旬,播种期为上年11月底至翌年1月中下旬。夏季育苗苗期短,一般从6月中下旬至8月份均可播种育苗,可根据栽培时间确定播种期。越冬茬长季节栽培一般10月初育苗,10月底至11月份定植。

2. 种子处理 购买包衣种子,可以直接播种。不是包衣种子,可买种衣剂按说明书对种子进行包衣处理。也可用2份开水、1份凉水配成约55℃温水浸种半小时后,每100千克种子用10%咯菌腈悬浮剂100~200毫升加适量水浸泡种子20分钟,或用75%百菌清可湿性粉剂500倍液浸泡种子30分钟,预防苗期病害。建议最好采用药剂包衣处理种子,这样既省事又安全,效果还好。

3. 播种 播种前先将苗盘浇透水,以水从穴盘下小孔漏出为宜,等水渗下后播种。经过处理的种子可拌少量细沙,使种子散开,易于播种,播种深度1厘米左右。播种后覆盖蛭石,喷施58%甲霜·锰锌可湿性粉剂600倍液封闭苗盘,可防苗期猝倒病,并在苗盘上盖地膜保湿。

4. 苗期管理 苗出齐后,将地膜揭去。第一片真叶以前白天温度控制在25℃~32℃、夜间16℃~18℃;从第二片真叶展开起,采用低夜温管理,清晨温度控制在10℃~15℃,以促进雌花分化。定植前1周,进行炼苗,尽量降低温度和湿度。注意防治苗期虫害,苗出齐后可喷施0.3%苦参碱水剂500~600倍液,防治白粉

虱、蚜虫。

(四)嫁接育苗

黄瓜嫁接不但可以增强抗病性,有效地预防枯萎病等土传病害的发生,而且还可以利用南瓜砧木根系的耐寒性特点,提高黄瓜耐寒能力和吸水、吸肥能力。

1. 品种选择 目前,黄瓜嫁接砧木主要有云南黑籽南瓜、白籽南瓜和日本黄籽南瓜。黑籽南瓜作砧木,黄瓜抗病性和生长势强,适宜于越冬栽培。白籽南瓜作砧木,黄瓜耐热性强,耐干旱,适宜于高温季节使用。日本黄籽南瓜砧木嫁接后,黄瓜色泽亮绿、口感好、商品性好。接穗应选用适宜当地设施栽培的黄瓜品种。

2. 种子处理 黄瓜种子每 667 米^2 用种量 150 克,放入 55℃温水中浸种 5 分钟,并不停搅拌,半小时后用 75%百菌清可湿性粉剂 600 倍液浸种 20~30 分钟,用清水洗净后待播。水果黄瓜品种常采用药剂包衣后干籽点播方式。砧木南瓜种子每 667 米^2 用种量 1.5 千克左右。南瓜种子催芽前晒种 1~2 天,注意不要放在水泥地上晒种,晒过的种子放入 55℃~60℃温水中浸种 10 分钟,不断搅拌,之后捞出种子再放入 30℃水中浸泡 6~8 小时,搓掉黏液。捞出后用纱布包好,放到 32℃条件下催芽,一般 30 小时左右即可出芽,催芽期间需要用清水冲洗 1 次。黄籽南瓜种子浸种时间可适当减少。浸种后的种子可直接播种,也可催芽至种子露白再播种。需要提醒的是靠接方法嫁接时,接穗先于砧木 10 天左右播种育苗,而插接法则是砧木先于接穗 10 天左右播种。

3. 苗床准备 建造育苗温室,其大小可根据育苗数量而定,一般培育 667 米^2 地的秧苗需要 50 米^2 的温室。如在深冬季节嫁接育苗,还需在温室内建加温炉。

(1)播种苗床 用 3 年未种过蔬菜或棉花的肥沃大田土 60%、腐熟有机肥 40%,混合后过筛制成营养土,每立方米拌入

50%多菌灵可湿性粉剂200~400克,混匀后作为苗床营养土,苗床土厚8~10厘米。

(2)嫁接苗床 苗床营养土厚12厘米、宽1米,长度可根据苗多少而定。苗床应设在温室中间、光照与温度较好的地方,利于培育壮苗。移入嫁接苗后,支棚加盖塑料薄膜以保证湿度,必要时加盖遮阳网。

4. 播种育苗方式

(1)苗床育苗 播种前1天,畦内浇透水,然后在畦内划4厘米×4厘米的田字格,在田字格对角线的交叉处播1粒种子。播种后在畦面上撒营养土,厚度1~1.2厘米。

(2)穴盘无土育苗 近年来由于简易穴盘无土育苗操作灵便、成活率高,深受欢迎。穴盘准备参见本书育苗技术部分相关内容。

(3)营养钵育苗 砧木种子可直接播于营养钵中,嫁接时带钵操作,成活率更高。也可播种在穴盘中,嫁接后将嫁接苗移入营养钵。基质配比按体积计算草炭:蛭石为1:1,每立方米基质加三元复合肥1~1.5千克,与基质拌匀装钵备用。

5. **播种** 10月初播种接穗黄瓜,将黄瓜种子播种于72孔穴盘中。在幼苗子叶展开、真叶如小米粒大小时,约在播种的7天后,将砧木南瓜种子播于72孔穴盘或营养钵中,也可以直接播于苗床。当南瓜砧木子叶展开、真叶刚刚露芯时,黄瓜第一片真叶展开、第二片真叶刚刚露出,即为嫁接适期。

6. **嫁接** 嫁接前不需要浇水施肥,只需控制好温度。当黄瓜第一片真叶半展开,南瓜播种后7~10天、子叶完全展开、真叶能看见时,即可进行靠接。为防止嫁接苗萎蔫,促进嫁接苗成活,嫁接操作地块的温室前屋面应覆盖黑色遮阳网,嫁接者通常坐在矮凳上操作,前面放一个高约60厘米的凳子作为操作台。嫁接前,营养钵隔一畦摆放一畦,嫁接后间距拉大,摆满各畦。嫁接时将营

养钵摆放在操作台上,先用刀片切去南瓜的生长点,再在南瓜幼苗子叶节下1厘米处用刀片以35°~40°角向下斜切一刀,刀片与两片子叶连线平行,深度为茎粗的2/5~3/5。然后在黄瓜幼苗的子叶节下1.2~1.5厘米处以35~40°角向上斜切一刀,深度也为茎粗的2/5~3/5。最后把砧木和接穗的刀口互相嵌合,用嫁接夹固定。注意,砧木苗与接穗部分的子叶呈"十"字形,下刀及嫁接速度要快,刀口要干净,接口处不能进水。把嫁接苗按15厘米间距摆放到苗床上,对苗床浇水,使营养钵从底孔吸足水分。浇水时不要让水溅到接口部位,否则很容易导致嫁接失败。

7. **嫁接后管理** 嫁接后注意遮光和保湿,这是嫁接苗成活与否的关键。为此,前屋面继续覆盖黑色遮阳网遮光,尽量减少通风,空气相对湿度保持在85%~95%。嫁接后2~3天,即可除去遮阳网。靠接10天后伤口即可完全愈合;此时黄瓜苗有2片真叶展开、第三片真叶显露,可以断根。操作者手持半片剃须刀片,蹲在苗床间的畦埂上操作,通常不用移动营养钵,把刀片伸向苗床操作即可。在嫁接苗的接口下方1厘米处用刀片将接穗的下胚轴切断,然后在贴近营养土的位置再切一刀,把切下来的黄瓜苗下胚轴移走。在断根后,有时嫁接苗会出现轻度的萎蔫现象,但用不了多长时间即会恢复。

8. **移动嫁接夹的问题** 随着嫁接苗的生长,无论是砧木南瓜苗,还是接穗黄瓜苗,胚轴都会逐渐变粗,嫁接夹会抑制黄瓜苗胚轴的增粗,应捏住嫁接夹,向下即向黄瓜苗一侧移动嫁接夹。注意不能过早移走嫁接夹,否则断根后的黄瓜苗容易从砧木上劈开。

四、整地定植

（一）高温闷棚

高温闷棚在6~8月歇棚期间进行，利用夏季的太阳能灭菌是一种简单易行的措施。在上茬作物收获完毕拉秧后，棚膜不要揭开，将棚膜上的漏洞补好，封闭棚膜10天以上，高温闷杀棚室内及植株体上的病菌。

（二）整地施基肥

1. 科学施用基肥　每生产1 000千克黄瓜需纯氮2.6千克、磷1.5千克、钾3.5千克，栽培模式不同，施肥方案也不同。黄瓜栽培基肥除施用一定量的有机肥和生物肥外，还要配合一定量的氮、磷、钾、钙、镁和铁、锌、铜等化肥。一般越冬长季节黄瓜栽培基肥中氮肥的施用量占整个生育期氮肥施用总量的10%；全生育期磷肥用量全部作基肥施入土壤中，不再追施磷肥；基肥中钾肥的施用量占整个生育期钾肥用量的10%~20%。短季节栽培基肥中氮肥施用量占整个生育期氮肥用量的20%~30%，全生育期磷肥全部用作基肥施入，钾肥施用量占整个生育期钾肥用量的40%。

（1）短季节栽培施肥方案　包括日光温室秋冬茬、日光温室早春茬、塑料大棚春提早和塑料大棚秋延后栽培施肥方案。全生育期化肥用量：全生育期氮用量40千克，折合尿素80千克；磷用量10千克，折合过磷酸钙70千克；钾用量40千克，折合硫酸钾80千克。基肥用量：一般每667米^{2}施腐熟有机肥5 000~7 000千克、生物有机肥100~150千克、尿素16~20千克、过磷酸钙70~100千克、硫酸钾32~40千克。

（2）长季节越冬一大茬黄瓜全生育期施肥方案　全生育期用

尿素160～200千克、过磷酸钙80～150千克、硫酸钾160～230千克。基肥用量:一般每667米^{2}施优质腐熟有机肥7 000～10 000千克、生物有机肥150～200千克、专用配方肥100～200千克或尿素16～20千克、过磷酸钙80～150千克、硫酸钾35～40千克。水果型黄瓜基肥用量,每667米^{2}要求施优质有机肥8 000～9 000千克、生物有机肥100～200千克、专用配方肥50～80千克或三元复合肥50～80千克。

2. 整地起垄

(1)整地　先将基肥混合均匀后撒施于地面,然后机翻或人工深翻两遍,使肥料与耕作层土壤充分混匀,而后搂平地面。

(2)起垄　一般选用高垄种植,按等行距60～70厘米起垄或大小行距起垄,大行80厘米,小行50厘米,垄高15厘米。水果型黄瓜如戴多星类品种要求宽窄行种植,宽行连沟行距80厘米,窄行连垄宽行距70～75厘米。

(三)定　植

1. **定植时间**　日光温室冬春茬黄瓜1月中下旬至2月中下旬定植。日光温室秋冬茬黄瓜8～9月份定植。日光温室越冬一大茬黄瓜10月底至11月初定植。塑料大棚早春茬黄瓜在3月底定植。塑料大棚秋延后黄瓜在7～8月份均可定植,也可根据上市时间向前推1个月定植。

2. **栽植密度**　在垄上按株距25～30厘米挖穴栽苗,一般越冬茬每667米^{2}栽植3 500株左右(指传统的密刺型黄瓜)。水果型黄瓜每667米^{2}栽植2 000～2 200株,宽窄行定植。

3. **栽植要求**　越冬茬黄瓜苗龄不宜太大,以3叶1心或4叶1心、苗高10～13厘米为宜。栽植时应将苗坨面高于畦面2厘米,也有将营养钵穿透底部连钵直接定植的。定植后马上浇定植水,浇水多采用膜下畦灌,有条件的可采用膜下微喷灌或滴灌,这样既

可节水又可避免棚内湿度过高而引发病害。栽后覆地膜可提高地温和减少水分蒸发,利于秧苗健壮生长。

4. 苗肥 黄瓜幼苗一般不缺肥,如果发生缺肥现象时,可喷施氨基酸复合微肥 800 倍液+0.04%硫酸铵+0.04%磷酸二氢钾混合肥液,每 8~10 天喷施 1 次。

五、田间管理

(一)温度与光照管理

1. 温度 缓苗期白天温度控制在 28℃~32℃、夜间 20℃。尤其是早春定植后,由于外界温度较低,一般不通风,如果温室内湿度太大,可选择在中午高温时段适当放风,潮气放出后及时闭棚。缓苗后可通小风,空气相对湿度保持在 80%以下,白天温度以 25℃~28℃为宜,不超过 30℃,低于 20℃时关窗保温,夜温控制在 18℃左右。

2. 光照 每天光照不少于 8 小时。阴天也要揭草苫,接受散射光照。还要防止因强光造成的骤然升温,致使幼苗闪秧萎蔫,重症时造成死秧现象。越冬茬黄瓜从定植到结果期,处在光照较弱的季节,光合作用弱,是前期产量低的主要原因。棚室内使用镀铝聚酯反光幕可起到增光增温作用,提高黄瓜的光合作用强度,增产幅度可达 15%~30%。具体做法:上端固定于一根铁丝上,铁丝固定于温室北墙,将反光幕拉平,下端压住即可。

(二)水分管理

苗期要控制浇水,防止秧苗徒长,达到田间最大持水量的 60%左右为宜。结瓜期水量要加大,达到田间最大持水量的 80%左右为宜,要保持相对稳定。棚室内土壤水分过大,除妨碍根系的正常呼吸外,还会增加室内空气湿度,加大病害发生率。定植后浇足定植水,7天后浇缓苗水,至根瓜坐住期间,原则上不浇水,以防止植株徒长而影响坐瓜。如果遇到土壤墒情不好的情况,也可浇1次小水,直到根瓜坐住。在根瓜膨大时开始浇水,以浇透为宜。深冬季节由于结果初期设施内温度低、光照弱,需水量相对减少,应适当控制浇水,一般不表现缺水则不灌水。加强中耕保墒,提高地温,促进根系向深发展,此期浇水间隔时间可延长至10~12天,浇水要在晴天上午进行。有条件的地方,可用喷灌或微灌,更有利于黄瓜生长发育。冬春茬黄瓜结瓜期由于温度适宜,黄瓜生长量大,一般3~5天浇1次水。进入盛瓜期,黄瓜需水量加大,一般2~3天浇1次水。

(三)合理追肥

黄瓜从定植到采收结束一般需追肥8~10次,同时还应适时增施二氧化碳气肥。进入结瓜期后,每8~10天喷施1次氨基酸复合微肥800~1 000倍液+0.5%尿素+0.5%磷酸二氢钾混合肥液,一般每667米^{2}喷施肥液50~70千克。

1. **短季节栽培模式**　包括塑料大棚春提前、秋延后和日光温室冬春茬、秋冬茬。在根瓜开始膨大时追施第一次肥,每667米^{2}可随水冲施尿素5千克。进入结瓜期,每10天左右追1次肥,一般每667米^{2}追施尿素4~6千克、硫酸钾3~5千克。盛瓜期需肥需水量大,应每5~7天追施1次,每次每667米^{2}追施尿素5~6千克、硫酸钾5~7千克。

2. **日光温室越冬长季节栽培**　越冬一大茬黄瓜结瓜期长达5~6个月,需肥总量较多。在根瓜坐住后可顺水施肥,结瓜初期因温度低、需肥量少,每15天左右追肥1次,每次每667米^{2}施尿素6~8千克、硫酸钾6~8千克。春季进入结瓜盛期后,追肥间隔时间缩短,追肥量增大,一般每5~7天追施1次,每次每667米^{2}施

尿素 12~16 千克、硫酸钾 13~16 千克。结瓜盛期还要进行根外追肥,可喷施氨基酸复合微肥 800 倍液+0.5%~1%尿素+0.5%~1%磷酸二氢钾混合肥液,每 8 天左右喷施 1 次,喷至枝叶湿润而不滴流为宜,每次每 667 米^2 喷施肥液 60~80 千克。

在低温季节,由于保护地内二氧化碳不能及时得到补充,二氧化碳施肥就显得尤为重要。二氧化碳施肥方法很多,一是重施有机肥。二是结合翻地施入 5~10 厘米厚的作物秸秆或外置式堆积秸秆,释放一定量的二氧化碳。三是深施碳酸氢铵,每平方米用量为 10 克,深施 5~8 厘米,每 15 天 1 次,也可直接施二氧化碳肥料。

(四)植株调整

1. **吊蔓与落蔓** 日光温室多用吊绳吊蔓以固定瓜蔓,吊绳吊蔓在发棵初期进行。在栽培行的正上方 2 米处固定铁丝,当株高 25 厘米左右、有 4~6 片叶时按株距绑绳,绳子一端固定在铁丝上,另一端绑在植株底部,此端绑口松紧要适宜,要留给植株生长的空间。当植株长至固定铁丝的高度时进行落蔓,落蔓时先将底部老叶摘除,按顺时针或逆时针朝一个方向将蔓盘绕在根部,以增加空间和透光。越冬一大茬黄瓜要不断落蔓,以延长生育期。

2. **摘除侧枝及卷须** 越冬茬黄瓜以主蔓结瓜为主,一般保留主蔓坐果。及早摘除侧蔓与卷须,可节省养分。根瓜要及时采摘,连阴时间较长时要将中等以上的大小瓜摘掉。

3. **摘老叶** 植株长至 20 片叶后要注意去掉下部老、黄、病叶,一般果实采到哪里就摘叶到哪里。

4. **采收** 一般从开花至采收需 15 天左右,个别品种发育快,8~10 天即可采收。早摘、勤摘,严防黄瓜坠秧,尤其根瓜应尽量及早采收。

第二节　设施西葫芦高效栽培与安全施肥

西葫芦是1年生草本植物，以嫩果或成熟果供食用，我国东北、华北、西北等地普遍栽培。

一、生育周期和对环境条件的要求

（一）生育周期

1. **发芽期**　种子萌动至出现第一片真叶为种子发芽期。

2. **幼苗期**　从第一片真叶显露至开始抽蔓为幼苗期。西葫芦定植期一般为3叶1心期，幼苗期和发芽期共需30天左右。

3. **抽蔓期**　从幼苗期结束至植株现蕾为抽蔓期。此期生长加速，主、侧蔓均迅速生长，花芽也在分化、形成。

4. **开花结果期**　从植株现蕾至果实成熟采收为开花结果期。由于西葫芦以收嫩瓜为主，故开花至结瓜需时较短，一般15~20天即可收获。

（二）对环境条件的要求

西葫芦适宜在温暖的气候条件下栽培，不耐霜冻。

1. **温度**　西葫芦种子发芽适宜温度为25℃~30℃，生长发育适宜温度为18℃~25℃，开花结瓜期适宜温度为22℃~25℃。长期高温，易产生发育障碍和病毒病。西葫芦不耐霜冻，0℃即会致死。

2. **光照**　西葫芦属短日照作物，需要中等强度的光照，较能忍耐弱光，适于保护地栽培。在低温、短日照的条件下有利于雌花提早形成及数目增加、节位降低。但在光照过弱、光照不足的条件

下，植株生长不良，还会发生霜霉病。晚春和夏季过强的光照，易引起植株萎蔫和发生病毒病。

3. 水分　在生长发育期应保持土壤湿润。坐第一瓜前期，应保持土壤见干见湿。浇水过多，易造成茎蔓徒长，导致落花落瓜；过于干旱，又会抑制生长发育。开花期空气潮湿会影响授粉，造成落花落果。结瓜期果实生长旺盛，需水较多，应适当多浇水，保持土壤湿润。西葫芦对湿度的要求较严格，过于干旱易发生病毒病，过于潮湿易发生白粉病、霜霉病。

4. 土壤　西葫芦对土壤要求不严格，在黏土、壤土、沙壤土中均可栽培，因其根群发达，宜选用土层深厚、疏松肥沃的壤土。早熟栽培，可选用升温快、结瓜早的沙壤土。西葫芦适宜的土壤酸碱度为 pH 值 5.5~6.8。西葫芦生长发育快，产量高，需肥量大，在主要营养元素中需要钾最多，氮次之，需钙、镁、磷最少。西葫芦在肥力不高的土壤中能正常生长，在肥沃的土壤栽培则易徒长而造成落花落瓜。

二、主要栽培品种

（一）花叶西葫芦

又称阿尔及利亚西葫芦，是从阿尔及利亚引进的，在我国北方地区广泛栽培。该品种矮生，节间短，不易发生侧枝，适于密植。叶片绿色、掌状深裂狭长，叶脉附近有白色斑点。一般在主蔓 5~6 节着生第一朵雌花，以后节节有雌花，只坐瓜 3~5 个。嫩瓜长圆形，皮色深绿，有黄绿色不规则的条纹。瓜肉绿白色，肉厚，品质好。单瓜重 1~2.5 千克，以嫩瓜供食。该品种早熟、耐寒、丰产、抗病性强，适于春早熟栽培。

（二）京葫 12 号

北京市农林科学院蔬菜研究中心育成。生长势强，中早熟。茎秆中粗，雌花多，成瓜率高。商品瓜长 22~24 厘米，横径 6~7 厘米，浅绿色带稀网纹，有光泽，商品性好，较耐贮运。对病毒病、白粉病和银叶病有中等抗御能力。缺点是株形不够紧凑。

（三）阿太一代

山西省农业科学院蔬菜研究所育成。属矮生类型，蔓长 33~50 厘米，节间密，不生侧蔓。叶深绿色、掌状 5 裂，叶面有稀疏的白斑。主蔓 5~7 节着生第一朵雌花，以后几乎节节有瓜。瓜长筒形，嫩果深绿色、有光泽，单瓜重 2~2.5 千克，老熟瓜墨绿色。该品种单株结瓜个数较多，产量较高，早熟，对病毒病较有抵御能力。

（四）早青一代

山西省农业科学院蔬菜研究所育成。属矮生型，茎蔓短、蔓长 33 厘米左右，适于密植。叶片小，叶柄短，开展度小。主蔓 5 节开始着生第一朵雌花，可同时结 3~4 个瓜。瓜长筒形，嫩瓜皮浅绿色，老瓜黄绿色。该品种结果性能好，雌花多，结瓜密，早熟。适于春早熟栽培。

（五）京　莹

北京市农林科学院蔬菜研究中心育成。结瓜能力强，雌花多，结瓜密，产量高。果实顺直，呈长圆柱形，浅绿色，光泽度好，商品性佳。低温和高温条件下连续结瓜能力都很强，不易早衰。

（六）搅　瓜

搅瓜是山东、河北等地的地方品种。植株生长势强，叶片小。

果实椭圆形,单瓜重 0.7~1 千克。成熟瓜皮浓黄色,也有的底色橙黄间有深褐色纵条纹。肉厚、黄色,组织呈纤维状。以老熟瓜供食,将整个瓜煮熟,瓜肉用筷子一搅,即成粉条状,故名搅瓜。

(七)瀛洲金瓜

瀛洲金瓜是上海崇明的特产蔬菜。该品种茎蔓较粗,有棱或沟,有刺毛,节间长 10~13 厘米,分枝较多,叶心脏形或五角星形。主蔓 4~7 节着生第一朵雌花。果实有两种类型:一种果实较小、椭圆形,瓜皮、瓜肉均为金黄色,丝状物细致,品质优良,但产量较低;另一种果实较大,单瓜重 2 千克以上,皮、肉色泽均较淡,丝状物较粗,品质稍差,但产量高。该品种以老熟果供食,耐贮藏,食用方法与搅瓜相同。

(八)常青1号西葫芦

山西省农业科学院蔬菜研究所育成的杂交一代。极早熟,播种后 35~37 天可采收 250 克以上的商品瓜。属短蔓直立性品种,生长势强,主蔓结瓜,侧枝结果很少。适合保护地栽培。丰产性好,结瓜密,连续结瓜能力强。果实长筒形,粗细均匀,瓜皮绿色,外表美观,商品性好。

(九)寒玉西葫芦

山西省农业科学院蔬菜研究所育成的杂交一代。一般在 5~6 节开始结瓜,播种后 35 天左右可采收商品瓜。属矮生类型,抗寒,耐弱光性强,低温弱光条件下结瓜性能好。嫩瓜浅绿色,表面光滑,有光泽。果实长柱形,均匀一致,商品性好。

(十)其他品种

目前,生产上常用的西葫芦品种还有邯农 2 号、早青、潍早 1

号、纤手、晓青一代、阿多尼斯 9805 等。

三、棚室西葫芦春早熟栽培

在冬季或早春育苗，定植在温室或大棚中，4～5 月份上市，此栽培茬口为春早熟栽培。西葫芦春早熟栽培模式上市期较早，正值晚春初夏蔬菜供应淡季，是蔬菜周年供应的重要环节，具有较高的经济效益，在我国北方地区应用面积很大。在瓜类蔬菜栽培中，西葫芦种植面积仅次于黄瓜。

（一）品种选择

西葫芦春早熟栽培，苗期在寒冷的冬、春季节，生育前期也在春寒时期，故选择的品种应具有耐寒特性。早熟栽培的目的是提早上市，争得更高的经济效益，因此矮生、早熟是首选品种。此外，过长的茎蔓占地多，不利于密植，也不便于棚室管理，应选用生长势中弱、短蔓的品种。目前，生产中常用的品种有阿太一代、早青一代、阿尔及利亚西葫芦、邯农 2 号、潍早 1 号、纤手等。

（二）栽培季节

栽培季节因当地气候条件和设施保温性能而异。在华北地区，多用大棚或温室育苗，2 月上中旬播种，3 月上中旬定植，4 月中旬开始采收，至 6 月份结束。利用保温条件稍好的有草苫覆盖的大棚栽培时，播种期可提前至 1 月份，2 月份定植，3 月份即可上市。

（三）育苗技术

西葫芦幼苗生长快，主根长，根系易木栓化，移栽断根后缓苗慢。因此，早熟栽培应培育根系完整、定植后缓苗快的幼苗。生产中一般采用纸质或塑料袋做的营养钵进行育苗,也有的采用平畦育苗。

1. **播种期** 早熟栽培,播种期应根据大棚或温室的保温性能和当地气候条件、定植期以及苗龄等因素确定。由于育苗期气温较低,苗龄稍长,一般为35天左右。

2. **育苗技术** 育苗床应在播种前20~30天准备好。每667米^{2}施腐熟有机肥4000~6000千克,浅翻耙平做畦。育苗畦做好后,立即覆盖塑料薄膜,夜间加盖草苫,以尽量提高地温。播种前对种子进行浸种催芽,催芽前用50℃~60℃温水浸种15~20分钟,以消灭种子携带的病菌,减少病害。亦可用1%高锰酸钾溶液浸种20~30分钟,或用10%磷酸三钠溶液浸种15分钟,以消灭种子上的病毒,预防病毒病。消毒后洗净,再用清水浸种3~4小时,捞出用纱布包好,置于25℃~30℃环境中催芽。2~3天后,种子芽长0.5~1厘米时即可播种。

播种方法有3种:一是将催好芽的种子直接播在装好营养土的纸钵或塑料钵内。二是把催好芽的种子均匀地撒播在已经消毒并浇足水的河沙、锯末或珍珠岩、蛭石的育苗盘或育苗床中,待幼苗子叶展平后,再分苗到营养钵中。三是直播在浇透水的育苗床中,播前把畦面划成10厘米×10厘米的方格,在方格中央点1粒萌芽的种子,播深10厘米。无论采用哪种播种方法,播前均应先浇1次透水,待水渗下后播种。播种时种子平放,芽尖向下,播后覆细湿土2厘米厚,每667米^{2}需种子300~400克。播种完毕立即扣严育苗畦,夜间加盖草苫保温。此期夜间还有霜冻,如遇寒流侵袭,仍有可能冻死幼苗,故应注意保温防冻。白天温度保持25℃~30℃、夜间18℃~20℃,10厘米地温保持15℃以上、以25℃为宜,促进出苗。一般播后3~4天即可出苗,待大部分幼苗出土,应立即降低苗床温度,白天温度保持25℃左右、夜间13℃~15℃,防止温度过高造成秧苗徒长,形成高脚苗。待幼苗子叶展平至第

一片真叶展开时,应适当降低夜温,促使秧苗粗壮和雌花的分化,白天温度保持 20℃~25℃、夜间 10℃~13℃。

从第一片真叶展开至定植前 10 天,要逐渐提高温度,促使幼苗充分生长发育达到定植标准,白天温度保持 25℃左右、夜间 13℃~15℃。定植前 10 天,逐渐加大通风量,降低温度,锻炼秧苗,以使秧苗适应栽培环境,提高抗逆性,保证成活率。定植前 3~5 天应及时掀揭草苫和塑料薄膜,但要注意防冻,中午还应注意防止高温造成灼伤。

利用平畦育苗的,只要浇足底水,苗期可不再浇水,以免浇水过多降低地温,影响生长。利用营养钵育苗时,因钵底部对土壤水分的利用有一定的限制,在晴天上午应用喷壶浇水。苗期施足有机基肥后,一般不再追肥。为使秧苗健壮可喷施氨基酸复合微肥 800 倍液+0.3%磷酸二氢钾+0.1%尿素混合肥液,每 7~8 天喷 1 次。利用平畦育苗的,在定植起苗前 7 天浇 1 次透水,水渗下后用长刀在苗株行间切成方块土坨。切坨后应适当晾一晾,以利起苗时带土坨、少伤根系。营养钵育苗时,定植前停止浇水,以使钵内基质成坨。在定植前 5~7 天必须进行降温炼苗,使秧苗逐渐适应定植到保护地内的环境条件,以增强抗逆力,提高成活率。定植时,秧苗苗龄为 35 天左右、3 叶 1 心,株形紧凑,根系完整,茎秆粗壮、节间短,叶片绿、肥厚,叶柄较短。

西葫芦工厂化育苗方法与黄瓜相同,不再重述。

(四)整地定植

1. **定植期**　适宜的定植期是考虑当地的气候条件,根据棚室的保温性能来确定的,当棚室内 10 厘米地温在 13℃以上、夜间最低气温不低于 10℃时,即为安全定植期。

2. **整地施基肥**　由于春早熟栽培定植期较露地早,所以必须于头年秋冬季节进行深翻晒土,以减少病虫害并熟化土壤,利于早春地温回升。在定植前15~20天将大棚覆盖好，白天扣严塑料薄膜，夜间加盖草苫，尽量提高棚内地温。较高的地温不仅可以提早定植期，而且有利于提高成活率和促进生长发育。定植前结合翻地，每667米^{2}施腐熟有机肥4 000~6 000千克、生物有机肥100~150千克、专用配方肥30~40千克或过磷酸钙40~50千克、三元复合肥20~30千克。翻地后整平耙细，做宽1.3~1.5米的平畦。施肥整地后闭棚升温烤地5~7天，或每667米^{2}用40%百菌清烟剂300~500克熏蒸灭菌后进行定植。

3. **定植方法** 早熟栽培均为矮生早熟品种，一般株行距为45~50厘米×60~70厘米，每667米^{2}栽植2 000~2 500株。可单行定植，也可宽窄行定植。定植密度还应考虑品种特性，如叶片较大、叶柄不太直立的阿太一代品种应稍稀，每667米^{2}栽植1 700~2 000株为宜；而叶片小、叶柄短、直立性强的早青一代品种则稍密，每667米^{2}栽植2 200株为宜。定植时挖穴或开沟，把健壮幼苗带土坨埋入，埋土深度与土坨原深度相同即可。栽后立即浇水，并覆盖地膜。

（五）田间管理

1. **温度管理** 西葫芦是喜温蔬菜，不耐霜冻。早熟栽培前期外界气温很低，管理的重点是防寒保温，保持适温，以利生长发育。保温覆盖物应早揭晚盖，塑料薄膜应扣严。缓苗期不通风，白天温度保持25℃~30℃、夜间15℃~20℃。缓苗后逐渐通风降温，白天温度保持20℃~25℃、夜间15℃以上。进入结瓜期适当提高温度，白天温度25℃~28℃、夜间15℃~18℃。当外界白天气温达20℃以上时，可揭开塑料薄膜，只在夜间覆盖。当夜间最低气温稳定在13℃以上时，可撤掉保护设施。各地撤除保护设施的时间，应根据当地的气候条件而定。

2. 浇水与追肥

(1)浇水与中耕　定植缓苗后浇 1 次缓苗水,水渗后中耕松土,进行蹲苗。此期温度较低,应多次进行中耕。中耕应由浅而深,每 5~7 天 1 次,到根瓜采收时需中耕 4~5 次。多次中耕是早熟丰产的重要措施,可提高地温,促进根系向深处发展,使植株茎叶粗壮,及早进入生殖生长。此期不宜浇水过多,否则易引起徒长,造成落花落瓜。蹲苗期可根据植株生长情况而定,一般植株表现旱象、中午有轻度萎蔫、根瓜长 10 厘米左右时,即应结束蹲苗,进行浇水和追肥。一些早熟品种坐瓜早、瓜密、生长势弱,结瓜后易发生坠秧现象,应轻度蹲苗,以促为主,缓苗后第一次水应适当早浇。

(2)浇水与追肥　蹲苗后结合浇水,每 667 $米^2$ 随水冲施经发酵腐熟的粪尿肥 300~500 千克,或专用冲施肥 10~15 千克或尿素 5~10 千克,以促进植株生长和根瓜膨大。根瓜膨大期和开花结瓜期应加大浇水量、增加浇水次数,保持土壤见干见湿,一般每 2~5 天浇 1 次水。撤去覆盖物处于露地栽培条件后,应增加浇水次数。西葫芦早熟栽培,每 10~15 天追 1 次肥,共追肥 3~4 次,每次每 667 $米^2$ 施专用配方肥 15~20 千克,或三元复合肥 15~20 千克。结瓜盛期每 7~10 天叶面喷肥 1 次,可喷施氨基酸复合微肥 600~800 倍液+0. 1%~0. 2%磷酸二氢钾混合肥液。

3. **打杈**　早熟栽培西葫芦多为矮生品种,分枝力弱,一般不必整枝,只将生长点朝南向即可。这样瓜秧方向一致,互不影响,便于管理和采收。

4. **保花保果**　西葫芦可单性结实,但授粉有利于提高坐瓜率、减少化瓜,增加产量。早熟栽培早期外界气温尚低,昆虫很少,加上塑料薄膜密闭,不易接受昆虫传粉,因此应进行人工辅助授粉。为了节省养分,多余的雄花、雌花及枯花、黄叶应及早摘除。

5. **采收**　西葫芦早熟栽培,采收越早,经济效益越高。开花

后10天即可采收0.25千克左右的嫩瓜上市。

四、日光温室西葫芦越冬栽培

(一)品种选择

在目前尚无温室专用品种的情况下,应选用耐寒、耐弱光、耐高湿、抗病的矮生类品种。

1. **晓青一代** 早熟,定植后30天可采摘重250克以上的嫩瓜。雌花多,瓜码密,4节开始结瓜,一株同时可结3~4个瓜。瓜长筒形,嫩瓜花皮、浅绿色,老瓜黄色。该品种植株矮,叶柄短,不拉蔓,宜密植,抗病毒病,适宜春季小拱棚栽培。每667米^{2}产量6000千克以上,比早青一代增产10%左右。每667米^{2}定植2400株左右,种植时施足基肥,结瓜时肥水猛促,注意及时采收嫩瓜。

2. **阿多尼斯9805** 欧美流行的茭瓜品种,瓜皮浅绿色,有光泽。耐低温,坐瓜多,品质好,是山东寿光等地种植效益显著的品种。

3. **其他品种** 日光温室越冬栽培西葫芦,还可选择早青、纤手等品种。

(二)育苗技术

1. **播种期** 日光温室越冬茬西葫芦,一般9月下旬至10月上旬播种,也有的在10月中下旬至11月初播种。在育苗前15天,将前屋面无滴膜盖好密封,高温闷棚10天左右,以杀灭苗床病菌。也可每平方米用50%多菌灵可湿性粉剂8~10克,与干细土800~1000克混匀后处理苗床。

2. **浸种与播种**

(1)**浸种** 将种子用55℃(恒温)温水浸种15分钟,然后加

凉水降至30℃,再继续浸种4小时即可播种。适期播种不需催芽。

(2)播种　苗床提前准备好,播种时先灌足底水,水渗完后,按10厘米×10厘米划成方格,每格播饱满种子1粒,播后覆过筛细湿土2厘米厚,并在苗床四周投放灭鼠药。也可以用营养钵育苗。每667米^{2}需种子300~400克。

3. 苗期管理　播种至出苗,室内白天温度保持30℃~35℃、夜间18℃~20℃。出苗后,白天温度降至20℃~25℃、夜间10℃~15℃。幼苗期适当控制灌水,加强通风排湿,防止徒长。定植前进行低温炼苗,白天温度降至20℃、夜间8℃。

4. 壮苗标准　株高10厘米左右,茎粗0.5厘米左右,真叶3~4片,叶片浓绿色,苗龄25天左右。

5. 定植与施基肥

(1)基肥　定植前施足基肥,一般每667米^{2}施充分腐熟有机肥4 000~5 000千克、生物有机肥100~150千克、专用配方肥120~150千克或尿素30千克、磷酸氢二铵30千克、过磷酸钙100千克、硫酸钾30~50千克。深翻2次,进行整地。

(2)定植　每667米^{2}定植1 600株左右,大行距70厘米,小行距50厘米,株距55厘米左右。定植方法同黄瓜。

6. 定植后管理

(1)温度管理　定植后提高温度促进缓苗,温度不超过30℃不放风。缓苗期白天温度保持20℃~25℃、夜间最低8℃~10℃。

(2)光照调节　定植缓苗后,在后墙张挂反光幕,方法同黄瓜。注意清除前屋面遮光物,冬季按时揭盖草苫,延长见光时间,雪天雪停即揭苫见光。瓜秧长至60厘米左右时,开始吊蔓,方法同黄瓜。

(3)肥水管理　缓苗后即灌缓苗水,合墒时浅锄并修理垄面,覆盖地膜。根瓜坐住后灌催瓜水,结合灌水每667米^{2}施磷酸二

铵6~10千克、硫酸钾6~10克,之后视瓜秧和天气情况施肥灌水。同时,进行根外追肥,每7~10天喷施1次氨基酸复合微肥600~800倍液+0.2%尿素+0.3%磷酸二氢钾混合肥液。施肥原则“少吃多餐”,保持营养生长和生殖生长基本平衡。

(4)二氧化碳施肥 此茬西葫芦在冬季低温期间通风少,室内二氧化碳欠缺。在结瓜期可人工施用二氧化碳气肥,施用浓度为1000微升/升,以满足光合作用的需要。晴天揭苫后半小时施用,方法同黄瓜。

(5)人工授粉 西葫芦单性结实能力差。冬春茬温室栽培,花期昆虫传粉困难,甚至前期无雄花,或有雄花无花粉。因此,需要采用人工授粉,一般在上午9~10时、散粉后进行。

(6)防止化瓜 温度过低、过高,肥水、光照不足,结瓜过多,营养生长差,密度过大,肥水过足,通风透光性差,徒长,均能引起化瓜。预防措施:冬季加强保温,春季防止高温,结瓜期保证肥水供应,加强整枝、打杈、吊蔓,去除病老叶,及时防病。同时,要进行疏瓜,每株留选大、中、小3个瓜即可,其余疏掉,畸形瓜提早摘除。第一个瓜250克左右即可采收,以防坠秧,影响植株正常生长和以后坐瓜。

(7)适时采收 根瓜一般在250克左右时应及时采收,以后的果实大小可掌握在500克左右时采收,生产中可根据植株长势和市场行情灵活掌握。

第三节 设施西瓜高效栽培与安全施肥

西瓜是1年生蔓性草本植物,以成熟果实供食用,营养丰富,深受人们喜欢。因从西域引入,故称西瓜。

一、生育周期和对环境条件的要求

（一）生育周期

1. **发芽期** 播种后种子萌动到第一片真叶出现为发芽期。经过浸种催芽的种子，在28℃~30℃条件下，5~6天即可完成发芽过程。

2. **幼苗期** 从真叶出现到团棵期，即5~6片真叶期为幼苗期，约30天。

3. **抽蔓开花期** 从团棵到留瓜节位的雌花出现为抽蔓期；从团棵到第一雌花出现、开放、瓜坐住为开花期，一般需25~30天。

4. **结瓜期** 自第一果坐住，经过连续不断的开花结瓜到植株衰老、拉秧为止为结瓜期，此期又可分为3个时期。

(1)坐瓜观察期 从留瓜节位的雌花授粉坐瓜到褪乳毛后，通常需要5~6天。

(2)膨瓜期 从幼瓜褪乳毛到瓜体积增大基本形成，需20~25天。

(3)瓜变瓤期 从瓜定个到成熟，需7~10天。

（二）对环境条件的要求

1. **温度** 西瓜是耐温作物，生长发育的最高温度为40℃，最低温度为10℃，最佳生长温度为25℃~30℃。西瓜不同生育期对温度的要求不同，发芽期适温为28℃~30℃，幼苗期适温为22℃~25℃，抽蔓期适温为25℃~28℃，结瓜期适温为30℃~35℃。设施栽培西瓜一般昼夜温差较大，最低夜温不应低于8℃，昼温不高于40℃，坐瓜的适宜温度为25℃、最低温度为18℃，高于或低于这个极限，容易形成畸形瓜并推迟成熟期，而且瓜皮

较厚。

西瓜种子一般在16℃~17℃时开始发芽，发芽的最适温度为25℃~30℃。春季大棚西瓜直播或育苗一定要在最低温度稳定在15℃时开始播种，否则需要采取加温措施促进发芽出苗。西瓜对地温的要求比较严格，发芽适宜10厘米地温为25℃，最低15℃。地温是西瓜设施栽培和早春种植的重要生长生存因素。

2. **光照** 西瓜是较喜强光作物，每天10~12小时的光照时间，植株生长健壮，瓜蔓粗壮，叶片肥硕，节间短，花芽分化早和完美，坐瓜好。光照对西瓜的产量和品质有着直接的影响，长时间阴雨连绵的天气，光照不足，植株茎蔓生长细弱，节间细长，叶片淡绿色，叶绿素降低，光合作用功能低下，容易造成化瓜、落花、瓜糖分积累少。西瓜光饱和点为10万勒，光补偿点为4000勒，这是西瓜适应越冬生产的重要特性。北方地区日光温室西瓜越冬栽培，是一年中光照最差的季节，一些地区常因出现连续低温阴雪、雾霾天气，而造成西瓜减产。西瓜在盛瓜期时，若连续4~5天阴天，产量会明显降低，应考虑增加补偿光源措施。

3. **水分** 西瓜是对水分需求量较大的作物，但又是较耐旱的作物，这主要是因为西瓜植株根系发达，具有很强的吸收能力。

4. **二氧化碳气体** 西瓜光合强度随二氧化碳浓度升高而增加，在大量施用有机肥的棚室内，掀草苫时二氧化碳浓度可达1500微升/升，配合相应的温度及肥水措施，可大幅度提高西瓜产量。二氧化碳不足时，需施二氧化碳气肥。

5. **土壤** 西瓜对土壤条件的适应性强，沙土、丘陵红土、壤土等土壤均可栽培，最适于在土层深厚、疏松，透水性强，降水或灌溉水分渗透性好的土壤栽培。西瓜喜弱酸性土壤，pH值以5~7为宜。西瓜生育期较长，产量高，需要大量的养分，生产中应根据目标产量和地力等因素施肥，以保证养分供给。

二、茬口安排和品种选择

(一)茬口安排

1. **塑料大棚早春茬栽培**　一般在1月上中旬开始播种,苗期35天左右,2月底定植,5月上旬开始收获,6月底结束。

2. **塑料大棚秋延后栽培**　一般在7月中旬播种,苗期20~25天,8月上中旬定植,9~11月份采收。

3. **日光温室冬春茬栽培**　一般在12月下旬播种,翌年1月中下旬至2月中旬定植,4月下旬至6月底为收获期。

(二)品种选择

1. **主栽品种**　西瓜品种众多,一般分为普通果用西瓜和无籽西瓜。普通果用西瓜依据其熟性不同,又可分为特早熟、早熟、中熟、中晚熟西瓜品种。

(1)特早熟品种　一般生长发育期为80~85天,果实成熟期为25~28天,单瓜重2~3千克。品种主要有特小凤、黑美人、京秀、红小玉、黄小玉等。

(2)早熟品种　生长发育期为80~90天,易坐瓜,生长快,果实成熟期为25~30天,单瓜重4~5千克。品种主要有京欣1号、京欣2号、早佳、美抗3号、丰乐1号、丰乐5号、郑抗6号等。

(3)中晚熟品种　生长发育期为90~110天。瓜生长发育期较长,成熟期较晚,植株生长旺盛、健壮,果实成熟期为30~40天,单瓜重5千克左右。品种主要有金钟冠龙、西农8号、丰收2号、华密系列、齐红、郑抗系列、丰乐系列等。

(4)无籽西瓜　无籽西瓜生长发育期较长,一般为100~120天,晚熟。果实发育慢,成熟期为30~40天。瓜肉无籽或有少量

秕籽,不空心,耐贮运,货架期长。品种主要有郑抗无籽系列、黄宝石无籽西瓜、湘西无籽系列、丰乐无籽系列、黑密、暑宝、花蜜等。

(5)其他品种 还有小玲、华玲、宝冠、新金玲、红玉、王中王、小玉、小兰、喜春、黑珍珠、甜宝、好运来等品种。

2. 选择品种应注意的问题 品种选择时首先要看种子的发芽率和发芽势,还应根据设施类型、品种特性、管理能力、当地市场销售渠道和价格优势选择适宜品种。设施栽培首要考虑环境适应性,对弱光、抗病性和坐瓜特性均要做详细了解。在当地没有种植过的品种,一定要先进行示范。尤其是早春栽培,其品种的耐寒性、弱光性、低温下的坐瓜率及抗病性均是影响西瓜经济效益的重要因素。应强调的是,任何新品种只有在适应的地区、采用适宜的栽培技术,才能显示出增产、增收的潜力。西瓜高产、优质、高效益生产,有赖于新品种和新栽培技术的相配套,二者缺一不可。

三、育苗技术

因简易穴盘无土育苗简单易行、不缓苗、成活率高,在生产中被广泛应用。本节主要对日光温室西瓜冬春茬栽培的穴盘无土育苗技术进行介绍。

(一)穴盘选择

冬春季育苗,可选用 50 孔或 72 孔穴盘;夏季育苗,选用 72 孔穴盘即可。越冬长季节栽培育苗,幼苗第一片真叶展开时即进行嫁接,选用 72 孔穴盘即可。

(二)基质配方

按体积计算,以草炭∶蛭石为 2∶1 配制基质,每立方米基质加三元复合肥 1.5~2 千克、58%甲霜·锰锌可湿性粉剂 100 克、

50%多菌灵可湿性粉剂 80~100 克,与基质拌匀备用。

(三)播种育苗

1. **播种时间**　冬春季节育苗主要为日光温室冬春茬和塑料大棚早春茬栽培供苗,一般育苗期为 35~45 天。如果定植期在 2 月中旬至 3 月下旬,播种期则为 12 月底至翌年 1 月中下旬;夏季育苗一般从 6 月中下旬至 8 月份均可播种,生产中可根据栽培定植时间确定播种期;越冬茬长季节栽培,一般 10 月初育苗,10 月底至 11 月上旬定植。

2. **种子处理**　包衣种子可以直接播种;没有包衣的种子,则需进行种子处理。处理方法、步骤如下:①买西瓜种子包衣剂,按产品说明书进行种子包衣。②用 2 份开水、1 份凉水配成约 55℃温水浸种半小时后,再用 75%百菌清可湿性粉剂 1 000 倍液浸种 1~2 小时,可预防苗期病害发生。

3. **播种**　播种前先将苗盘用 5%高锰酸钾溶液浸泡 20 分钟,捞出晾干,装满基质后浇透水,以水从穴盘下小孔漏出为宜。待水渗下后播种,把经过处理的种子播入深度为 1 厘米左右的穴坑里,播种后覆盖蛭石,并喷施 58%甲霜·锰锌可湿性粉剂 600~800 倍液,每平方米喷药液 2~3 千克,防治苗期猝倒病病害。苗盘上覆盖地膜保湿。

4. **苗期管理**　苗出齐后,将地膜掀开。在幼苗第一片真叶以前白天温度保持 25℃~32℃、夜间 16℃~18℃;从第二片真叶展开起,清晨温度保持 10℃~15℃,以促进雌花分化。定植前 7 天,进行炼苗,尽量降低白天温度和湿度。注意防治苗期虫害,一般在苗出齐后喷施 1%虫菊·苦参碱微胶囊悬浮剂 1 000~1 500 倍液,或 40%乐果乳油 1 000 倍液,防治白粉虱、蚜虫等害虫。

(四)嫁接育苗

白籽南瓜对多种土传病害具有很强的抗性,通过嫁接可以有效地预防西瓜枯萎病等土传病害的发生,而且还可以利用南瓜砧木根系耐寒性的特点,提高西瓜耐寒能力。南瓜根系入土深、分布范围广,根毛多而长,可提高西瓜吸收水分和养分能力。嫁接苗耐干旱、耐瘠薄能力也明显提高,促使瓜秧发育好,不死秧,可延长西瓜采收期,提高产量和经济效益。

1. **品种选择** 目前,西瓜砧木常采用白籽南瓜和日本黄籽南瓜。白籽南瓜作砧木,西瓜抗病性和生长势强,适宜于设施越冬栽培。日本黄籽南瓜作砧木,西瓜果实色泽亮绿、口感好、商品性好。接穗可选择适宜当地设施种植的西瓜品种。

2. **嫁接前准备**

(1)种子处理 每667米^{2}用西瓜种子150克左右,先用55℃温水浸种5分钟,并不停搅拌,温度降至30℃左右浸种30分钟,而后再用75%百菌清可湿性粉剂600倍液浸种20~30分钟,用清水洗净后待播。生产中西瓜种子常采用药剂包衣处理后直接播种。

每667米^{2}用南瓜种子1.5千克左右。南瓜种子催芽前晒种1~2天,用55℃~60℃温水浸种10分钟,不断搅拌,再用30℃水浸种6~8小时,搓掉黏液,取出用手攥干,用纱布包好,置于32℃环境中催芽。一般30小时可出芽,期间需要用清水冲洗1次。黄籽南瓜种子浸种时间可适当减少。一般浸种后直接播种,也可浸种后先催芽至种子露白时再播种。

(2)苗床准备 建造育苗温室,大小可根据育苗数量而定,一般培育667米^{2}的秧苗需要50米^{2}的温室。如在深冬季节嫁接,还需在温室内建加温设备,如搭建加温炉等。苗床有两种:一是播种苗床。用3年内未种过蔬菜、棉花、玉米的大田土6份,腐熟有机肥 4 份,过筛后每立方米拌入 50%多菌灵可湿性粉剂 100~300 克、2.5%敌百虫可湿性粉剂 80~100 克。床土厚 8 厘米,用营养土做苗床,苗壮不易得病。二是嫁接苗床。苗床土厚 12 厘米,苗床宽 1 米,长度可根据育苗多少而定。苗床应设在温室中间、光照与温度较好的地方,以利于培育壮苗。移入嫁接苗后,支棚加盖塑料薄膜以保证湿度,必要时加盖遮阳网。

(3)育苗方式　一是苗床育苗。播种前 1 天,畦内浇透水,然后在畦内划 4 厘米×4 厘米的田字格,在田字格对角线的交叉点上播 1 粒种子,在播完种的畦面上撒营养土 1 厘米厚。二是简易穴盘无土育苗。三是营养钵育苗。可将砧木种子直接播于营养钵中,嫁接时带钵操作成活率高。也可播种在穴盘中,嫁接后将嫁接苗移入营养钵。基质配比按体积计算,草炭：蛭石为 1：1,每立方米基质加入三元复合肥 1~1.5 千克与基质拌匀装钵备用。

(4)播种时间　12 月初先播种砧木南瓜,播种于 72 孔穴盘中。南瓜苗子叶展开、真叶如小米粒大小时,约播种 7 天后,播种西瓜接穗。

3. 嫁接方法

(1)插 接 法

①插接时间　砧木幼苗子叶已完全展开,刚要发出第一片真叶;西瓜苗子叶尚未展开,为嫁接适宜期。嫁接宜早不宜晚,嫁接过晚成活率会降低。嫁接的时间性很强,最好多人协同作业,在嫁接适宜期内完成所有幼苗的嫁接。

②有关要求　把砧木苗连同营养钵一起从苗床中搬出。西瓜苗连根带土从苗床中起出,把苗放入盛苗箱内,上盖湿布或塑料薄膜等物保湿,以减少嫁接过程中水分损失。每次起苗量应不超过 20 株。

③嫁接工具　嫁接者坐在板凳上操作,前面摆放椅子或箱子作为操作台。嫁接场所用遮阳网或草苫遮光。嫁接的主要工具是

竹签和刀片，竹签长15厘米左右，一端削成窄而扁、先端平齐的楔形，像小铲子；刀片为半片锋利的刮胡刀。

④砧木苗插孔　先去除砧木苗的生长点，用左手食指和拇指轻轻地捏住砧木子叶的基部，右手捏住竹签，从水平方向将竹签削成楔形的一端铲向砧木两子叶之间夹着的小真叶及生长点，将其完全铲下来，然后插孔。目前，常用的插孔方式是插直孔，将竹签楔形一端从砧木苗除掉第一片真叶的位置，呈稍微倾斜状态向下扎入，深0.8~1厘米。插孔后，不要拔竹签，让竹签暂时留在砧木上，腾出手来削接穗。

⑤削接穗　用左手拇指和中指捏住西瓜接穗的子叶，食指托住下胚轴。右手拿刀片，在子叶节正下方0.5厘米位置向前斜削一刀，角度约30°，把苗茎削成单斜面形；再翻过苗茎，从背面斜削一刀，将接穗削成具有双斜面的楔形。

⑥嫁接方法　用右手拇指和食指轻轻捏住已削好的接穗，随之拔出砧木上的竹签，迅速顺着竹签插入方向的插孔内插入接穗。注意要插到插孔的尽底部，不留空隙，使接穗与砧木紧密贴合，接穗子叶与砧木子叶呈“十”字形。嫁接后，立即将嫁接苗放入苗床，对苗钵进行点浇水，然后将苗床用小拱棚扣盖严，保温保湿，以利成活。

另外，还有一种斜插操作方式，嫁接时，先用竹签铲除生长点。然后将竹签楔形平面朝下，从砧木苗茎的顶面紧贴1片子叶，从上方2片子叶之间生长点处，沿子叶连线的方向，向另一子叶的下方，斜着插进子叶基部的手指肚处，达到手指能感觉到的程度为止，深度以竹签刚好顶到苗茎的表皮为宜，扎成一个斜孔插，孔长0.8~1厘米。注意不能将表皮扎透，否则将来接穗的胚轴露出部分容易生长不定根，不定根入土会导致嫁接失败。竹签应倾斜插入，不能垂直向下扎，否则将来接穗可能会插到砧木胚轴中部的空腔中。把接穗紧靠子叶下部的茎，削成长7~10毫米、角度15°~

20°的双楔面，子叶平面应与接口斜面垂直。然后把接穗的削口斜面朝上插进砧木插孔中。

⑦嫁接后管理 嫁接后1周内，白天温度保持25℃～30℃，最高不超过32℃；夜间温度20℃以上，不低于15℃。1周后，嫁接苗基本成活，可放宽温度管理范围，白天温度保持24℃～32℃，夜间温度12℃～15℃，最低不低于8℃。在接穗成活前要保持较高的空气湿度，可用薄膜将苗床密封2～3天，使苗床内空气相对湿度保持95%左右。湿度不足时用水壶向地面喷水，切记不可向嫁接苗上直接喷水，以防水流入接口内，引起接口发病。从嫁接后第四天开始，对苗床进行适量通风排湿，使空气相对湿度下降至75%～85%。

初期通风时间要短，而后逐天延长通风时间并加大通风量，以通风后嫁接苗不发生萎蔫，特别是不出现叶片萎蔫下垂现象为宜。嫁接1周后，接穗长出真叶，可以确认嫁接成活。在苗床进入大通风阶段后，营养土容易失水变干，嫁接苗在中午前后出现萎蔫现象，此时应根据土壤的干湿情况及时浇水，注意只把土浇透不可弄湿嫁接苗。低温期应于晴天中午前后浇水，高温期应于上午浇水。嫁接后前3天，如果是晴天，应在每天日出后至日落前用遮阳网或草苫对苗床进行遮阴，避免太阳光直射到嫁接苗上，导致嫁接苗失水过多而发生萎蔫。从第四天开始，要逐日缩短苗床的遮阴时间，保证嫁接苗有一定的光照时间，避免长时间遮光造成嫁接苗叶黄、苗弱。苗床见光要先从早晚接受散射光开始，逐天延长光照时间，只要嫁接苗不发生萎蔫就不遮阴。一般嫁接8～10天后，中午前后秧苗不发生萎蔫时，撤掉遮光物，开始对嫁接苗进行自然光照管理。砧木苗上发出的芽要及早除掉，避免与西瓜接穗争夺营养，抑制接穗生长。

(2)双接法 南瓜砧木嫁接后容易发生接穗长势过旺，出现畸形瓜或影响果实风味。用葫芦砧木嫁接的西瓜，果实外观和品质都好，但容易感染蔓枯病和枯萎病。为了使各种砧木优势互补，

可采用根砧(南瓜)+中间砧(葫芦砧、冬瓜砧)+接穗(西瓜)的两段嫁接技术,这种嫁接方法称为双接法或二段嫁接法。

①根砧苗培育　根砧以南瓜为好,但南瓜品种很多,要选用适合西瓜嫁接的品种。低温季节,应在接穗播种前15~20天播种根砧。根砧苗的嫁接适期是子叶完全展开,真叶开始发出并稍微长大,胚轴高5~7厘米,茎粗而结实,根系发达。为此,根砧苗发芽后苗床的温、湿度应稍微高些,先使胚轴伸长,然后再控制浇水,到嫁接前的中午子叶稍呈萎蔫状,使茎叶加速硬化,根系强壮起来。

②中间砧苗培育　播种前要弄清种子的种类和特性,再确定播种期。一般认为与根砧同时播种为好。

中间砧苗的嫁接适宜期是子叶完全展开,真叶即将发出,胚轴长3~5厘米。

③接穗育苗　在铺有营养土的苗床上密集撒播接穗种子,在子叶展开时嫁接。

④嫁接操作　采用靠接和插接的方法进行两段嫁接,分别切削根砧、中间砧和接穗。按靠接的方法切削根砧,取胚轴下部。中间砧有两个切口,下部的切口用于与根砧相连,按靠接的方法切削;而上部的切口则分两种情况,如果接穗细小,可在去掉中间砧生长点后插孔,按插接的方法嫁接接穗。如果接穗胚轴较粗,可在中间砧上按靠接的方法切口,再与接穗靠接。接穗则是按插接的方法切削。先将中间砧与根砧相接,接口嵌合紧密,用嫁接夹固定。再向中间砧的接口中插入接穗,同样用嫁接夹固定。

嫁接后的管理,参见插接法。

(3)劈接法　在营养钵中培育砧木苗,砧木苗具有1片真叶时为嫁接适期。嫁接时先去掉真叶和生长点,再从两片子叶中间将幼茎一侧向下劈开,长度1~1.5厘米。接穗一般比砧木晚播7~10天,子叶展开时为适宜嫁接时期,劈接法的接穗比插接略大。将接穗胚轴削成楔形,削面长1~1.5厘米。将削好的接穗插入劈

口,使砧木与接穗表面平整,用嫁接夹固定。嫁接后移入苗床,覆盖薄膜遮光保湿,嫁接后管理参见插接法。

(4)贴接法 又叫单叶切接法,这种方法不受接穗苗龄限制,尤其是在插接适宜时期已过或其他原因造成砧木和接穗苗茎粗度不相称时可采用此法。采用子叶期的砧木,用刀片从砧木子叶一侧呈 75°角斜切,去掉生长点及另一片子叶,切口长 0.7 厘米左右。再取接穗在子叶下约 1 厘米处,与茎呈 25°角斜削接穗的茎,切口长 0.7 厘米左右。将削好的接穗贴在砧木上,使两切口结合,用夹子夹好。

四、整地定植

(一)定植前的准备

1. 高温闷棚 高温闷棚是在 6~8 月份歇棚期间,利用夏季充足的太阳能进行灭菌的一种简单易行、节本环保的有效措施之一。一般分两步进行:一是上茬作物收获完毕,棚膜不揭开,将棚膜上的漏洞补好,封闭棚膜 10 天左右,闷杀棚室内及植株体上的病菌。二是闷杀土壤中的病菌。深翻后做畦,在畦内大量浇水后盖上地膜,然后封闭棚室,形成高温厌氧环境,使 20 厘米地温保持在 50℃以上,持续 20~25 天。高温闷棚后,室内及土壤内病菌害虫被杀灭,但同时土壤中一些有益微生物也受到破坏。因此,定植前结合整地施基肥,每 667 米^2 施生物有机肥 150~200 千克。

2. 物理防虫、驱虫措施 在棚室通风口用 20~30 目尼龙网纱密封,防止蚜虫进入。在地面铺银灰色地膜或将银灰膜剪成 10~15 厘米宽的膜条,挂在棚室放风口处,驱避蚜虫。目前,生产上多采用黄板诱杀,将黄色黏虫板悬挂于棚室中距地面 1.5~1.8 米高处,每 667 米^2 设置 20~25 个,对蚜虫和白粉虱有较好的防治效果。

3. 整地施基肥

(1)施基肥 西瓜对基肥种类的要求比较严格,以肥效时间较长的有机肥为主,再加入适量的速效化肥。一般每667米^{2}施腐熟有机肥4000~6000千克、生物有机肥150~200千克、专用配方肥50~60千克或尿素15~25千克+过磷酸钙60~80千克+硫酸钾20~30千克。如果不采用专用配方肥,还应施硫酸锌1~2千克、硼砂1~2千克、钼酸铵500克、硫酸铜0.5千克。有机肥以腐熟的鸡粪等禽畜粪为好,在施用前与化肥掺混均匀,再加入50%多菌灵可湿性粉剂3~4千克、2.5%敌百虫粉剂2~3千克,混合均匀后施用。

(2)整地做垄 先将基肥铺施于地面,然后机翻或人工深翻两遍,深度为20~35厘米,使肥料、农药与土壤充分混匀,之后搂平地面。做瓜畦方式南北方瓜农基本相同,一般选用高垄种植,按等行距100~120厘米起垄或大、小行距起垄。

(二)定　植

种植模式不同,定植时间也不同。日光温室冬春茬西瓜1月中下旬至2月中下旬定植,塑料大棚早春茬西瓜3月初至3月底定植。定植时,在垄上按株距30~40厘米挖穴栽苗,一般冬春茬每667米^{2}栽植850~1000株(指普通西瓜),生产中可根据品种特性要求确定密度。栽植按挖穴→放苗→覆土→再覆地膜→浇定植水的顺序进行。冬春茬西瓜苗龄不宜太大,以3叶1心或4叶1心、苗高10~13厘米为宜,定植后立即浇定植水。灌溉多采用膜下畦灌,有条件的地方可膜下滴灌或微喷灌,既可节水又可避免棚内湿度过高而引起病害的发生。

五、田间管理

(一)温、光、水、肥管理

1. 温、光管理　定植后到缓苗,白天温度控制在28℃~32℃、夜间20℃;尤其是早春定植后,由于外界温度较低,一般不通风。如果温室内湿度太大,可选择在中午高温时段适当放风,潮气放出后及时闭棚。缓苗期为7天左右,缓苗后浇1次缓苗水,通小风,空气相对湿度保持在80%以下,白天温度保持25℃~30℃、夜间18℃左右。光照每天不少于8小时。阴天也要揭草苫,接受散射光照,在连阴骤晴时务必做到揭花苫、喷温水,防止因强光和骤然升温造成生理性萎蔫,甚至死秧。冬春茬西瓜从定植到结瓜期,处在光照强度较弱季节,光合产物低,是前期产量不易提高的主要原因。张挂镀铝聚酯反光幕可起到增光增温效果,提高西瓜光合作用强度,增产幅度可达15%~30%。具体做法:上端固定于一根铁丝上,铁丝固定于温室北墙,将反光幕拉平,下端压住即可。

2. 浇水　西瓜苗期要控制浇水,以防秧苗徒长,以田间最大持水量的60%左右为宜。结瓜期浇水量加大,以田间最大持水量的80%为宜。浇水要保持相对稳定,不能忽旱忽涝。定植后浇定植水,7天后浇缓苗水,缓苗水后到团棵期期间,原则上不浇水,以防水分过大引起植株徒长,造成落花落瓜。在土壤墒情不好的情况下,可适当浇1次小水,直到幼瓜坐住。幼瓜长到鸡蛋大小时开始浇水,水量要充足,以浇透为宜。进入结瓜期,由于不同种植模式设施内温度不同,水分管理亦有所不同。冬春茬西瓜结瓜期由于温度适宜,西瓜生长量大,一般5~7天浇1次水;进入盛瓜期,西瓜需水量加大,一般3~5天浇1次水,始终保持地表湿润,对减少裂瓜和畸形瓜有益。采收前3~5天停止浇水。

3. 追　肥

（1）催苗肥　西瓜团棵前每株随水追施尿素8~10克。

（2）催蔓肥　西瓜秧苗伸蔓后，追肥可促进茎蔓生长，为开花结瓜奠定基础。每667米^{2}可追施腐熟饼肥80~100千克，或大粪干600~700千克。如用化肥，每667米^{2}可追施尿素10~15千克、硫酸钾5~8千克。方法是在两植株间开一小沟，将肥料与土混匀后施入，然后拍实。对早熟品种或弱苗可提前追肥，以利瓜蔓生长。

（3）结瓜肥　西瓜结瓜期是需肥高峰期，也是追肥的关键时期。在西瓜长至直径3~5厘米时，在植株外侧30~40厘米处开沟施肥，也可随水冲施，每667米^{2}施专用配方肥25~30千克或磷酸氢二铵15~20千克+硫酸钾10~16千克。也可结合浇水每667米^{2}冲施人粪尿500千克。当西瓜坐住后15天左右，每667米^{2}追施专用配方肥10~15千克或三元复合肥10~15千克或尿素5~7千克+过磷酸钙3~5千克+硫酸钾4~6千克。西瓜膨大期对磷、钾肥需要量较大，除土壤追肥外，还应进行叶面喷施。可喷氨基酸复合微肥600~800倍液+0.2%~0.3%尿素+0.3%~0.4%磷酸二氢钾混合肥液，每8~10天喷施1次，至收获前1天停止。冬季应选择晴天上午揭苫后0.5~1小时施用二氧化碳气肥，浓度为800~1 300微升/升，以提高西瓜植株的光合强度，增加坐瓜率，提高产量。

（二）植株调整

1. 吊蔓　日光温室多用吊绳吊蔓来固定瓜蔓，吊绳吊蔓在甩蔓发棵初期进行。方法是在栽培行的正上方2米处固定铁丝，当株高25厘米，即有4~6片叶时按株距绑绳，绳子一端固定在铁丝上，另一端绑在植株底部（此端绑口松紧要适宜，留给植株生长的空间），随植株生长进行人工绕蔓。幼瓜长到拳头大小时用丝网

兜住,固定在铁丝绳上,以防伤秧。当植株长到固定铁丝的高度时,进行落蔓。落蔓时要将底部老叶摘除,按顺时针或逆时针朝一个方向将蔓盘绕在根部,以增加空间和透光,减少消耗,便于管理。

2. **摘除侧枝及卷须** 冬春茬西瓜以主蔓结瓜为主,要及早摘除侧蔓与卷须,以节省养分。要及时吊网兜住逐渐长大的瓜,以免伤秧和坠秧。

3. **整枝** 西瓜整枝压蔓因品种、种植密度和土壤肥力等因素而异,有单蔓整枝、双蔓整枝、三蔓整枝和多蔓整枝,一般早熟品种采取单蔓整枝或双蔓整枝,以增加早期瓜数。

4. **倒秧压蔓** 在西瓜团棵后的伸蔓期,将秧蔓定向压住固定,以使瓜秧稳定。拧秧固定法可以抑制瓜秧徒长,促使瓜秧健壮。压入土中的枝蔓可以长出不定根,扩大根系,增强吸收肥水的能力。

(三)保瓜留瓜

1. **留瓜节位** 西瓜留瓜节位因品种、栽培方式、整枝方法和生育条件等因素而不同。生产上一般选用距主蔓根部 1 米或 10 个叶片以上的第二或第三个雌花留用坐瓜,通常为主蔓 13~18 节位。早熟品种留瓜节位应低一些,晚熟品种与多蔓整枝的留瓜节位则应高一些。侧蔓则是在结瓜后的备用瓜中候选。

2. **人工授粉** 西瓜属于异花授粉作物,春季设施栽培可采用蜜蜂授粉方式,但更多的是采用人工授粉方式。选取充分开放的雄花花粉,在雌花开放后的 2 小时内进行授粉。一般西瓜花在早晨 5~6 时开始萌动开放,7 时以后花开得最旺盛,此时是授粉的最佳时间。阴雨天气开花时间稍晚,授粉时间应相应推迟至 8~11 时。通常采用花对花和用毛笔蘸粉授粉法。

(四)护　瓜

①松蔓。瓜膨大长至拳头大小时,提起压蔓的瓜秧,让其充分生长,利于幼瓜膨大。②垫瓜。在幼瓜下边以及植株周围垫上麦秸、稻秸等秸秆,让瓜坐在其上生长,可预防疫病和腐烂。③顺蔓。坐瓜后,将瓜蔓与瓜放在一条直线,有利于加速根系畅通输入养分和水分。④翻瓜。翻瓜可以不断地改变幼瓜的着地部位,使瓜面着光均匀,皮色一致,瓜瓤成熟度均匀。一般每7~8天翻动1次,翻瓜宜在晴天的午后进行。翻瓜时顺着瓜的纹路转瓜,不可强拧,注意双手同时翻动拧转,每次翻动时朝着一个方向扭转,扭动幅度不可太大。

(五)采　收

西瓜从开花到采收一般需要28~38天,特早熟品种需25~28天,中熟品种需30~35天,晚熟品种需35~40天。可在成熟期进行采收,如果外运,可早采收2~3天。

六、主要病害防治

(一)猝倒病

1. **危害症状**　西瓜猝倒病主要发生在苗期。幼苗感病后在出土表层茎基部呈水渍状软腐倒伏,即猝倒。初感病秧苗根部呈暗绿色,感病部位逐渐缢缩,病苗折倒坏死。染病后期茎基部呈黄褐色干枯线状。

2. 防治方法

(1)选用抗病品种　冠龙系列、金城系列等为较抗猝倒病的品种。

(2)生态防治　清园,切断越冬病源。用异地大田土和腐熟有机肥配制育苗营养土,或采用配制好的营养块育苗。合理分苗、密植,严格化肥施用量避免烧苗,控制浇水降低棚室湿度,苗床土应消毒处理。

(3)药剂防治　①播种包衣种子,可有效预防猝倒病、立枯病和炭疽病等苗期病害。②苗床土药剂处理。取3年内未种过瓜类的大田土与腐熟有机肥按6∶4混匀,每10千克苗床土加58%甲霜·锰锌可湿性粉剂20~30克、2.5%咯菌腈悬浮种衣剂10毫升,过筛混匀后装入营养钵或作苗床表土铺在育苗畦上。③药剂淋灌。可选用58%甲霜灵可湿性粉剂400~500倍液,或72.2%霜霉威盐酸盐水剂600~800倍液对秧苗进行喷淋。

(二)炭疽病

1.危害症状　炭疽病是西瓜的重要病害,尤其是收获和运输贮藏期间,感染病菌的西瓜病斑凹陷溃烂,对西瓜产量和效益造成非常大的损失。西瓜整个生育期均可染病,主要侵染叶片、幼瓜、秧蔓。炭疽病病斑为圆形,初呈浅灰色,叶背面有阴湿。随病害发展病斑扩大并由灰白色变为黄褐色,后期病斑逐渐凹陷有轮纹,严重时叶片病斑生出轮纹状黑点即病菌孢子。西瓜生长期在高湿条件下病斑呈圆形泡状凹陷,初期褪绿,后期变暗褐色,并伴有穿孔现象发生。茎蔓感病呈现褐黑色凹陷病斑。病瓜初期为褪绿色水渍状凹陷斑点、有裂纹,而后变成褐色、斑点中间淡灰色,呈近圆形轮纹状。重症后期病瓜感病处呈黑褐色干枯。

2.防治方法

(1)生态防治　①重病地块轮作倒茬,可以与茄科或豆科蔬菜进行2~3年的轮作。②选用当地适用的抗病品种,播种包衣种子。③用55℃~60℃温水浸种15分钟,或用75%百菌清可湿性粉剂500倍液浸种30分钟,均有良好的杀菌效果。④苗床土消毒,减少侵染源。⑤加强棚室管理,通风放湿气。设施栽培或多雨地区采用高垄地膜覆盖栽培,或使用滴灌设备,降低湿度减少发病机会。欲贮存或远程运输的西瓜,建议采摘前用25%嘧菌酯胶悬浮剂1 000~1 500倍药剂喷施西瓜。

(2)药剂防治 因该病有潜伏期,发病前用25%嘧菌酯胶悬浮剂1 000~1 500倍液喷施预防,效果好。发病初期选用75%百菌清可湿性粉剂600倍液,或0.36%苦参碱可溶性液剂600倍液,或70%甲基硫菌灵可湿性粉剂500倍液,或15%混合氨基酸铜·锌·锰·镁水剂300~500倍药液喷施防治,每10~15天1次,交替用药。

(三)疫 病

1. 危害症状 棚室栽培遇天气潮湿多雨时节叶片染病,多以近圆形或椭圆形暗绿色水渍状病斑开始,进而呈褐色坏死斑。叶片从叶边缘开始,初期有跨叶脉不规则形水渍状暗绿色或黄绿色病斑,叶背病斑呈现阴湿半透明圆形斑块,后期呈暗褐色大块病斑。茎蔓染病,茎基部和秧蔓容易感病,茎蔓呈水渍状暗绿色溢缩,枝蔓病部长出浓密菌丝体或呈褐色干腐;茎基部感病形成水渍状暗绿色溢缩颈,致使瓜秧枯死。幼瓜感病大多从果蒂开始,感病后期病瓜部位表面会长出少量稀疏白色霉层。疫病大发生流行时,会遭到毁灭性绝收。

2. 防治方法

(1)选用抗病品种 选用适合当地栽培的抗疫病品种。

(2)生态防治 清洁田园,切断越冬病菌传染源,合理密植、高垄栽培、控制湿度是关键。设施栽培西瓜应采用膜下渗浇小水或滴灌,以利降低棚室湿度。清晨尽可能早地通风排湿,增加通风透光性能。发病前均衡施药,育苗时进行床土消毒处理。

(3)药剂救治 预防为主,可用75%百菌清可湿性粉剂600

倍液,或25%嘧菌酯悬浮剂1 000～1 500倍液喷雾预防。发现病株立即全面喷药,并及时清除病叶带出棚外烧毁。可选用58%甲霜·锰锌可湿性粉剂500～600倍液,或25%嘧菌酯胶悬浮剂1 000～1 500倍液,或64%噁霜·锰锌可湿性粉剂500倍液,或60%烯酰吗啉可湿性粉剂600倍液,或72.2%霜霉威盐酸盐水剂800倍液,喷施和灌根同时进行加以防治,每7～10天1次,连续防治3～4次。

(四)枯萎病

1. **危害症状**　枯萎病是西瓜的主要病害。北方棚室栽培西瓜一般在开花初期和结瓜初期发病。发病后先表现为心叶黄化,似营养缺乏症,继而下部叶片开始萎蔫。有的先从侧叶开始黄化和萎蔫即半边疯,初期叶片呈簇状卷曲,成株期或结瓜初期感病从下部叶片逐渐向上萎蔫。因是秧蔓的输导组织维管束病变,致使病株较一般植株矮化,感病部位逐渐黄化,植株呈失水萎蔫状,致使整株萎蔫枯死。

2. 防治方法

(1)选择抗病品种　可选用红优、齐优等系列品种。

(2)生态防治　①轮作倒茬。与水稻轮作防病效果更好。②对种苗喷药杀菌。可选用2.5%咯菌腈悬浮种衣剂10毫升对水成800倍液,淋根或浸根3～5分钟防病。③苗床或大棚土壤消毒处理。取大田土与腐熟有机肥按6∶4混匀(注意大田土中除草剂残留情况,避免除草剂药害),再按100千克苗床土中加58%甲霜·锰锌可湿性粉剂20克、2.5%咯菌腈悬浮种衣剂10毫升拌土一起过筛混匀,或每立方米营养土加50%多菌灵可湿性粉剂100克、2.5%咯菌腈悬浮种衣剂100毫升,拌土混匀。用配好的药土栽植种苗或覆盖育苗田土,或每立方米土加入生物菌药10亿个孢子/克枯草芽孢杆菌可湿性粉剂500克混匀作为育苗土或覆盖土或定植穴中撒施,可以有效减轻危害。④加强田间管理。适当增施生物菌肥和磷、钾肥。收获后及时清除病残体,有条件的尽量烧掉秧蔓。⑤土壤消毒。采用石灰氮土壤消毒灭菌法:西瓜拔秧前5~7天浇1次水,待土壤不黏时拔秧,每667米^{2}均匀撒施石灰氮30~60千克,旋耕土壤,使石灰氮与土壤表层10厘米混合均匀,再浇1次水,覆盖地膜,高温闷棚7~15天,然后揭去地膜,通风7~10天。在旋耕土壤前可将未完全腐熟的农家肥或农作物碎秸秆如麦秸、麦壳(麸)、稻草(糠)、玉米秸等均匀地撒在土壤表面。⑥嫁接防病。采用瓠瓜、葫芦或黑籽南瓜等与西瓜嫁接进行换根处理,是当前最有效防治因重茬造成的枯萎病的方法。

(3)药剂防治 定植时用10亿芽孢子/克枯草芽孢杆菌可湿性粉剂1000倍液每株250毫升穴施灌根后定植,初瓜期再灌1次有较好的防病效果。发病初期可选用98%恶霉灵可湿性粉剂2000倍液,或2%嘧啶核苷类抗菌素水剂200倍液,或75%百菌灵可湿性粉剂800倍液,或2.5%咯菌腈胶悬浮剂1000~1500倍液,或70%甲基硫菌灵可湿性粉剂500倍液,或50%多菌灵可湿性粉剂500倍液喷雾和灌根,每株灌药液250~400克。在生长发育期、开花结瓜初期、盛瓜期连续喷雾和灌根,每7~10天1次,一般需4~6次。

(五)白 粉 病

1. 危害症状 白粉病在西瓜全生育期均可发病,主要感染叶片。发病初期叶背长有稀疏的白色霉层,逐渐叶面病斑褪绿黄化,叶面会有一层逐渐变厚浓密的白色霉层,最后形成圆斑。发病严重时白粉病菌感染叶柄、枝蔓。

2. 防治方法

(1)生态防治 ①选用京欣1号、早佳、金城系列、红优、齐优等早熟品种。②适当增施生物菌肥和磷、钾肥,加强田间管理,降

低湿度，增强通风和透光。③收获后及时清除病残体并烧掉，然后用50%多菌灵可湿性粉剂500倍液，或75%百菌清可湿性粉剂800倍液进行土壤消毒。

(2)药剂防治　用25%嘧菌酯胶悬浮剂1 000～1 500倍液喷雾预防。发病初期可选用75%百菌清可湿性粉剂600倍液，或25%三唑酮可湿性粉剂800～1 000倍液，或20%腈菌·福美双可湿性粉剂1 500倍液，或70%甲基硫菌灵可湿性粉剂1 000倍液喷雾防治，每隔7～10天喷1次，连续喷3～4次。

(六)病毒病

病毒病是西瓜的重要病害，近年来有加重发生的趋势。

1. **危害症状**　西瓜病毒病有两大类型：一是花叶型。幼嫩枝叶染病呈现绿色不均匀、浓淡相间的花斑，叶片逐渐皱缩，节间缩短，坐瓜困难。重症感病植株呈蕨叶状，叶片扭曲皱缩，主蔓变粗，易形成畸形瓜。二是绿斑驳花叶型。从苗期感病开始，侵染叶片，其花叶为较深绿色，斑驳灰白色，遇高温后感病叶片叶脉明显褪色黄化，呈现不规则浅褐色斑枯，或绿色斑驳花叶。瓜期植株生长缓慢、严重矮化，感病幼瓜表面凹凸不平、畸形。剖开成熟瓜其内呈阴湿油渍状病变并腐败发臭，不能食用。有些感病植株的症状是复合型，一株多症现象很普遍。

2. **防治方法**

(1)生态防治　①选用无病毒种子，播种前对种子进行消毒，可用10%磷酸三钠溶液浸种15～20分钟，冲洗后播种。②彻底清除田间杂草和周围越冬存活的西瓜老根，切断毒源。③增施有机肥，培育大龄苗、粗壮苗；加强中耕，及时灭蚜和增强植株本身的抗病毒能力。④设置防蚜黄板诱蚜、银灰膜避蚜。⑤加防虫网是设施西瓜最有效阻断传毒媒介的措施。

(2)药剂防治　①喷药治虫。移栽前2～3天用70%吡虫啉水分散粒剂1 000~1 500倍液淋灌幼苗,使药液除喷叶片以外还要渗透到土壤中,每平方米苗床喷药液2千克左右,有很好的治虫作用。生长期可选用20%吡虫啉水分散粒剂5 000倍液,或40%毒死蜱颗粒剂800~1 000倍液,或2.5%高渗吡虫啉乳油1 200倍液,或2.5%溴氰菊酯乳油3 000倍液,或50%马拉硫磷乳油1 500倍液,消灭蚜虫,切断毒源。②喷药治病。可选用20%吗胍·乙酸铜可湿性粉剂500倍液,或1.5%烷醇·硫酸铜乳油1 000倍液,或5%菌毒清水剂400~500倍液喷雾防治。

(七)蔓枯病

1. **危害症状** 主要危害西瓜植株的茎蔓和叶片、叶柄。叶片发病多从叶缘开始,初呈褐色圆形病斑,病斑边缘清晰,斑点中心灰褐色同心圆状。病斑扩展连片,叶片呈黑褐色枯死。叶柄从基部开始长有不规则褐色坏死斑。茎蔓染病多在茎节部位形成深绿色或灰褐色不规则纵裂坏死斑,有阴湿晕圈,气候干燥时病斑有裂纹,呈褐色疤痕斑。生产中常因茎蔓枯竭而使植株枯萎和死秧。

2. **防治方法**

(1)生态防治 ①轮作倒茬。与非葫芦科作物实行2~3年倒茬,清除病残体。②种子消毒。用55℃温水浸种30分钟,或用种子杀菌剂包衣处理。③合理施肥,施足有机肥,增施磷、钾肥。对盐渍化土壤进行改良洗盐。④用10亿个芽孢/克枯草芽孢杆菌可湿性粉剂1 000倍液,移栽时每穴灌200~250克,可抑制土壤中的病菌。

(2)药剂防治 用72.2%霉霜威盐酸盐水剂800倍液,或25%甲霜灵可湿性粉剂800倍液,或70%甲基硫菌灵可湿性粉剂500倍液,或50%多菌灵可湿性粉剂500倍液喷施或涂抹病茎,每7~10天1次,各种药交替使用。

(八)细菌性叶斑病

1. **危害症状** 主要危害叶片、叶柄和幼瓜。整个生长时期病菌均可侵染。苗期感病子叶呈水渍状黄色凹陷斑点,叶片感病初期叶背为浅绿色水渍状斑、叶面渐渐变成褐色病斑,病斑受叶脉限制呈多角形或不规则状。后期病斑逐渐变灰褐色,温湿度大时有白色菌脓溢出,干燥后病斑部位脆裂穿孔。幼瓜感病瓜面长有油渍状褐色污点斑,遇晴朗干燥天气,病菌在瓜面生成坏死污点斑,不再侵染瓜体内部。

2. 防治方法

(1)**种子处理** 选用抗病品种,播前用55℃温水浸种30分钟,或每千克种子用硫酸链霉素200毫克浸种2小时。

(2)**生态防治** 清除病株和病残体并烧毁,病穴撒石灰消毒。采用高垄栽培,尽量不在阴天、带露水或潮湿条件下整枝打蔓和进行其他农事操作。

(3)**药剂防治** 发病初期可选用47%春雷·王铜可湿性粉剂500~600倍液,或77%氢氧化铜可湿性粉剂400~500倍液,或30%碱式硫酸铜悬浮剂300~400倍液喷施或灌根,每7~10天1次,连续3~4次。每667米^{2}用硫酸铜3~4千克,撒施或浇水处理土壤,可以预防细菌性病害。

第四节 设施甜瓜高效栽培与安全施肥

我国各地生产的梨瓜、香瓜、蜜瓜、白兰瓜、哈密瓜等通称为甜瓜。

一、生育周期和对环境条件的要求

（一）生育周期

1. **发芽期** 从种子播种到子叶展开为发芽期。种子发芽需要适宜的湿度、温度和黑暗条件，在光照条件下发芽受到抑制。用干种子播种，一般6~7天出苗，出苗后4~5天出现第一片真叶。

2. **幼苗期** 从子叶平展破心到4片真叶展开为幼苗期。若在2片真叶展开后即进行打顶（摘心），则2片真叶叶腋间抽生的子蔓长2~3厘米时，也称为幼苗期。幼苗期在春季需25~30天。

3. **伸蔓期** 幼苗自4叶1心到第一雌花出现为伸蔓期。在此期，生产中应做到促控结合，在开花前长好茎蔓，为结瓜打好坚实的基础。

4. **结瓜期** 从第一朵雌花开放到果实成熟为结瓜期。甜瓜结果期是由营养生长转入生殖生长的关键时期，在开花坐瓜时应进行人工授粉，果实膨大期间同株再开的雌花会自行脱落，即生理疏果，以保证已坐的瓜有充足的养分供应。果实定个后，同一植株上可以继续坐果，即二茬瓜。

5. **成熟期** 果实达到生理成熟或能够达到采收程度时为成熟期。果实成熟时，果皮呈现出该品种特有的颜色和花纹，果实甜度达到最高值并发出香味，种子充分成熟着色。植株从坐瓜到果实成熟的时间，因品种不同相差较大，薄皮甜瓜品种需25天左右，厚皮甜瓜早熟种需30~35天，厚皮甜瓜中熟种需45天以上，厚皮甜瓜晚熟种需65~90天。生产中，同一品种的采收期因管理水平不同也有差别，一般为10~25天。

(二)对环境条件的要求

1. **温度**　甜瓜是喜温耐热作物,不耐寒,遇霜即死。生长适温为25℃~30℃,在30℃~35℃条件下也能很好地生长结果,生长最低温度为15℃,最高温度可达50℃。温度低于14℃时,甜瓜生长发育受到抑制,10℃以下停止生长,5℃时发生冻冷害。厚皮甜瓜和薄皮甜瓜生长发育对温度的要求有所不同,种子发芽和植株生育适宜温度,厚皮甜瓜比薄皮甜瓜高2℃左右。

2. **光照**　甜瓜要求每天10~12小时的日照,在每天12小时日照条件下形成的雌花最多,在每天14~15小时日照时侧蔓发生早、植株生长快;每天不足8小时的短日照,则对植株生育不利。甜瓜需要的总日照时数因品种而异,厚皮甜瓜的早熟品种为1 100~1 300小时,中熟品种为1 300~1 500小时,晚熟品种为1 500小时以上。甜瓜光补偿点为4 000勒,光饱和点为55 000勒,强光条件下甜瓜果实易遭日灼危害,应采用叶片遮盖和翻瓜。

薄皮甜瓜比厚皮甜瓜耐阴,即使在阴雨天气较多的条件下也能较好地生长,只是果实含糖量、品质、产量等会受到不利的影响。

3. **水分**　甜瓜是需水量较多的作物,植株每形成1克重的干物质需要蒸腾水约700毫升。在盛夏的中午气温最高时,每平方米叶面积蒸腾水分5~5.5升。大量的叶面水分蒸发可以避免植株过热,这是甜瓜对炎热气候环境的一种生物学适应。同时,甜瓜又较耐旱,地上部要求较低的空气湿度,地下部要求足够的土壤湿度。在空气干燥地区栽培的甜瓜甜度高,品质好,香味浓,皮薄;空气潮湿地区栽培的甜瓜则水分大,味淡,香味和品质都较差。薄皮甜瓜能耐稍高的空气湿度,即使日照不很充足、多雨潮湿,也不致造成严重减产;而厚皮甜瓜则需要有较低的空气湿度,空气相对湿度在50%以下时较为适宜。

4. **土壤**　甜瓜适宜疏松、深厚、肥沃、通气良好的沙壤土。沙地上生长的甜瓜发苗快,成熟早,品质好,但植株容易早衰,发病也早;黏性土壤种植的甜瓜,幼苗生长慢,植株生长旺盛,不早衰,成熟晚,产量较高,但品质低于沙地种的甜瓜。甜瓜对土壤酸碱度的要求不十分严格,适宜的 pH 值为 6~6.8,酸性土壤条件下易发生枯萎病。甜瓜耐盐性也较强,一般土壤中含盐量不超过 1.14%能正常生长。每 667 $米^2$ 甜瓜地需氮 2.8~3 千克、磷 1.3~1.6 千克、钾 3.8~4 千克,生产中应注意营养元素的全面施用和合理搭配。甜瓜为忌氯作物,氯化铵、氯化钾等含氯化肥不宜用于甜瓜。

二、品种选择

(一)薄皮甜瓜品种

1. 华南 108 果实圆形稍扁,瓜皮黄白色,瓜肉白绿色,肉厚约 1.8 厘米,单瓜重 400 克左右,含糖量 12%以上。全生育期 85 天,属中早熟品种,以孙蔓坐瓜为主。北方地区进行双蔓整枝,每 667 $米^2$ 栽植 2 000 株。全国各地均有栽培。

2. 广州蜜瓜 果实扁球形,单瓜重 400~500 克,皮白色、成熟时金黄色,色艳,香味浓郁。瓜肉淡绿色,脆沙适中,含糖量 13%以上。全生育期 85 天左右,果实 25 天即可采收,孙蔓结瓜。该品种抗枯萎病能力较强,但不抗霜霉病。

3. 银瓜 中晚熟品种,果实筒形,单瓜重 400~2 000 克,肩部 10 条纵带,瓜皮、瓜肉、种子均为白色,肉厚 2 厘米左右,质嫩脆香甜,含糖量 11%左右,品质上等。全生育期 90 天,果实发育期 35 天。银瓜又可为以下 4 种不同类型。

(1)大银瓜 瓜大丰产,瓜筒形,肉厚 2~3.5 厘米,单瓜重 1 000~2 000 克。果实生育期 35 天,含糖量 10%~12%。

(2)小银瓜 瓜筒形,肉厚 2~2.8 厘米,单瓜重 500~1 300

克,比大银瓜稍小,产量稍低。果实生育期 30 天,含糖量 14%左右,质脆嫩。

(3)青皮银瓜　皮色淡绿泛黄晕,瓜筒形,蒂部稍细,肉厚 2 厘米,淡绿色,单瓜重 1 000 克左右。果实生育期 30 天,含糖量 15%~16%。

(4)火银瓜　瓜筒形,肉厚 1.8 厘米,单瓜重 590 克左右。果实生育期 28~30 天,属银瓜中最早熟类型。含糖量 10%左右。

4. **龙甜 1 号**　黑龙江省农业科学院园艺研究所育成。生育期 70~80 天。果实近圆形,幼瓜呈绿色,成熟时转为黄白色,瓜面光滑有光泽,有 10 条纵沟,平均单瓜重 500 克。瓜肉黄白色,肉厚 2~2.5 厘米。质地细脆,味香甜,含糖量 12%~17%,品质上等。种子白色、长卵形,千粒重 12.5~14.5 克,单瓜种子数 500~600 粒。单株结瓜 3~5 个。

5. **京玉绿宝**　北京市农林科学院蔬菜研究中心育成。植株生长势强,果实近圆形,瓜皮深绿色,瓜面光滑无棱,瓜肉浅绿色,单瓜重 200~400 克,肉质脆嫩可口,口感香甜。子蔓、孙蔓均可结瓜,早熟,易坐瓜,高产,果实不易落蒂,抗逆性好。瓜肉白色,过熟易倒瓤。适于设施栽培。

6. **台湾蜜瓜**　果实卵形,平均单瓜重 300 克,果皮绿白色、有浅沟,皮薄而脆。瓜肉白色,细脆多汁,味极甜,含糖量 12%~16%。全生育期 84 天。

7. **京玉墨宝**　北京市农林科学院蔬菜研究中心育成。植株生长势强,果实高圆形,果皮深绿色、有墨绿色隐条纹,瓜面光滑无棱,瓜肉黄绿色、质沙,口感清香,瓤橙色,单瓜重 250~350 克,含糖量 11%~14%。子蔓、孙蔓均可坐果,果实不易落蒂,抗逆性强。生长势过旺,不适宜密植。

8. **绿宝石 2 号**　郑州中原西甜瓜研究所育成的杂交一代。全生育期 65 天,适应性广,抗逆性强。以孙蔓结瓜为主,果实成熟

期28天左右。果实近似圆苹果形,瓜面光滑、翠绿、美观,果实整齐一致,商品率高。单瓜重500~700克,单株结瓜5~6个。瓜肉绿色,肉厚,肉质细脆多汁,香甜可口,含糖量16%~18%。耐运输、耐贮藏,货架期长。

9. **京玉11号** 北京市农林科学院蔬菜研究中心育成。植株生长势中等,果实卵圆形,瓜皮白绿色,瓜柄处有绿晕,果皮光滑无棱,瓜肉黄白色、质脆,口感清香,瓤黄白色,单瓜重300~400克,含糖量12%~15%。子蔓、孙蔓均可坐瓜,果实不易落蒂,抗逆性较强。不易倒瓤,耐贮运。高温条件下瓜形偏长。

(二)厚皮甜瓜品种

1. **鲁甜3号** 山东省农业科学院蔬菜花卉研究所育成。早熟,生育期80天。果实圆形,嫩瓜淡绿色,成熟瓜黄色,瓜肉乳白色,质地脆硬,汁多味甜,含糖量14%左右,耐贮运。苗期生长势偏弱,抽蔓后生长渐旺盛,坐瓜率高。适于保护地栽培。

2. **黄河蜜瓜** 甘肃农业大学瓜类研究所培育。有3个品系,全生育期在不同地区或不同年份略有差异,一般比普通白兰瓜早熟10天左右。瓜皮金黄色,瓜肉分翠绿色、绿色和黄白色3种,肉质较紧,适于加工。含糖量平均14.5%,最高达18.2%。单瓜重平均2.16千克。

3. **伊丽莎白** 从日本引进的早熟厚皮甜瓜杂交品种。是一个高产质优、适应性广、抗性较强、易于栽培的优良品种。果实高圆形,瓜皮橘黄色,肉白色,肉厚2.5~3厘米,质细多汁味甜,含糖量11%~15%,单瓜重400~1000克。全生育期90天,果实生育期30天。

4. **特大状元** 香港力昌农业有限公司引进的一代杂交种。植株生长整齐,开花后47天左右成熟,易坐瓜。果实呈橄榄形,单瓜重1.25~1.5千克。瓜皮金黄色,有很稀的竖网纹。瓜肉厚、玉

白色,肉质鲜嫩,含糖量14%~16%。果皮硬实,耐贮运。可密植,适于设施栽培。

5. **西班牙蜜王**　香港力昌农业有限公司引进的一代杂交种,属世界著名的西班牙大型洋香瓜。果实圆球形,单瓜重1.25~1.75千克。成熟时瓜皮金黄色,瓜肉玉白色,汁多,清甜爽口,香味浓厚,风味特别,含糖量15%~16%。该品种植株生长强健,抗枯萎病及白粉病,开花后50天左右可采收。

6. **西薄洛托**　从日本引进的一代杂交种。花后40天左右成熟。果实球形,单瓜重1~1.5千克。果实白皮白肉,皮肉透明感很强,香味浓,含糖量16%~18%。植株生长势中等,株型较小,适于密植。成熟前后皮色变化不大,不易判断成熟。

7. **枫叶2号**　加拿大伟业国际农业公司生产。生长势、结果力强,易栽培,花后40~45天成熟。果实椭圆形,单瓜重1.5千克左右。成熟时瓜皮乳白色,瓜面光滑或稍带网纹,瓜肉白色,略带橘红色,肉质脆甜多汁,香味浓,含糖量14%~16%。不易裂果,耐贮运。

8. **状元**　台湾省农友种苗公司引进的一代杂交种。早熟,易结瓜,开花后40天左右成熟,成熟时瓜皮呈金黄色。果实橄榄形,脐小,单瓜重约1.5千克。瓜肉白色,靠腔部位淡橙色,含糖量14%~16%,肉质细嫩,品质优良。果皮坚硬,不易裂果,耐贮运。本品种株型小,适于密植,低温条件下果实膨大良好。

9. **蜜世界**　台湾省农友种苗公司引进的一代杂交种。果实椭圆形,果皮淡白绿色,果面光滑,在湿度高或低节位结果时,果面偶有稀少网纹。单瓜重1~1.5千克,瓜肉绿色,肉质细嫩多汁,含糖量14%~18%,品质优良。低温结果力很强。开花至成熟需42天左右,果肉不易发酵,耐贮运。

10. **鲁厚甜1号**　山东省农业科学院蔬菜花卉研究所选育的一代杂交种。适应性强,生长强健,抗病,易坐瓜,开花至果实成熟

需50天左右。果实高圆形,单瓜重1.2~1.5千克。瓜皮灰绿色、网纹细密,瓜肉厚、黄绿色,酥脆细腻,清香多汁,含糖量15%左右。瓜皮硬,耐贮运。适合冬春茬和秋冬茬保护地栽培。

11. **鲁厚甜2号** 山东省农业科学院蔬菜花卉研究所选育的一代杂交种。早熟,植株生长势较强,开花后35天可成熟,易坐瓜。果实椭圆形,单瓜重1~1.2千克。瓜皮白绿色,瓜肉绿色,清香酥甜,含糖量14%左右。瓜肉不易发酵,耐贮运。适合冬春茬和秋冬茬保护地栽培。

三、大棚甜瓜春早熟栽培

(一)薄皮甜瓜春早熟栽培

薄皮甜瓜春早熟栽培在冬季或早春育苗,定植在大棚中,于晚春或初夏开始收获上市。该栽培模式产量高、上市早、经济效益好,在我国东部地区种植面积较大。

1. **茬口安排** 华北地区利用保温性能较好、有草苫覆盖的大棚栽培时,一般在2月中下旬育苗,3月下旬定植,5月中下旬收获。保湿性能较差的大棚栽培,时间可推迟10~15天。总的要求是,定植后地温应稳定在12℃以上,最低气温稳定在10℃以上,不能有霜冻出现。育苗一般在阳畦或日光温室中进行。

2. **品种选择** 全国各地均有适应当地的薄皮甜瓜优良品种,应选用早熟、品质优良的品种。此外,还应考虑品种应具有一定的抗寒性及较强的适应能力。

3. **培育壮苗** 春早熟栽培,播种越早,产品上市越早,经济效益也越高。因此,只要温度条件许可,即应尽早播种。

(1)营养土配制 选用优质肥沃未种过瓜类的大田土6份、充分腐熟的优质土杂肥4份,混匀过筛,每立方米营养土加三元复

合肥1千克、50%多菌灵可湿性粉剂50~80克,混匀后装入塑料营养钵,摆放于苗床上,浇足底水,同时再浇一遍氨基酸复合微肥600~800倍液肥,促进根系生长。

(2)播种 播前先用50℃~60℃温水浸种10分钟,不断搅拌水温降至25℃~30℃时,再浸泡6小时,而后再用0.2%高锰酸钾溶液浸泡20分钟,捞出后沥去多余水分,用湿布包好,置于30℃条件下催芽。当胚根长1厘米左右时即可播种。每钵播2粒种子,播后覆过筛的营养土1.5厘米厚,并盖地膜保温保湿。

(3)苗床管理 播种后苗床温度保持30℃,促进出苗。出苗后立即揭去地膜,适当通风降温,白天温度保持25℃~28℃、夜间15℃~18℃,防止幼苗徒长。2~3片真叶时,喷施氨基酸复合微肥600~800倍液,每7天左右喷1次,共喷2次,或与杀菌剂混喷。如发现有黄苗和烂根时,应立即用50%立枯净可湿性粉剂800~1 000倍液喷淋灌根,每7天左右1次,连续2次,防止死苗。苗期适当控制土壤水分,尽量不浇水,防止浇水过多降低地温,造成秧苗僵化或生长缓慢。如土壤干旱,可浇小水1次。定植前7~10天,降低苗床温度,白天温度保持20℃~25℃、夜间12℃~15℃,进行秧苗低温锻炼,提高其适应性,保证定植后的适应能力。待秧苗3叶1心、苗龄30~35天时即可定植。

4. 整地定植 甜瓜宜选择土层深厚、疏松肥沃的沙壤土种植。定植前结合整地每667米^{2}施优质厩肥4 000~5 000千克、生物有机肥100~150千克、专用配方肥60~80千克或过磷酸钙50~80千克+硫酸钾30~40千克+硫酸锌1~2千克+硼砂1~1.5千克。将肥料混匀后撒施于地表,施肥后立即深翻并耙平,再按70~100厘米行距做成小高垄,垄高15厘米。定植前15~20天,扣严棚膜,夜间加盖草苫,尽量提高地温。选晴天上午定植,将3叶1心的健苗带土坨起出,按30~50厘米株距栽植,浇足穴水。栽苗后扣严棚膜,夜间加盖草苫,提高设施内的温度,促进缓苗和生长。

5. 田间管理与追肥

(1)温度管理 定植后7天内,白天温度保持28℃~30℃、夜间18℃~20℃,地温27℃,以促进缓苗。缓苗后,通过加大通风逐渐降温,营养生长期白天温度保持25℃~30℃、夜间不低于15℃,10厘米地温保持23℃~25℃;开花期白天温度27℃~30℃、夜间15℃~18℃,10厘米地温23℃~25℃;坐瓜后应当提高温度,白天温度28℃~32℃、夜间15℃。幼苗及营养生长期昼夜温差10℃~13℃,结瓜后昼夜温差15℃。提高地温是设施栽培成功的关键,可通过增施有机肥、覆盖地膜、选晴天浇水、中午闭棚提温等措施来实现。甜瓜春早熟栽培,生长前期外界温度较低,应减少通风,注意保温;生长后期,外界气温逐渐升高,应注意加大通风量,降低温度,防止高温造成灼伤。待外界夜间气温稳定在15℃以上时,可逐渐撤去草苫,揭去塑料薄膜。

(2)浇水与追肥 定植后浇1次缓苗水,以后至开花坐瓜前尽量不浇水,以免降低地温,影响植株生长发育。如土壤干旱,可酌情浇1~2次小水,促进根系及瓜蔓生长。开花期尽量不浇水,以免造成落花。幼瓜坐住后,为促进果实发育及时浇大水,结合浇水每667米^{2}追施专用配方肥25~30千克或磷酸二铵10千克+硫酸钾20千克,以壮秧促瓜。果实膨大期每667米^{2}追施专业配方肥30千克或三元复合肥30千克,促进果实膨大。此期应适当多浇水,保持土壤见干见湿,一般7~10天浇1次水。同时,每7~10天喷施1次氨基酸复合微肥600~800倍液+0.5%磷酸二氢钾+0.5%尿素混合肥液,连续喷施3~5次,对增加产量、提高品质效果显著。

(3)光照管理 甜瓜生长期需要较强的光照,生产中在保证温度的前提下,草苫应早揭晚盖,尽量延长光照时间。塑料薄膜应经常清扫,增加透光量。

(4)整枝吊蔓 整枝摘心是甜瓜栽培管理的关键性技术措

施。在北方地区，常用的整枝摘心方法有单蔓式、双蔓式、子蔓三蔓式、子蔓四蔓式及孙蔓四蔓式等多种。

①单蔓整枝　主要适用于主蔓可以结瓜的品种，以及早熟密植栽培。在生长初期，主蔓任其生长，不摘心，任其结瓜。主蔓基部可坐瓜 3~5 个，以后子蔓也可结瓜。

②双蔓整枝　适用于子蔓结瓜早的品种。当幼苗 3 片真叶时主蔓摘心，然后选留 2 根健壮子蔓任其自然生长结瓜。当子蔓结瓜后，每蔓留 1 瓜，瓜前留 2~3 叶摘心。无瓜的孙蔓及早疏除。这种方法能促进早熟，密植早熟栽培时多用此法。

③子蔓三蔓整枝　与双蔓整枝方法相似，只是每株留 3 条有效子蔓，达到一株结 3 个瓜的目的。

④子蔓四蔓整枝　当幼苗 6 片真叶时，留 4 叶摘心，促 4 条子蔓萌发，子蔓任其自然生长，一般不摘心。或者在结瓜后，在瓜的上部留 3~4 叶摘心，并除掉其他无用的枝蔓。

在上述的整枝过程中，如发现某一子蔓没有坐住瓜时，应在子蔓上留 3~4 叶摘心，促发孙蔓，再利用 1~2 条健壮孙蔓结瓜。

⑤孙蔓四蔓整枝　适用于孙蔓结瓜的品种。当主蔓 4~5 叶时，留 4 叶摘心，并除去基部两条子蔓。待第三、第四两条子蔓长至 4~5 片叶时摘心，并摘除子蔓基部第一和第二蔓，每个子蔓上只留上部第三和第四孙蔓，全株共留 4 条孙蔓，每个孙蔓上留 1 个瓜。当孙蔓长到一定长度时，在瓜前边留 2~3 叶摘心，其余枝蔓一律摘除。

生产中，应根据植株的疏密度和结瓜多少等情况，灵活应用整枝技术。瓜田局部植株过密时，宜采用双蔓或三蔓整枝法，使株密而蔓稀；植株太稀时，宜采用多蔓整枝方式，做到株稀而蔓密，以调节瓜蔓的疏密度和结瓜数。为了提早成熟，一般采用单蔓整枝。为了提高保护设施的利用率，一般采用吊蔓法。保护设施内架设塑料绳，每株 1~4 条，生长期蔓每长 30 厘米，即人工绑蔓 1 次。

这样,可改善光照条件,增加种植密度。

(5)人工授粉 甜瓜春早熟栽培,设施内没有昆虫传粉,瓜不易坐住,必须进行人工辅助授粉。开花期,可在上午 8~10 时,取当日开放的雄花,去掉花冠露出花药,在雌蕊柱头上轻轻涂抹几下即可。

6. 采收 甜瓜果品要求有足够的成熟度,过早采收,果实含糖量低,香味不足,且具苦味;采收过晚,瓜肉组织胶质离解,细胞组织变绵软,风味不佳,降低了食用价值。甜瓜成熟指标:①计算成熟天数。在一定温度条件下,每个品种开花至果实成熟的天数是一定的,如小果型早熟种约 24 天、中熟种 25~27 天、晚熟种 30 天左右。②看果色转变。薄皮甜瓜品种皮色艳丽多彩,成熟时果实皮色有明显转变,如黄金瓜类型其幼果淡绿色,成熟后转金黄色;梨瓜类型其幼果绿色,成熟瓜的蒂部转乳白或淡绿色。③一些品种成熟时蒂部出现环状裂痕。④脐部散发出香味。薄皮甜瓜,皮薄易碰伤,果实容易倒瓤,不耐贮运,采收和销售过程都要注意轻拿轻放。采摘时用剪刀,最好在上午露水稍干后进行采收。采后避免在烈日下暴晒,要求在 1~2 天内销售,以保持新鲜和品质。

(二)厚皮甜瓜春早熟栽培

厚皮甜瓜春早熟栽培,华北地区一般 1~2 月份育苗,定植在塑料大棚中,于春季或初夏开始上市。该栽培模式产量高,果实含糖量高,品质较好,而且上市期正值冬季贮藏的产品已经没有供应的空白期,经济效益、社会效益均很显著,近年来种植面积很大。

1. 栽培季节 华北地区利用塑料大棚栽培时,于 2 月中下旬育苗,3 月下旬定植,5 月中下旬收获。总的要求是,定植后设施中 10 厘米地温应稳定在 12℃以上,最低气温在 10℃以上,不能有霜冻出现。一般在阳畦或日光温室中育苗。

2. 品种选择 甜瓜春早熟栽培,生长前期正值寒冷季节,应

选用较耐寒品种。①为了提早上市,最好选用早熟品种。②为了提高质量,选用含糖量高、品质好的小果型品种更属必要。③目前华北地区常用品种:黄皮类型有伊丽莎白、状元、枫叶3号等;白皮类型有枫叶2号、西博罗托、台农2号等;网纹类型有大凤凰、抗病2号、丰甜3号等。

3. 培育壮苗

(1)种子处理 为了促进种子发芽,厚皮甜瓜在播种前必须进行种子处理。处理方法有以下几种。

①晒种 催芽前,在日光下晒种3~4小时,可提高种子的发芽势。

②温汤浸种 将种子放入体积为种子3倍的55℃~60℃温水中,不断搅动。待水温降至30℃左右时,浸种6~8小时,可消灭种子表面的病菌。

③药剂消毒 可用75%百菌清可湿性粉剂或50%多菌灵可湿性粉剂500倍液浸种15分钟,或10%磷酸三钠溶液浸种30分钟,或40%甲醛1 000倍液浸种30分钟。

④浸种催芽 不带菌的种子也可不经上述处理,直接用温水浸种6~8小时。待吸足水分后捞出,用干净纱布包好,置于28℃~30℃条件下催芽,约24小时后种子露白,即可播种。

(2)播种 厚皮甜瓜的根系再生能力很差,育苗移栽必须带土坨或用营养钵。常用方法有以下3种。

①把种子直接点播在营养钵中 选未种过瓜菜的肥沃田土6份、充分腐熟厩肥3份、炉灰渣1份配制营养土。每立方米营养土加入过磷酸钙2.5千克、硫酸钾0.5千克,再用50%多菌灵或50%硫菌灵可湿性粉剂500倍液喷洒消毒。过筛后,将营养土装入直径8厘米、高8厘米的营养钵中,营养土深6厘米。在处理种子的同时,将营养钵浇透水,然后将露白的种子平放在营养钵中间1厘米深的小坑中,播种后覆过筛营养土1~1.5厘米厚。

很多育苗工厂用草炭基质，效果也很好。一般用草炭5份、蛭石4份、三元复合肥1份配制，混合时用50%多菌灵可湿性粉剂500倍液喷雾消毒。目前，育苗工厂多采用5厘米×5厘米的大穴盘，这种穴盘便于机械化操作，但是秧苗的叶龄较小。

②把种子点播在沙盘或育苗盘中　沙盘中盛满干净河沙2~3厘米厚，浇足水，水渗后播种，播后覆细沙厚1厘米左右。待幼苗子叶展平后，再移入营养钵。

③播种在育苗床中　床土配制同营养钵。播种前，苗床浇大水，待水渗下后，用长刀在畦内按10厘米间距，纵横切成方块，深度10厘米。把种子播在土方块中央，上覆细土1厘米厚。

生产中应注意无论采用什么播种方法，均要求播前浇足底水，将种子平放，移栽定植时秧苗带土坨。

(3)苗期管理　育苗期正值最寒冷季节，因此应采取措施保持苗床温度，防止冻冷害的发生。播种后立即扣严育苗畦的塑料薄膜，提高温度，一般白天温度保持30℃左右、夜间20℃左右。5~6天苗出齐，即开始降温，白天温度保持27℃左右、夜间18℃左右，防止夜温过高造成徒长，形成胚轴细长的“高脚苗”。在第一片真叶长出后，白天温度保持22℃~25℃、夜间15℃~17℃。育苗后期，外界温度渐高，应注意通风降温，白天温度不能超过30℃。定植前3~5天，逐渐降低温度，白天温度保持20℃左右、夜间15℃左右，增强幼苗的适应力，提高定植成活率。

由于春季气温低，土壤蒸发量小，通常不需要浇水，为保持墒情可进行覆土。一般在苗出齐后和第一片真叶长出后分别覆土1次，每次覆细土厚0.3~0.5厘米。覆土不仅有保墒、弥补土壤表面裂缝、降低苗床湿度、避免苗期病害的作用，还有利于抑制幼苗徒长、培育壮苗的作用。

苗期应及时清洁薄膜上的尘土，增加光照。一般不进行追肥，如缺肥，可每3~5天根外追施1次氨基酸复合微肥800倍液+

0.2%磷酸二氢钾液。

(4)壮苗形态 厚皮甜瓜壮苗形态：苗龄30~40天、3~4片真叶，生长整齐，茎粗壮，下胚轴短，节间短，叶片肥厚、深绿有光泽，根系发达、完整、白色，无病虫害，子叶完好。工厂化育苗的苗龄较小，一般为2叶1心。

(5)嫁接育苗 利用黑籽南瓜、瓠瓜等作砧木与厚皮甜瓜嫁接，可减少枯萎病等土传病害；耐低温；根系发达，生长旺盛，耐旱、耐瘠薄，丰产。目前，在我国东部栽培区开始应用。常用的砧木有黑籽南瓜、瓠瓜或抗病的普通甜瓜(多用当地的薄皮甜瓜)。

4. 整地定植

(1)整地施基肥 采用未种过瓜类的保护设施可有效地防治枯萎病。重施有机肥，每667米^{2}施腐熟有机肥4 000~6 000千克、生物有机肥100~200千克、专用配方肥60~80千克或过磷酸钙100千克+磷酸氢二铵25~30千克+硫酸钾30~40千克+硼砂1~1.5千克+硫酸锌1~2千克，肥料混匀后撒施于地表立即深翻，再耙两遍，整平起垄。厚皮甜瓜喜光，可采用宽垄栽培。大垄宽80厘米，种植畦宽60厘米，畦高20厘米，每畦种2行。

(2)定植 定植前7天营养钵内浇透水，并适当降温锻炼幼苗。定植前20天扣棚膜，夜间加盖草苫，进行高温闷棚，提高地温。当10厘米地温达到15℃、秧苗3叶1心时即可定植，定植宜在温暖的晴天上午至下午3时进行。采用地膜全覆盖栽苗，用壶点浇苗水，栽培床上加盖小拱棚保温。早熟品种株距35~40厘米，中晚熟品种株距40~45厘米，不宜过密。

5. 田间管理与追肥

(1)搭架和吊绳 设施甜瓜立架栽培，不仅能充分利用空间，改变叶片受光条件，还可增加种植密度，提高产量。架材一般用竹竿、架高1.6米左右，吊绳为塑料绳，每蔓1绳，生育期每7~10天人工引蔓1次。

(2)整枝 一般采用单蔓整枝,母蔓4~5片真叶时摘心,促发子蔓,在基部选留1条健壮的子蔓,将其余子蔓去掉。主蔓基部1~10节上着生的侧芽在萌芽出现时应全部抹去,在主蔓14~16节位留1瓜。也可采用单蔓留双层瓜,以母蔓为主蔓,主蔓不摘心,在11~14节上留第一层瓜,在主蔓20节以上留第二层瓜,可留1~2个瓜。其余侧蔓及时除去。该整枝方式果实成熟早,但产量不高,适于早熟、密植及搭架栽培。我国西北地区早熟密植栽培时,常用的单蔓式整枝方式与上述方法略有不同,是在主蔓不摘心的情况下,选留5节以上中部的子蔓结果,瓜前留2~3叶摘心,其上部的子蔓任其生长,或酌情疏除。甜瓜早熟栽培,前期应抓紧整枝,否则茎蔓生长过旺,坐瓜不及时,易造成晚熟减产。整枝应在晴天下午进行,这是因为下午气温高,伤口愈合快,可减少病害感染;同时,茎叶较柔软,能避免折断茎蔓等机械损伤。疏除的茎蔓应及时清理深埋。早晨有露水,不宜整枝;阴雨天也不应整枝。整枝应陆续进行,不可一次整枝过狠、过净;否则,植株易早衰,果实小,含糖量低。摘心不宜过早,过早摘心会使其他叶片加速老化。摘除侧蔓时,以长2~3厘米时为宜,过短则抑制根系生长。随着果实发育,陆续摘除植株下部50天以上的老叶,以利通风透光,既可减少病害,还可节约养分。

(3)授粉和留瓜 在预留节位的雌花开放时,于上午8~10时,用当天开放的雄花给雌花授粉。授粉时要求最低温度为18℃,适温为25℃~28℃。当幼瓜长到鸡蛋大小时,选瓜形端正的留下,其余的摘除。当瓜长到0.5千克左右时开始吊瓜,用塑料绳连接果柄靠近果实部位,吊到大棚顶部的铁丝上。选留幼瓜的标准:颜色鲜嫩,果实对称、完好、两端稍长,瓜柄长而粗壮,花脐小,无病虫害的。留瓜后,浇膨瓜水。

果实生长膨大期,瓜面幼嫩,应让瓜见光,使瓜面色泽鲜亮,提高品质。

(4)追肥与浇水　追肥以伸蔓期、膨瓜期为主。结合浇水，每次每667米^{2}追施专用配方肥20~30千克或三元复合肥20~30千克。生长前期，外界温度较低，土壤蒸发量较少，浇水应适当少些。膨瓜期外界气温渐高，浇水要充足，达田间持水量的70%~80%。浇膨瓜水时，大沟小沟一起浇。从植株有第六片叶后，每隔7~8天喷1次氨基酸复合微肥600~800倍液+0.3%~0.5%的磷酸二氢钾混合肥液，直到拉秧结束。果实膨大期尽量不追氮肥，同时不能施用含氯化肥，以免降低品质。

厚皮甜瓜根系发达，吸收力强，但因叶多叶大，蒸腾量大，生育期仍需大量水分。春早熟栽培生育期短，从定植至收获需60~70天，浇3次水即可满足需要，即定植水、花前水、膨瓜水。定植水浇水量不宜过大，浇后及时中耕松土，进行蹲苗。从定植至进入开花期需25~30天，此期营养生长旺盛，应少浇水进行蹲苗，原则是不旱不浇，促进根系向更深、更广的范围发展，防止水分过多而造成茎叶徒长。花前水是在蕾期、开花前浇水，此水是在营养体已充分生长，花器发育壮实，与整枝同时进行的，水量中等。花前水不宜太晚，如果推迟至盛花期浇水，易造成落花，影响坐瓜。膨瓜水是在果实已经坐住、长至鸡蛋大小，疏瓜定瓜后进行，水量应大。此期果实迅速膨大，生长旺盛，植株需水量很大，要求土壤供水充足，原则是土壤见干见湿，以保证果实膨大。果实停止膨大后应控制浇水，早熟栽培不再浇水，以改善品质。此期水分过多，茎叶继续生长，影响果实内糖分转化，易延迟成熟、降低含糖量，还易造成裂瓜和病害。晚熟品种也应不旱不浇。

甜瓜浇水应注意事项：①浇水不宜在早上进行，同时忌烈日高温下浇水。这是因为烈日下叶片蒸腾强烈，需水量大，突然浇水，地温降低，氧气减少，根系吸收功能突降，而导致茎、叶“生理干旱”，发生萎蔫甚至死亡；下午浇水，易增加棚内空气湿度，诱发病害。②提倡小水细流浸灌，忌大水漫灌。大水漫灌，特别是淹没高

畦,浸泡植株,不仅会造成根系附近土壤板结,而且还易将植株病菌传播到下游,导致病害蔓延。③浇水与喷雾结合进行。厚皮甜瓜霜霉病、白粉病十分严重,浇水后湿度加大,会诱发病害。为防止病害大发生,浇水前或浇水后应立即喷药防治病害。④整个生育期,浇水应力求均匀,防止忽干忽湿的剧烈变化而发生裂瓜现象。

(5)中耕除草 厚皮甜瓜定植后正值早春地温较低时期,应及时中耕 2~3 次,以提高地温,保持墒情。中耕由浅至深,封垄后停止中耕。

(6)果实套袋 甜瓜套袋在日本高档栽培中应用较多。厚皮甜瓜在日照过强条件下,很多白色和黄色品种的瓜皮有变绿现象,以致影响商品性。套袋可防止瓜皮变绿,还有使瓜面干燥、网纹突出、减少农药残留等效果。一般在果实核桃大小时进行第一次套袋,用报纸作材料。果实发育中期,网纹开始形成时,换用白色牛皮纸袋套袋。于收获前 7~10 天去袋,去袋以阴天进行为宜,避免阳光直射造成日灼。

6. **采收** 厚皮甜瓜产品质量衡量指标主要是含糖量,充分成熟的果实含糖量最高,风味最好。采收过早,含糖量不够,影响品质;采收过迟,品质下降,风味变差,不耐贮运。在当地销售的可在十成熟时采收,外运远销的应于成熟前 3~4 天时采收。采收应在早上或傍晚气温低、瓜面无露水时进行。采收时瓜柄剪成 T 形,轻拿轻放,装箱待运。

厚皮甜瓜成熟度的鉴别方法:①果实发育时间。不同品种从开花到成熟的时间不同,早熟品种需 35~40 天,中熟品种需 45~50 天,晚熟品种需 65~90 天。开花期在植株上作时间标志,到成熟日期即可采收。②成熟时,果实外观显现出固有的品种特征,如黄皮品种到果实充分成熟时,才完全变成黄色;有网纹品种,瓜面网纹突出硬化时即标志成熟;有棱沟品种成熟时棱沟明显。③成

熟果实硬度发生变化，有的品种变软，瓜皮有一定弹性，特别是瓜脐部分首先变软。④有香气的品种，成熟瓜有香气，未成熟的瓜不散发香气。⑤植株特征。有的品种果实成熟后，坐瓜节的卷须干枯、坐瓜节叶片和叶肉失绿等。

四、厚皮甜瓜秋延后栽培

（一）栽培季节

华北地区利用塑料大棚栽培厚皮甜瓜，一般在 8 月中下旬播种，11 月下旬至 12 月份收获。

（二）品种选择

厚皮甜瓜秋延后栽培，苗期正处在光照强、温度高、雨量大的季节，病害比较严重。10~11 月份气温下降，天气日渐寒冷，而此期甜瓜处于膨大期和成熟期，要求较高的温度、较强的光照和较大的昼夜温差。因此，应选用抗病性强、生育期短、成熟快的品种；或选用中熟、抗病性好、后期耐低温兼耐贮性的品种。目前，适宜秋延后栽培的早熟品种有伊丽莎白、蜜公主、白雪公主，这 3 个品种的特点是生育期短、易栽培管理、易坐瓜、适应性强、较抗病。中晚熟品种主要有西班牙蜜王、美国特大蜜露和火凤凰等。西班牙蜜王抗枯萎病、白粉病，产量高；美国特大蜜露抗蔓枯病、白粉病，低温条件件结果力特强，高产；火凤凰生长健旺，易坐瓜，抗病性好，市场价格高。

（三）培育壮苗

1. **播种育苗** 可采用直播或育苗移栽两种方式。

（1）直播 用 50%多菌灵可湿性粉剂 500 倍液，或 70%甲基

硫菌灵可湿性粉剂600倍液浸种15~20分钟，捞出洗净，再用55℃温水浸泡10分钟，搅拌至水温30℃左右，再浸泡6~8小时。然后用湿布包好，放在30℃条件下催芽，待种子露白时直接播在垄背上。种子有包衣的不能浸种，宜直接干播。播种株距40~45厘米、穴深2厘米。先浇足底水，水渗后播种，每穴1粒种子，播后覆过筛细土1厘米厚。待全苗后覆银灰色地膜，并在有苗处开十字破膜引苗出膜，幼苗周围压好土，封膜。

(2)育苗移栽 多采用营养钵育苗。营养土可采用未种过瓜类的菜园土4份、腐熟有机肥6份配制，每立方米加50%多菌灵可湿性粉剂或75%敌磺钠可溶性粉剂25~30克。育苗可在大棚内进行，也可搭拱棚遮阴育苗。将苗床建成小高畦，畦长10~15米、宽1.2米、高10厘米。将畦搂平踏实，上面排放营养钵。钵内浇透水，水渗后每钵播1粒种子，播后覆细土1厘米厚。

2. 苗期管理 ①注意天气变化，雨前及时盖好塑料薄膜，以防引发苗期病害。②防治病虫害。苗期喷洒75%百菌清可湿性粉剂600~800倍液防病。如发生蚜虫，及时用20%甲氰菊酯乳油2000倍液喷雾防治。③育苗床薄膜只盖拱架顶部，成为天棚，薄膜或遮阳网要与幼苗保持0.8~1米的高度，四面大通风。④用遮阳网或麦秸在阳光强时遮盖。⑤苗期一般不旱不浇水，需要浇水时少浇勤浇，防止幼苗徒长。

(四)整地定植

华北地区7~8月份雨量集中，新建棚应选择地势较高、易排水的沙质壤土。前茬作物收获后，每667米^{2}施腐熟有机肥4000~5000千克、生物有机肥100~150千克、专用配方肥40~60千克或尿素20千克+过磷酸钙60~100千克+硫酸钾30~40千克，同时施入5%辛硫磷颗粒剂1~2千克、1.1%苦参碱粉剂2~3千克。前茬为瓜类的旧大棚，每667米^{2}施50%敌磺钠可湿性粉

剂 2~3 千克,在做垄或做畦时掺 20 倍干细土施入。有机肥与无机肥混匀后撒施,施肥后立即深翻、耙细、整平。单行种植时可做垄,垄高 15~20 厘米,垄底宽 50 厘米,垄顶 15 厘米,垄距 75 厘米;双行种植时,可按 1.5~1.6 米做高畦,畦宽 1 米,沟宽 50 厘米,沟深 20 厘米。畦(垄)以南北向为宜,畦做好后,浇足底水。土壤墒情适宜时,将畦整成中间高、两边低的龟背形。用 1.3~1.5 米的银灰色地膜覆盖高畦或垄面,以防蚜、防涝和降低土壤温度。一般播种后 25~30 天,甜瓜在幼苗 3 叶 1 心时,选择晴天下午或阴天进行定植。定植时在覆膜的垄背或畦面上,按株距 40~45 厘米破膜打孔。畦栽的每畦栽 2 行,每 667 米^2 栽植 1 800~2 000 株。打孔开穴后先浇水,水渗后将营养钵中的幼苗轻轻栽到穴中,然后封穴浇定植水。幼苗周围压好土,封膜。

(五)田间管理

1. 肥水管理

(1)浇水 定植后根据土壤墒情,在蔓长 30 厘米、坐瓜后、果实膨大期各浇水 1 次,其他时间如土壤不干旱不浇水。大雨后及时排水,防止涝害。进入瓜皮硬化期和网纹形成期,应控制浇水,以防裂瓜或形成粗劣网纹。成熟前 1 周停止浇水。

(2)追肥 厚皮甜瓜秋延迟设施栽培,第一次追肥在开花前,每 667 米^2 随水冲施专用配方肥 10~15 千克或三元复合肥 10~15 千克。第二次是在幼瓜长到鸡蛋大小时追膨瓜肥,每 667 米^2 随水冲施专用配方肥 25~30 千克或三元复合肥 25~30 千克。第三次追肥是在网纹形成期,每 667 米^2 施专用配方肥 15~20 千克或三元复合肥 15~20 千克。另外,定植后每 7~10 天喷施 1 次氨基酸复合微肥 600~800 倍液+0.3%~0.5%磷酸二氢钾混合肥液,以提高植株的抗逆性,增加产量,提高品质。

2. 整枝打杈 采用单子蔓整枝法,在幼苗 4~5 叶时摘心,留

1条健壮的子蔓作主蔓,在10~15节上留1瓜。此茬口生长前期气温高,生长旺盛,容易徒长,应加强整枝。除选留的主蔓和侧蔓外,其他枝应及时摘除,坐瓜后及时摘心。从果实膨大到成熟期,气温下降,光照强度减弱,植株光合作用下降,为保持较大叶面积,进入果实膨大期,只打顶不整枝。

种植密度较小时,也可采用双蔓整枝法,每株留2个瓜。

3. 人工授粉 为提高坐瓜率,可在开花期每天上午7~10时人工授粉,9~10时为最佳时间。1朵雄花要求授2~3朵雌花。将开放的雄花摘去花冠,在雌花柱头上涂抹几下,或用毛笔蘸雄花粉在雌花柱头上轻轻涂抹。

4. 留瓜与吊瓜 当幼瓜长到鸡蛋大小时,选留瓜形圆正、符合本品种特性的瓜作商品瓜,早熟小型瓜品种留2个瓜,晚熟大型瓜留1个瓜。幼瓜长到250克左右时,用塑料绳吊在瓜柄部,固定在支柱的横拉铁丝上,以防瓜蔓折断及瓜脱落。利用高架立体栽培时,瓜蔓用塑料绳固定,以备有寒流时落蔓。

5. 温湿度及光照管理 9月上旬前,大棚只保留顶部棚膜,日光温室可将前面一幅薄膜卷起。拱圆棚可将两裙部薄膜卷起,这样便于防雨、通风,同时避免棚内温度偏高。此期白天温度控制在27℃~32℃、夜间15℃~25℃。9月中旬至10月上旬,为果实膨大和成熟期,白天温度保持25℃~32℃、夜间15℃~20℃;若白天温度下降至20℃以下、夜间下降至12℃以下,必须采取保温措施,将棚膜全部盖好并加盖草苫。进入11月份,时有寒流侵袭,大棚内需设小拱棚,小拱棚高40厘米、宽100厘米。覆膜前先将吊绳剪断,再将瓜蔓轻轻盘绕在小拱棚内,将瓜吊在小拱棚的支架上,然后将膜盖好,以防冻害。当大棚温度超过30℃时,可在小拱棚两头或南侧揭膜通风。为使果实正常膨大,应增强光照,晴天及时揭草苫,并经常清扫棚膜。连阴天时,只要棚内温度不是很低,仍要通风,以降低棚内湿度,减少发病。

(六)采　收

厚皮甜瓜在温度低、光照弱条件下,果实成熟慢,可在九成熟或十成熟时采收。由于此时棚温不高,成熟瓜在瓜蔓上延迟数天收获,一般不会影响品质。因此,生产中在果实不受寒流影响的前提下,可适当晚采收。收获后,如不能马上销售,可摆放在比较干燥的贮存室内贮存。只要不受冻害,贮存到元旦、春节销售,一般不会降低品质。

第五节　大棚冬瓜高效栽培与安全施肥

一、对环境条件的要求

(一)温度与光照

冬瓜性喜温,耐热、耐湿,对干旱有一定的耐力。温度在35℃以上仍能生长良好,生育适温为18℃~32℃,对低温极敏感,5℃以下会冻死。属短日照植物,但多数品种对日照反应不敏感。

(二)水　分

冬瓜根系发达,茎叶繁茂,蒸发量大,需水量多,特别是在着果后,要求肥水充足。

(三)土　壤

对土壤适应性广,沙壤土到黏土均可栽培。最适宜排水好、土层厚的沙壤土,在这样的土壤栽培,根系发育良好,结果早,但生长期短;在黏性土壤栽培,瓜肉厚,味浓,产量较高。

二、品种类型

冬瓜按果实大小可分为小型瓜和大型瓜两类。

(一)小型冬瓜

雄花出现早,初花节位低,以后连续发生雌花,每株结瓜多(4~8个),瓜型小,一般单瓜重1.5~2.5千克,大的达5千克,瓜扁圆形、圆形或高圆形。适于早熟栽培,从播种至初收需110~130天。主要品种有四川成都五叶子、杭州圆冬瓜、绍兴小冬瓜、安徽早冬瓜、苏州雪里青、北京一串铃冬瓜、南京一窝蜂等。

(二)大型冬瓜

雌花出现晚,属中晚熟品种。瓜个大,单瓜重7.5~15千克,产量高,肉质厚。瓜长圆筒形、短圆筒形或扁圆形,瓜皮青绿色。自播种至初收需140~150天,以采食老熟瓜为主,耐贮运。品种主要有广东青皮冬瓜、江门灰皮冬瓜、长沙粉皮冬瓜、株洲龙泉青皮冬瓜、武汉粉皮枕头冬瓜、广西玉林大石瓜、云南三棱子冬瓜、玉溪冬瓜、重庆米冬瓜、成都爬地冬瓜、粉皮冬瓜、江西扬子洲冬瓜、昆明太子冬瓜等。

三、大棚冬瓜早熟栽培

大棚冬瓜早熟栽培,比拱棚密闭栽培早上市30天,比常规栽培早上市50天以上。而且通过高密度吊架栽培管理,坐瓜期集中,产量高,效益显著。每667米^{2}栽植2 200~2 400株,产量达10 000千克以上。

(一)品种选择

冬瓜早熟吊架栽培宜选用耐低温、耐弱光、易坐瓜、节间短、单瓜重1.5~2.5千克、结实性好的品种,如一串铃、一窝蜂、火车头、京冬瓜3号、京冬瓜4号等。

(二)播种育苗

大棚吊架栽培冬瓜播种期为12月份。直播时苗床或沙箱要先铺10厘米厚的河沙,撒种后再盖2厘米厚的细沙。播种前晒种2天,用55℃热水浸种处理后,再用50%多菌灵可湿性粉剂500倍液浸种1小时,然后继续浸种4小时,搓洗干净直播,浇足水。播种后白天温度保持20℃~25℃、夜间15℃~20℃,苗床1厘米深处出现干旱时补充水分。3~4天后2片子叶展开、下胚轴长3~4厘米时即可移植。

(三)整地定植

定植前10天施肥整地,每667米^{2}撒施腐熟禽畜肥5 000~6 000千克,配施生物有机肥100~150千克、专用配方肥40~50千克,或三元复合肥40~50千克,或过磷酸钙50~100千克+磷酸二铵20~30千克+硫酸钾10~20千克,翻耕耙细后做垄,小行距50厘米,大行距80厘米,起垄后覆盖地膜提高地温。2月中旬气温回升较快,可选较好的天气,适时定植。定植宜在上午进行,以便盖膜增温。株距38~40厘米,每667米^{2}定植2 200~2 400株。定植时在垄面破膜开穴把苗坨埋入,坨面略低于垄面1~2厘米,随即浇足定植水,栽完再搭小棚加盖草苫保温。

(四)田间管理

1. **肥水管理**　定植后要及时封盖好地膜,以利保墒增温,促进根系生长。坐瓜前应控制肥水，以免瓜蔓生长过旺而化瓜。一般定植后约15天，在垄的外侧植株间穴施追肥，每667米^{2}可施专用配方肥20~30千克，或三元复合肥30千克。进入膨瓜期每15天左右追肥1次，每次每667米^{2}施专用配方肥30~40千克，或三元复合肥30~40千克。定植后，每10天左右喷施1次氨基酸复合微肥600倍液+0.3%磷酸二氢钾+0.3%尿素混合肥液。进入4月中下旬气温升高，蒸发量加大，瓜膨大加快，宜保持土壤湿润，可每周浇1次水，在垄沟大水快流、速灌速排，淹水深度至垄中上部。

2. 温度与光照管理 定植缓苗期大棚内层覆盖应晚揭早盖，尽量维持较高温度，白天温度保持28℃~32℃、夜间16℃~20℃，促进缓苗。伸蔓期逐步过渡到早揭晚盖，增加光照，白天温度控制在25℃~28℃、夜间不低于12℃，以促瓜蔓增粗、节增密，防止窜蔓。3月下旬逐渐减少内层覆盖，4月初全部撤除内棚，进入开花坐瓜期，温度应提高4℃~5℃，以利开花、坐瓜和瓜迅速膨大。

3. 立架吊蔓 内棚撤除时瓜蔓已爬满畦面，应随即立架吊蔓。每行隔3~4米立1竹竿，再用14号铁丝纵拉成一条龙式吊架。高度依棚势而设，中间高两边低，中间高不超过2米，边行低不过1.5米。然后用塑料绳将瓜蔓均匀吊悬于铁丝上，注意吊蔓时应小心理蔓，防止损伤叶片或茎蔓。

4. 摘心留瓜 早熟品种在8节左右处留第一雌花，在12节左右处留第二雌花。一般第一雌花因条件差，形成的瓜较小，且畸形多；而节位高的幼瓜虽然能发育成大瓜，但成熟过晚。所以，当第一雌花出现时应尽早抹掉，以第二雌花结瓜为主，并在瓜蔓长至16~18节时摘心。

5. 人工授粉 早春因棚内气温偏低，昆虫活动少，需人工辅助授粉，以防落花化瓜。人工授粉应在上午8~9时进行，将刚开放的雄花摘下，除去花冠，将花药在当天开放的雌花柱头上轻轻涂抹，使柱头粘上黄色花粉即可，每朵雄花可授3~5朵雌花。

6. 落蔓吊瓜　摘心后的瓜蔓生长高度仍可达到棚膜附近，要及时落蔓，即将瓜蔓下放盘于根部。落蔓后的高度以蔓最高处距顶膜 30 厘米为宜，并随时摘除下部老叶，以减少养分损耗，增加通风透光，减少病害。待瓜长至 0.5 千克时用绳扎住瓜柄吊起，以防瓜大后扯断瓜蔓。

7. 采收　冬瓜越是老熟其果肉组织的坚实度越高，耐贮性越好。贮藏的冬瓜在采收前要降低水分，冬瓜采收前 1 周不浇水。采收要选择晴天上午露水干后进行，采收时在距瓜体 8 厘米左右的地方用剪刀剪断。

第六节　大棚小南瓜高效栽培与安全施肥

南瓜是我国传统的蔬菜产品，各地普遍种植。小南瓜大棚栽培可实现周年生产四季平衡供应，种植收益较高。

一、对环境条件的要求

（一）温　度

种子在 13℃以上条件下可萌发，发芽适宜温度为 25℃～30℃；生长发育适宜温度为 18℃～32℃；开花结瓜要求温度高于 15℃；果实发育适宜温度为 25℃～27℃，高于 35℃易造成落花落瓜和果实发育停滞等。根系生长适宜温度为 8℃～35℃。

（二）光　照

南瓜喜光，在光照充足的条件下生长良好，果实生长发育快，品质好。

(三)水　分

南瓜根系发达,茎蔓、叶片多,蒸腾作用强,耗水量大,必须及时浇水,以保证植株正常生长,获得优质高产。

(四)土　壤

南瓜对土壤要求不严格,以肥沃疏松的中性或微酸性(pH 值 5~7)的沙质壤土为适宜。南瓜对土壤肥力要求不太严格,但增施磷、钾、钙、镁肥有利于获得丰产。

二、主栽品种

(一)旭　日

该品种瓜扁圆球形,瓜皮橙红色,棱沟乳黄色,单瓜重 1.2~1.5 千克。瓜肉橙红色,肉厚 3.1~3.3 厘米,肉质甜粉、细腻。大棚吊蔓生长,春季栽培每 667 米^2 产量 1 500~1 900 千克,秋季栽培每 667 米^2 产量 900~1 100 千克。

(二)日　升

该品种瓜近圆球形,瓜皮深橙红色,棱沟淡乳黄色,单瓜重 1.2~1.5 千克。瓜肉橙红色,肉厚 3.1~3.4 厘米,肉质甜粉细腻。大棚吊蔓生长,春季栽培每 667 米^2 产量 1 500~1 900 千克,秋季栽培每 667 米^2 产量 900~1 100 千克。秋季栽培转色好。

(三)碧　玉

该品种瓜扁圆球形,瓜皮深绿色,有浅绿色花斑,单瓜重 1.2~1.5 千克。瓜肉橙红色,肉厚 3.2~3.5 厘米,肉质甜粉细腻。大棚

吊蔓生长,春季栽培每 667 米^2 产量 1 500~1 900 千克,秋季栽培每 667 米^2 产量 900~1 100 千克。

(四)翡 翠

该品种瓜扁圆球形,瓜皮青绿色、有蜡粉,单瓜重 1.3~1.5 千克。瓜肉橙红色,肉厚 3.3~3.5 厘米,肉质粉甜细腻。大棚吊蔓生长,春季栽培每 667 米^2 产量 1 500~1 900 千克,秋季栽培每 667 米^2 产量 900~1 100 千克。

(五)优 秀

该品种早熟,花后 35~40 天即可收获。长势旺盛,后期不易早衰,收获期长。瓜扁圆球形,瓜皮墨绿色带浅绿色条纹,强粉质,单瓜重约 500 克,每株可收获瓜 5 个以上。

(六)小太阳

该品种连续坐瓜性强,坐瓜后 30~35 天成熟。为掌上迷你型红皮南瓜,单瓜重 400 克左右。瓜皮橙红色,超粉质,甜味足。

(七)彩 佳

该品种抗热性强,易栽培,单蔓可连续坐瓜 3~4 个。单瓜重 200~300 克,瓜皮淡黄橙色,带橙色纵条纹。肉质为粉质,有独特的甜味。播种后 80~90 天收获。贮藏性好,常温下可保持 2~3 个月。

三、育苗技术

大棚内设小拱棚育苗,可采用穴盘育苗或苗床育苗。

(一)种子处理

把选好的种子在晴天暴晒2天,可明显促进发芽整齐。晒后的饱满种子放在50℃温水中浸种,边倒水边用酒精温度计搅拌,使水温保持在50℃并持续15分钟。然后不断搅拌使水温降至30℃,浸种3~4小时,同时搓掉种子表面的黏液,洗净捞出后放于发芽器皿中,并在种子底部和上部铺盖湿布。

(二)催　芽

把已浸种消毒的种子用湿棉纱布包好,放在28℃~30℃恒温箱中催芽,每天早、晚各清洗种子1次。经36~48小时种子露尖即可播种。

(三)播　种

一般在2月下旬播种,播种前浇足底水,待水渗下后撒上一薄层过筛的干细土。将出芽的种子按10厘米×10厘米规格均匀播种在苗床上,上覆过筛田土厚1~1.5厘米,然后覆盖地膜保湿保温。出芽后及时揭除地膜。苗期白天温度控制在25℃~30℃、夜间12℃~18℃。2叶前每2~3天喷施1次氨基酸复合微肥1 000倍液+0.2%尿素+0.3%磷酸二氢钾混合肥液。苗期一般不浇水,干旱时可适当洒些30℃左右的温水。苗龄25天左右,定植前1周注意进行低温炼苗,使其尽量适应种植环境。小型品种30~35天即可培育出叶色深绿、叶片肥厚、茎秆粗壮、根系发达、3叶1心或4叶1心的壮苗。

四、整地定植

一般在3月中下旬定植。定植前15天,结合整地每667米^2

施腐熟有机肥 3 000~4 000 千克、生物有机肥 100~150 千克、专用配方肥 60 千克或过磷酸钙 30~50 千克+尿素 15~20 千克+氯化钾 10~20 千克,撒施肥料翻耕土地,然后整地做畦。一般畦宽 1.5 米,上覆地膜,膜要拉紧拉平,按孔距 50 厘米打定植孔,每 667 $米^2$ 栽植 1 000 株左右。定植应选择在下午进行,定植后浇水,盖好小拱棚。也可采取大、小行种植方式,大行 60~80 厘米,小行 30~40 厘米,株距 80 厘米。如果只采收一茬瓜(即每株只留 1 个瓜),可留足叶片,打顶去杈,控制茎叶生长,此种栽培方式可增加密度。

五、田间管理

(一)植株调整

主要包括吊蔓、留蔓、整枝、打杈、疏花疏果、留瓜、打顶等。大棚栽培小南瓜,一般采取吊蔓方式,即在大棚的顶部南北向拉上铁丝,东西宽度与行距一致,然后在铁丝上吊塑料绳,塑料绳下垂后与南瓜苗相接。南瓜植株可在人工辅助下按一定方向顺绳上爬,植株长高长大后,人工将茎蔓均匀、有规律地下落盘绕在地面上。大棚南瓜一般采取主蔓留瓜,蔓长约 1 米时,应搭好棚架,并把主蔓绑缚固定在棚架上,及时整枝打杈,去除侧蔓,只留 1 个主蔓。通常情况下去掉第一个雌花,保留第二个雌花。整枝主要是去掉侧蔓和多余的花果,如果待种下茬,则留 2 个瓜后在第二个瓜的上部留 5~8 片叶摘心、打顶,并去掉侧蔓、花、瓜。下落地面后的叶片以及下部老叶片要及时摘除,以利通风透气。

(二)人工授粉

大棚小南瓜需要人工授粉,主蔓上保留 12 节以上的瓜。开花后每天进行人工对花授粉,授粉时间在上午 9 时前后,选新开放的

雄花，摘下后将花对准选定的雌花授粉，做到天天对花，见花就对。12 节以下的瓜全部摘除，以利于结瓜整齐和成熟期一致。南瓜长势较旺，当每株坐住 2 个瓜后应将主蔓摘心，使植株由营养生长转向生殖生长。

（三）浇水与追肥

1. 浇水　定植后 3~5 天浇缓苗水，以后控制水分使根深扎。南瓜坐瓜后至膨大期要及时浇水追肥，原则上保持土壤见湿不见干。当第一批瓜坐住后则不能缺水，始终保持土壤湿润，可每 5~7 天浇水 1 次，以促进果实发育。

2. 追肥　定植缓苗后每 667 米^2 追施尿素 5~8 千克。第二批南瓜坐住后，每 667 米^2 追施专用配方肥 20~25 千克，或三元复合肥 15~20 千克。也可坐瓜后每 10~15 天浇水 1 次，每次浇水结合进行施肥，每次每 667 米^2 施尿素 5~15 千克、氯化钾 5~10 千克。在南瓜生长期内，每 7~10 天喷施 1 次氨基酸复合微肥 600~800 倍液+0. 3%尿素+0. 5%磷酸二氢钾混合肥液，一般连续喷施 3~4 次，对增加产量、提高品质效果显著。

（四）适时采收

南瓜一般坐瓜后 20~30 天即长到该品种应有的大小，单瓜重 1~3 千克即可采摘，是否采摘主要取决于市场行情。南瓜有独特的养分特点，当植株留有 1 个瓜生长时，如果不采摘则其余所有后开花的瓜往往会落瓜或化瓜，即第一瓜采收后才能坐第二个瓜。一般在成熟度达 90%以上时采收，采后根据瓜的大小、形状、颜色及市场需求进行装箱上市。

第七节　设施苦瓜高效栽培与安全施肥

苦瓜是1年生蔓性植物，是具有营养价值和保健作用的药食两用蔬菜。在春冬蔬菜淡季利用棚室栽培，可实现周年供应，不仅满足了人们的消费需要，还使生产者获得较高的经济效益。

一、对环境条件的要求

（一）温　度

苦瓜源于热带，喜温，耐热不耐寒，生长发育要求较高的温度。种子发芽适宜温度为30℃～35℃，在20℃左右发芽慢，13℃以下发芽困难。幼苗生长适宜温度为20℃～25℃，15℃以下生长缓慢。开花结果期适宜温度为20℃～30℃，即使在高温季节也能繁茂生长。生长后期，温度低于10℃时还可以继续采收嫩瓜，温度降至5℃以下则受寒害。

（二）光　照

苦瓜极喜光，不耐阴。开花结瓜需要较强的光照，充足的光照有利于提高坐瓜率；光照不足则引起落花落瓜。

（三）水　分

苦瓜对土壤湿度和空气湿度要求较高，喜湿怕涝。一般要求土壤相对含水量75%～85%，空气相对湿度70%～80%。湿度过大生长不良，还易引发病害。

(四)土壤营养

苦瓜对土壤适应性广,但以有机质含量丰富的沙质壤土或黏壤土为宜。苦瓜较耐肥、怕瘠,充足的土壤养分是丰产的保证。苦瓜对养分的要求较高,土壤中有机质充足,则植株健壮,茎叶繁茂,开花结瓜多,丰产。苦瓜生长后期肥水必须充足,还应注意有机肥与化肥的合理施用。

二、品种选择

(一)东方青秀

早熟品种,定植后 50 天即可采收。高产,耐热、耐湿,抗病性、抗逆性强,生长旺盛,分枝多,主、侧蔓均能结瓜。果实长圆锥形,瓜色翠绿美观,肉厚,耐贮运。肉瘤粗直,商品性好,瓜长 33 厘米左右,直径 7 厘米左右,单瓜重 650 克左右,单株结瓜 20 多个,每 667 米^2 产量可达 5 000 千克以上。

(二)云南大白

中熟品种。果实长约 40 厘米,横径约 4 厘米,单瓜重 250～400 克。果实表面有瘤状突起,表皮白色,洁白如玉,质地脆嫩,味清甜略苦。抗病力强,耐热。

(三)长　白

生长势强,分枝多。瓜长纺锤形,瓜长 30 厘米左右,横径 5 厘米左右。表面有明显棱及瘤状突起,瓜皮绿色,瓜肉绿白色,有清香苦味。耐热性强,病害少。

(四)蓝山大白

湖南省蓝山县地方优良品种。植株生长旺盛,分枝力强。果实长圆筒形,瓜长 40~70 厘米,横径 7~8 厘米,皮绿白色、有光泽,单瓜重 800~1 000 千克。瓜表瘤状突起大而密,苦味较浓,商品性较好。

(五)长　身

广州市地方品种,早熟。果实长圆筒形,长约 30 厘米,横径约 5 厘米,外皮绿色,肉质较坚实,味甘苦,品质好,耐贮运,一般单瓜重 250~300 克。抗逆性强,较耐寒。

(六)夏　丰

广东省农业科学院选育的一代杂种。植株生长势强,分枝力中等,主蔓上第一雌花着生的节位较低,主、侧蔓均可结瓜,且可以连续采收。果实长圆锥形,长约 21. 5 厘米,横径 5~6 厘米,单瓜重 250 ~ 300 克,皮色浅绿,品质中等。早熟,耐热,抗病,耐湿性强。

(七)湛　油

广东省湛江市培育,中早熟品种。植株分枝力强,挂果性好。果实长圆锥形,果长约 27 厘米,横径 6~8 厘米,单瓜重 500 克左右。果实淡绿色有光泽,有整齐的纵沟条纹。耐热,耐贮运。

(八)北京白

中早熟品种。植株生长势旺,分枝力强。果实长纺锤形,长 30~40 厘米,表皮有棱及不规则的瘤状突起。外皮白绿色,有光泽,瓜肉较厚,脆嫩,苦味适中,品质优良,一般单瓜重 250~300

克。耐热、耐寒，适应性强。

（九）滨城苦瓜

植株蔓生，生长势强，分枝多，瓜粗短、纺锤形，瓜长 30 厘米左右，横径 8 厘米左右。瓜表面有明显棱瘤状突出，瓜皮绿色有油亮光泽，老熟时为黄色，嫩瓜有青香苦味。每 667 米^2 产量 2 000 千克左右。耐热性强，病害少。

（十）穗新1号

广东省广州市蔬菜研究所育成，中早熟品种。植株生长势旺，分枝力强。果实长圆形，瓜长 16~25 厘米，横径 5~6 厘米。瓜皮深绿色，表皮瘤状突起呈粗条状，肉厚，苦味中等，单瓜重 300~500 克。抗枯萎病、白粉病，适应性广。

三、日光温室越冬茬苦瓜栽培

日光温室越冬茬苦瓜栽培，在 9 月份播种培育嫁接苗，10 月中下旬定植于温室，12 月初开始采收，一直可以供应到翌年 7 月份。这一茬口栽培时间长，产量高，一般每 667 米^2 产量在 4 000 千克以上，经济效益较高。越冬茬苦瓜栽培，对温室的保温性能和采光要求较高，栽培成功的关键环节是提高温室的采光和保温性；同时还要采取选择适宜品种、采用嫁接育苗、安全合理施肥，实行高垄覆膜栽培、适时浇灌、综合防病等措施。

（一）选择适宜品种

越冬茬栽培由于生长期长，生育期间需要经历较长时间的低温、弱光，因此必须选择耐低温、弱光的品种，并且还应具有生长势强、不易早衰，雌花节位低、雄花率高，品质好、外观美等特性。可

选用北京白、长白、湛油、疙瘩绿、滨城苦瓜、东方清秀等品种。

（二）嫁接育苗

1. **种子处理**　播种前种子在日光下晒3~4小时，可提高种子发芽势。而后用55℃热水浸种30分钟，并不断搅拌，再用75%百菌清可湿性粉剂1 000倍液浸种1~2小时，捞出后用清水浸种10~12小时。用湿毛巾包好放在30℃~35℃条件下催芽，每天用30℃~35℃温水冲洗1次，控净水后继续催芽，一般3天左右即可发芽。如果发芽不整齐，可将先发芽的挑出，用湿毛巾包好放在12℃~13℃条件下蹲芽，待大多数种子发芽后一起播种。

2. **基质配制**　用草炭：蛭石=2：1，或草炭：蛭石：废菇料=1：1：1配制基质，每立方米加入三元复合肥2千克，将上述物料过筛，混合均匀。

3. **播种**　先将苗盘用1%高锰酸钾溶液浸泡20分钟，然后取出晾干。播前先将营养土装入苗盘，装到八成满即可，摆放在苗床上，浇水湿润营养土，将发芽的种子平放在苗盘中，覆土厚1~1.5厘米。

4. **播后管理**

（1）**温度**　播种后设施内白天温度保持30℃~35℃、夜间不低于25℃。出苗后白天温度保持20℃~25℃、夜间15℃~18℃。

（2）**肥水**　苗期缺水时要适当浇水，一般在表土见干时浇水，定植前7天左右停止浇水。幼苗期可叶面喷施氨基酸复合微肥800~1 000倍液+0.3%尿素+0.3%磷酸二氢钾混合肥液，每7~10天喷1次，连续喷2~3次。

（3）**光照**　幼苗2叶1心时，白天保持7~8小时的光照时间，其他时期尽量延长光照时间。

5. **嫁接**　嫁接砧木选择耐低温、抗性强、适应性广的黑籽南瓜为宜。采用靠接法、插接法或劈接法均可，具体方法可参考本书相关内容。嫁接成活后，采用大温差管理，一般白天温度保持30℃~35℃、夜间10℃左右，阴雨天白天温度保持20℃、夜间不低于8℃。壮苗标准：苗龄30~40天，4叶1心，苗高20厘米，叶片厚实、颜色深绿，无病虫害。

（三）整地定植

1. **施肥整地** 施足基肥是增产的基础，每667米^{2}施用腐熟有机肥7 000~8 000千克、生物有机肥150~200千克、专用配方肥80~120千克或尿素20~30千克+过磷酸钙100~150千克+硫酸钾50千克，将肥料混匀，撒施于地表，立即深翻25~30厘米，耙两遍，整平，做小高畦。

2. **定植** 越冬茬一般在10月中下旬定植，每667米^{2}栽苗2 000~2 500株。大小行栽培，大行距100厘米，小行距60厘米，株距33~35厘米。定植最好选择晴天的上午进行，定植深度以超过原土坨2~3厘米为宜。

（四）田间管理

1. **温度管理** 苦瓜对温度要求高，一般白天温度保持30℃±2℃为宜，超过33℃通风，下午温度降至20℃~22℃时关闭通风口，夜间温度保持14℃~15℃为宜。设施内温度降至8℃左右时，应及时启用加温设备增温，防止发生低温伤害。当外界气温稳定在15℃以上时，可以昼夜通风。

2. **光照管理** 在结果期，光照强度大、光照时间长，则结瓜多且化瓜少，瓜条美观，产量高。连续阴雨天气，由于长时间处在弱光环境，苦瓜坐瓜率降低，化瓜严重，影响产量。为延长光照时间，增大光照强度，寒冷季节应在保证温度的前提下尽量地早揭、晚盖草苫，在阴雨雪及极度低温天气也要在中午揭开草苫，进行短时间的弱光照射。每周清洁1次棚膜，防止灰尘污染影响透光率。有

条件的可以进行人工补光。

3. **湿度管理** 越冬栽培苦瓜,有很长时间为低温天气,棚室密闭空气湿度很大,较易发生病害,应注意及时地进行通风排湿。

4. **肥水管理** 生长前期由于生长量小,需肥水也少,以保持地表见干见湿为宜,缺水时浇小水即可。进入结瓜期,需水肥量逐渐增加,是施肥与浇水的主要时期,一般每10~15天结合浇水追肥1次,每次每667米^{2}追专用配方肥20~25千克,或尿素10~15千克+硫酸钾5~10千克,或三元复合肥25千克,或顺水冲施发酵鸡粪200~300千克。在生育期内还应进行根外追肥,可每7~10天喷施1次氨基酸复合微肥600~800倍液+0.2%~0.3%磷酸二氢钾混合肥液。还应注意适时施用二氧化碳气肥。

5. **整枝、搭架、绑蔓** 苦瓜甩蔓后应及时搭架,一般使用竹竿做架,也可以采用吊架。在瓜秧长至30厘米后开始绑蔓,以后每长4~5片叶绑蔓1次。结合搭架绑蔓及时整枝,一般每株留2~3个侧枝,其余全部摘除。生长后期一般不再整枝,瓜秧放任生长,注意把植株基部的黄叶及老叶及时摘除,以利通风透光,减轻病害的发生。

6. **人工辅助授粉** 人工辅助授粉可以大幅度提高坐果率。一般在上午7~8时采下当日开放的雄花,除去花冠,将花粉均匀地涂抹在雌花柱头上即可。

(五)采　收

苦瓜一般在开花后的12~15天采收,此时苦瓜体积已经接近最大,瓜内种子刚刚开始发育,还没形成种皮,为采收最适期。苦瓜果实的采收标准:青皮苦瓜果实上的条纹和瘤凸已经迅速膨大表现明显,果实饱满,有光泽;白皮苦瓜除具上述特征外,果实前半部分由绿变为白色,表面光亮。采收过早,产量低;采收过晚,品质差。

四、大棚春提早苦瓜栽培

苦瓜性喜温暖、不耐寒,但是经过适当炼苗,其适应性也很强。大棚苦瓜栽培有春提早和秋延后两个茬口,但生产中以春提早为主,秋延后种植面积较少。在华北地区,春提早栽培苦瓜一般在1月下旬至2月上中旬播种,利用温室育苗,苗龄45~55天,5月中下旬开始采收上市,7月中下旬拉秧。

(一)品种选择

春早熟苦瓜栽培宜选择早熟、抗病、耐低温、长势强健、高产的品种,如蓝山长白苦瓜、广汉长苦瓜、株洲长白苦瓜、东方清秀、广西大肉1号、湘丰4号、穗新1号、夏丰、北京白等。

(二)育　苗

1. **营养土配制**　育苗营养土选用未种过瓜类的田土6份、腐熟的禽畜粪肥3份、过磷酸钙1份,混匀过筛,装入营养钵或袋内,于播种前1天浇足底水。

2. **播种**　播种前进行种子处理。可采用营养钵育苗,也可将营养土铺在苗床上,压实整平,浇透水后,割成5~7厘米见方的块,播入种子。

3. **苗期温度管理**　利用日光温室、火床或电热温床育苗,以保证育苗环境的温度,特别是苗床的温度。出土前温度保持在28℃~35℃,促进出苗。苗出土后适当降温,白天温度保持在25℃~28℃、夜间13℃~15℃,促进花芽分化,防止幼苗徒长。定植前7~10天,通风降温炼苗,白天温度保持在20℃~25℃、夜间8℃~10℃,以提高幼苗的适应性。

（三）整地定植

1. **提前扣膜烤地增温**　大棚春提前栽培，为了满足适宜定植的条件，一般提前20～30天扣棚烤地增温，扣膜应选择冷尾暖头的晴天无风上午进行。

2. **整地施基肥**　一般每667米^{2}施充分腐熟有机肥5 000～6 000千克、生物有机肥150～200千克、专用配方肥60～100千克或钙镁磷肥50～80千克+硫酸铵20～40千克+硫酸钾20～40千克。肥料撒施在地表，立即深翻30厘米左右，耙两遍，使土肥尽量混匀。然后做小高畦，畦上覆盖地膜。

3. **定植**　定植期以棚内温度而定，一般当10厘米地温稳定在12℃以上、气温稳定在5℃以上时，为适宜定植期。春提早栽培生长期短，植株长势强，定植密度不宜太大，若采用大小行栽培，以大行80厘米、小行60厘米、株距40厘米为宜，每667米^{2}定植2 000～2 200株。早春栽培定植时外界气温较低，一般不浇水，这样有利于提高地温，缩短缓苗期。缓苗后，视天气浇缓苗水。

（四）田间管理

1. **温度**　定植后关闭所有通风口，保温保湿，促进缓苗。缓苗后，通风降温，白天温度保持20℃～30℃、夜间15℃以上。进入4月份后，白天注意通风降温防止烤苗，温度超过30℃通风，晚上注意保温防止晚霜危害。进入5月份后，华北地区外界气温基本稳定在15℃以上，经过1周时间的通风炼苗后，可以不撤棚膜，一直到结束。这样，既可以避免灰尘对瓜条的危害，又有利于防治病虫害。

2. **浇水与追肥**　定植缓苗后，视天气情况及时浇缓苗水，之后不旱不浇水。结瓜期是需肥水量最大的时期，一般每7～10天浇水1次，每15天左右追肥1次，每667米^{2}每次追专用配方肥

30~40 千克或尿素 20~25 千克+过磷酸钙 20~30 千克+硫酸钾 5~10 千克。同时,每 7~10 天喷施 1 次氨基酸复合微肥 600~800 倍液+0.2%尿素+0.3%磷酸二氢钾混合肥液,可减少病害,促进优质高产。

3. **植株调整与人工授粉**　在甩蔓后及时搭架、绑蔓、整枝打杈,方法同温室秋冬茬栽培。大棚苦瓜开花结果期正处于气温比较低的季节,昆虫活动少,传粉困难,为了增加产量、保证品质,需要进行人工授粉。

4. **采收**　苦瓜一般在开花后 12~15 天采收,此时果实充分膨大,瓜皮有光泽,瘤状突起变粗,纵沟变浅并有光泽,尖端变平滑。

第八节　设施丝瓜高效栽培与安全施肥

丝瓜为 1 年生攀缘植物,以嫩瓜供食用,是人们喜食的蔬菜之一,丝瓜络可供药用。

一、对环境条件的要求

(一)温　度

丝瓜种子发芽适温为 25℃~35℃,生长发育适温白天为 25℃~28℃、夜间 16℃~18℃,15℃左右生长缓慢,10℃以下生长受阻甚至受害。

(二)光　照

丝瓜属短日照作物,耐阴,日照时数不超过 12 小时有利于花芽分化。抽蔓期后较长的日照有利于茎叶生长和开花坐瓜。

(三)水 分

丝瓜喜湿、耐涝,生长期间要求较高的湿度,在土壤相对含水量达 70%~80%时生长最好,适宜的空气相对湿度为 70%~80%。

(四)土壤与营养

丝瓜适应性较强,在各种土壤都可栽培,但以土质疏松、有机质含量高、通气性良好的壤土和黏质壤土栽培最好,适宜的土壤 pH 值为 6~7。丝瓜喜欢高肥力土壤和较高的施肥量,特别是开花结瓜期对氮、磷、钾肥要求更多。

二、主栽品种

(一)早优1号

第一雌花节位 7~8 节,以后每节着生一雌花。瓜条匀直,表皮翠绿色,蜡粉厚,商品瓜长 26 厘米左右,横径 7 厘米左右,单瓜重约 500 克,一般每 667 $米^2$ 产量 5 000 千克左右。该品种对瓜类霜霉病、疫病和白粉病有较强的抗性,耐低温,较耐热。

(二)新早冠 406

极早熟,耐低温,弱光性好,品质优,早期产量高。5~6 节着生第一雌花,以后每节一瓜,瓜长 40~45 厘米,横径 5~6 厘米,瓜色深绿,有厚厚的白色蜡粉层,口感鲜,味微甜。适合早春保护地或早春露地栽培。

(三)兴蔬美佳

特早熟,属肉丝瓜类型。第一雌花节位 6~8 节,连续坐瓜能力特强，瓜长28厘米左右，横径6厘米左右，单瓜重300克左右，商品性特佳。

（四）兴蔬早佳

特早熟，第一雌花节位8节左右，坐瓜能力特强，瓜绿色带微皱，瓜长32厘米左右，横径6厘米左右，单瓜重420克左右，花蒂保存时间长，商品性很好。

（五）江蔬1号丝瓜

瓜长棒形，瓜长40~50厘米，横径3.5~4.5厘米，粗细匀称，瓜皮鲜绿色，瓜肉绿白色、香嫩。适宜早春保护地和露地早熟栽培，也可进行秋冬日光温室栽培。

（六）普通品种

普通品种有四川线丝瓜、南京长丝瓜、武汉白玉霜丝瓜、夏棠一号丝瓜等；棱丝瓜有济南棱丝瓜、北京棒丝瓜等品种。

三、日光温室丝瓜冬暖棚栽培

近年来，利用冬暖大棚进行高密度反季节丝瓜栽培，产量大幅度提高，一般每667米^{2}产量可达50 000千克以上，收益高。

（一）品种选择

越冬茬温室丝瓜栽培，较长时间处于低温环境，因此应选择耐阴耐低温性好、早熟、抗病、丰产、短瓜型、瓜不易老且对光不敏感类型的品种。生产中常用的普通品种有四川线丝瓜、南京长丝瓜、武汉白玉霜丝瓜、夏棠一号丝瓜等，棱丝瓜有济南棱丝瓜、北京棒丝瓜等品种。

(二)育 苗

1. 适期播种 以元旦或春节开始大量上市为目标进行的越冬丝瓜栽培,其适宜播期一般为9月中下旬,中晚熟品种在9月初播种。

2. 浸种催芽 每栽培667米^{2}大田需种子0.5~0.75千克。丝瓜种皮较厚,播前应先进行浸种催芽。将种子放入55℃~60℃热水中,不断搅拌浸种20~30分钟。捞出搓洗干净,放入30℃左右温水中浸种3~4小时。晾干后在28℃~30℃条件下催芽,1~2天后60%~70%种子出芽后即可播种。

3. 播种 丝瓜既可采用育苗移栽,也可进行直播。育苗可用营养钵或苗床进行,播前先将营养钵或苗床浇透底水,水渗后播种,播后盖土1.5~2厘米厚。

4. 苗床管理 播种后苗床温度白天控制在25℃~32℃、夜间16℃~20℃。出苗后白天温度控制在23℃~28℃、夜间13℃~18℃。丝瓜属短日照植物,苗期在苗床上搭小拱棚遮光,每天光照时间保持8~9小时,以促进雌花分化。苗龄30~35天、幼苗2~3片真叶时即可定植。

此外,丝瓜也可以利用黑籽南瓜作砧木进行嫁接栽培,以增强丝瓜长势,提高产量,延长采收时间,同时抗病性也会提高。

(三)整地定植

1. 整地施基肥 定植前结合整地每667米^{2}施充分腐熟有机肥6 000~8 000千克、复合微生物肥3~5千克、专用配方肥40~70千克或过磷酸钙100~150千克+氯化钾肥40~50千克,将肥料混匀后撒施,翻耕土壤,尽量使土肥混匀。大小行栽培,大行距80~90厘米、小行距60~70厘米,起垄盖地膜。

2. 定植 按株距35~40厘米定植,每667米^{2}栽植2 500~

3 000 株,若地力肥沃,可适当稀植,地力较薄时可适当密植。定植时先在每个定植穴内施入腐熟饼肥 50 克,并使饼肥与土混合均匀,然后栽苗,深度以超过土坨 2~3 厘米为宜。定植结束后浇透定植水。

(四)田间管理

1. 结瓜前管理 定植后注意保温,白天温度保持 28℃~32℃,促进缓苗。缓苗后中耕垄沟,培土保墒,提高地温,促进根系发育。缓苗至开花前,白天温度保持 20℃~25℃、夜间 12℃~18℃,防止徒长。此期植株较小,需肥水较少,一般不旱不浇水。

2. 结瓜期管理

(1)结瓜前期 定植后至 2 月份为结瓜前期,此期气温低,瓜秧生长较慢,管理上以保温防寒为主,浇水追肥次数较少。一般每采收 2 次嫩瓜浇 1 次水,每次每 667 米^2 随水冲施腐熟人粪尿 500~1 500 千克或尿素 20 千克+氯化钾 20 千克。同时,每 8~10 天喷施 1 次氨基酸复合微肥 600~800 倍液。

(2)结瓜盛期 3~5 月份是丝瓜生长最为旺盛的时期,瓜秧生长旺盛,果实发育速度快,采收密度大,应加强肥水管理。一般每 7~10 天浇 1 次水,每隔一水每 667 米^2 冲施专用配方肥 25~30 千克,或三元复合肥 20~25 千克,或追施腐熟人粪尿 500~1 000 千克。每 7~8 天喷施 1 次氨基酸复合微肥 600~800 倍液+0. 3%尿素+0. 3%磷酸二氢钾混合肥液。此期,白天温度保持在 28℃~30℃、夜间 15℃~17℃,以利于果实发育。当外界气温稳定在 15℃左右时,不再关闭通风口,进行昼夜通风。

(3)结瓜后期 6 月中下旬以后瓜秧进入生长后期,茎叶生长变慢,中下部叶片变黄脱落,果实数量减少,此期管理的重点是复壮瓜秧,以延长采收时间。一般每 5~7 天浇 1 次水,每次每 667

米^{2}随水冲施专用配方肥20~25千克或尿素10~15千克+磷酸氢二铵5~10千克+硫酸钾5~10千克。

二氧化碳气肥对丝瓜有显著的增产效果，一般增产10%~20%。设施内二氧化碳浓度以1 000~1 500微升/升为宜。二氧化碳施用时间一般为11月下旬至翌年4月上中旬，在一天中以上午9~11时、下午2~4时为宜。阴雨天不施用，温度太低时也不施用。

3. 搭架整枝　瓜蔓长至30~50厘米时，搭架整枝。可顺行向固定好吊蔓铁丝，在吊蔓铁丝上按株距拴塑料绳，并将蔓及时绑在吊蔓绳上。也可使用直径1.5厘米左右的竹竿搭篱架，采用S形绑蔓。生长早期，为保持主蔓生长优势不留侧蔓；结瓜中后期，可让生长良好的侧蔓结2~3条瓜之后摘除。当主蔓长至铁丝上方后及时落蔓或主蔓摘心，利用下部生长健壮的侧蔓代替主蔓继续结瓜。

4. 人工授粉　越冬丝瓜栽培期间，外界气温低，昆虫少，自然授粉率低，自然坐瓜少，因此需要人工辅助授粉。一般在每天上午9~11时进行，方法是选择当天盛开的雄花，去掉花冠，将花粉均匀地涂抹于雌花柱头上。

5. 改善设施内光照　冬季天气寒冷，为了保温，草苫常常晚揭早盖，使得设施内光照时间短，这是前期产量低、结瓜少的重要原因。为了提高早期产量，应加强光照管理，改善设施内弱光状况。可采取使用新的无滴膜、定时清洁棚膜、在温室的后墙上挂反光幕、及时进行植株调整等措施。同时，在保证温度的前提下，应早揭晚盖草苫。

(五)采　收

丝瓜以嫩瓜食用，所以采收适期比较严格，一般在花后10~12天即可采收嫩瓜。一般瓜梗光滑、果实稍变色、茸毛减少、瓜皮手

触有柔软感、瓜面有光泽时即可收获。采收时间宜在早晨进行，带瓜柄一起剪下，每1~2天采收1次。

四、大棚丝瓜春早熟栽培

丝瓜春早熟栽培一般在2月中下旬播种育苗，3月中下旬定植，7~8月份结束。该茬口生产周期较长，病害较少，产量高，经济效益好。

（一）育　苗

大棚春早熟丝瓜栽培，育苗可以在阳畦、温室、温床等设施内进行，一般在2月中下旬播种育苗，苗龄30~35天，幼苗具3~4片真叶。定植前7~10天通风降温炼苗，白天温度保持20℃~25℃、夜间8℃~10℃。

（二）整地定植

1. **整地施基肥**　大棚春早熟栽培，应提前扣棚烤地增温。一般在定植前20天以上，当土壤完全化冻后，结合整地每667米^{2}施充分腐熟有机肥5 000~8 000千克、复合微生物肥3~5千克、专用配方肥80~100千克或硫酸钾30~40千克+过磷酸钙100~150千克+45%三元复合肥50~70千克，将肥料混匀均匀撒于地表，深翻入土，肥料与土混匀。土地整平后，做小高畦，覆盖地膜。畦面宽90~110厘米，沟宽30~40厘米，畦高10~15厘米。

2. **定植**　棚内气温稳定在5℃以上、10厘米地温稳定在15℃以上时是安全定植期。在华北地区，一般在3月下旬定植，加盖地膜拱棚时可提早7~10天定植。选择晴天的上午定植，株距35~40厘米，每穴1株，用细土把定植穴地膜孔封严。每667米^{2}定植2 500~3 000株。

(三)田间管理

1. **温湿度管理**　定植后保温保湿,促进缓苗,白天温度控制在28℃~32℃、夜间16℃~18℃。缓苗后,适当降温,防止徒长,白天温度保持20℃~25℃、夜间13℃~15℃,及时通风排湿,防止病害发生。第一条瓜坐住后,适当提高棚温,白天温度保持26℃~30℃,超过32℃通风降温,并且加大通风量,降低棚内空气湿度,减轻病害。当外界气温稳定在15℃以上时,可以昼夜通风炼苗。

2. **肥水管理**　缓苗后,选择连续晴好天气的上午浇1次缓苗水,水量可以大些。如果基肥不足,每667米^{2}追施尿素10~15千克。第一条瓜坐住后,开始加强肥水管理,每7~10天浇水1次。每隔14~20天追肥1次,每次每667米^{2}追施专用配方肥20~25千克或三元复合肥25~30千克。结瓜中后期,一般每采收3~4次追肥1次,每次每667米^{2}追施专用配方肥15~25千克或硫酸铵15~20千克+磷酸铵4~10千克+硫酸钾2~5千克。每7~10天喷施1次氨基酸复合微肥600~800倍液+0.3%磷酸二氢钾+0.2%尿素混合肥液,并适时施用二氧化碳气肥。

3. **整理植株**　丝瓜秧生长旺盛,定植后要及时整枝搭架。可以用竹竿插篱架,也可以采用吊架,每株1根架杆或吊绳,要求架面牢固,防止架面倒伏。一般采用单蔓整枝,每4~5片叶绑蔓1次。当秧蔓爬满架面后,及时摘心,防止秧蔓乱爬扰乱架面,影响通风透光。

4. **人工授粉**　大棚栽培由于棚膜阻隔,昆虫较少,需要人工辅助授粉来保花保果。方法是在上午8时左右、露水干后,采集新鲜开放的雄花,将花粉均匀抹在当天开放的雌花柱头上即可。

5. **采收**　丝瓜以嫩瓜食用,要适时采收,一般花后10~12天采收为宜。采收过早产量低;过晚丝瓜老化,纤维含量高,品质下降。采收宜在早晨进行,每1~2天采收1次。

第五章 其他蔬菜高效栽培与安全施肥技术

第一节 设施芹菜高效栽培与安全施肥

一、对环境条件的要求和主栽品种

（一）对环境条件的要求

1. 温度　芹菜是耐寒性蔬菜，幼苗可耐-4℃～-5℃的低温，成株可耐-7℃～-10℃的低温。种子发芽始温为4℃，适温为15℃～20℃。营养生长适温为15℃～20℃，26℃以上生长受抑制，0℃以下发生冻害。芹菜很适于北方早春和晚秋保护地栽培，设施内白天适宜温度20℃～22℃、夜间15℃～18℃，昼夜温差为4℃～5℃。

2. 光照　芹菜属长日照作物，但不耐阴，适宜的光照时间为8～10小时。低温和长日照可促进苗端分化为花芽。营养生长期光照充足，植株生长快，产量较高；光照太弱，叶色发黄，生长不良。

但是光照太强时,叶柄后角组织发达,降低食用品质。保护地栽培时,一般无强光且空气湿度较大,产品不易纤维化,因此芹菜保护地栽培可以获得优质产品。

3. 水分　芹菜属于消耗水分较多的蔬菜,由于种植密度大,总的蒸腾面积大,加之根系浅,吸收能力较弱,所以要求较高的土壤湿度和空气湿度,以土壤相对含水量保持在70%~80%为宜,地表见干时应浇水。

4. 土壤和营养　芹菜根系较浅,吸肥力较弱,应选择富含有机质,保水、保肥力强的土壤栽培。沙土栽培芹菜易出现空心现象。芹菜对氮肥的需要量较大,氮肥缺乏不仅影响产量,而且会引起叶柄空心,降低品质。芹菜缺少硼和钙时易使叶柄劈裂。芹菜对土壤酸碱度的适应范围 pH 值为 6~7.5,对微酸或微碱性土壤均适宜。

(二)品种选择

1. 津南实芹　天津市地方优良品种。生长势强,株高 90 厘米左右。叶片绿色,叶柄浅绿色、长约 52 厘米、宽约 1.5 厘米,实心,纤维少,药香味中等。中熟,抗逆性较强,耐贮运,春季栽培不易抽薹。单株重约 250 克,每 667 米^2 产量 5 000~6 500 千克。

2. 天园实芹　天津市农业科学院园艺研究所选育而成。株高 80~90 厘米,叶绿色,叶柄浅绿色,实心,纤维少,商品性好。从定植到采收 70~80 天,单株重 500 克左右,每 667 米^2 产量 5 000~6 000 千克。抗寒耐热,较抗叶斑病,可四季栽培。

3. 雪白实芹　新育成的一代品种,其品质、抗病性、丰产性均优于其他同类品种。植株高可达 70 厘米,叶片嫩绿肥大,叶柄宽厚,实心,腹沟深,雪白晶莹,口感脆嫩,香味浓。耐热抗寒,生长快,生长势强,可四季栽培。

4. 金黄芹菜　新选育品种,抗病性、丰产性极为突出,适宜我国大部分地区栽培。植株高大,生长势强,株形较紧凑。叶柄半圆筒形、柔和蛋黄色,纤维少,质脆,香味浓,产量高。

5. **雪白芹菜** 新选育品种,适宜我国大部分地区栽培,其抗热、耐寒性较为突出。株形紧凑,株高50~60厘米。叶柄下部呈乳白色,从下至上逐渐过渡为纯白色,叶柄半圆筒形,纤维少,味脆嫩可口,产量高。

6. **绿帝** 日本龙井种苗培育的新品种。抗病性强,生长势旺,栽培容易,适应性广。植株粗壮,单株重可达2千克。成株高62厘米左右,叶柄肥阔厚实,色鲜绿,筋少,脆嫩可口。

7. **意大利冬芹** 引自意大利。株高约70厘米,叶片深绿色,叶柄实心,纤维少,肥嫩芳香。适应性强,耐低温,耐湿,单株重250克左右,每667米^{2}产量5 000千克左右。

8. **犹他52-70** 引自美国,属绿色品种类型。植株高大,叶色深绿,叶片较大,叶柄肥大宽厚,基部宽3~5厘米,叶柄第一节长27~30厘米。株高70厘米左右,叶柄抱合紧凑,呈圆柱状,质地嫩脆,纤维少,品质好。抗病性强,每667米^{2}产量可达7 000千克以上。缺点是叶片易老化空心。

9. **佛罗里达683** 引自美国,属绿色品种类型。植株圆筒形,株形紧凑,株高60~70厘米,生长势强。叶色深绿,叶柄宽厚,基部宽3厘米左右,叶柄第一节长25~27厘米,纤维较少,质地脆嫩,抗茎裂病和缺硼症。单株重1千克以上,每667米^{2}产量7 000千克以上。缺点是耐寒性稍差,宜保护地栽培。

10. **天津黄苗** 天津市郊区地方品种。植株生长势强,叶柄长而肥厚,叶色黄绿或绿,实秸或半实秸,纤维少,品质好。单株重500~600克,生长期90~100天。该品种耐热、耐寒、耐贮藏,冬性强,易抽薹。适于四季栽培。

11. **玻璃脆** 河南省开封市地方品种,是从西芹与开封实秆青芹自然杂交后代中选育而成。生长势强,株高约1米,最大叶柄

长达60厘米以上。叶柄粗,实心,纤维少,肉质脆嫩,品质佳,不易老,色如玉,透明发亮,故名之。该品种耐热、耐寒、耐贮运,不易抽薹开花。生育期约110天,单株重500克左右。适于秋、冬季保护地栽培。

12. **津南实芹1号**　天津市南郊区双港乡农科站选育而成的品种。植株生长势强,株高80~100厘米,生长速度快。叶柄长而实心,黄绿色,叶柄宽而厚,叶柄基部白绿色,纤维少,质脆嫩香。口感好,含葡萄糖、维生素C较高,品质优良。该品种耐低温、抗寒、抗盐碱、早熟、分枝少、抽薹晚、产量高,单株重0.25~1.5千克。适于保护地栽培。

13. **美国芹菜**　中国农业科学院蔬菜花卉研究所从美国引进的品种。植株生长势强,株高70~89厘米,最大叶柄长约46厘米、宽约2厘米、厚约1.5厘米。叶柄肉质厚,脆嫩,绿色,实心,纤维含量少。叶片绿色,风味淡。该品种生长较慢,生育期约130天,耐寒、耐贮藏,品质好,适于生食和熟食。单株重600克以上,一般每667米^{2}产量6 000~7 000千克。适于春、秋、冬保护地栽培。目前山东省种植面积较大。

二、大棚芹菜春提早栽培

(一)育　苗

1. **品种选择**　此茬芹菜宜选用抗寒能力强、不易发生抽薹或抽薹晚、高产、优质的品种,如津南实芹、雪白芹菜等。每667米^{2}需用种子500克。育苗场地应和生产田块隔离,宜集中育苗或专业育苗。

2. **苗床准备**　苗床应选地势高燥、排水良好的地块。在大棚内做宽1.2米、深20厘米的凹床,下垫一层旧草帘和一层旧地膜防水隔热,然后铺电热线。苗床上密排穴盘,浇足底墒,盖膜保温。

3. **催芽播种** 大棚芹菜春提早栽培适宜播期为1月上旬至2月上旬。芹菜种子发芽对温度要求严格,低温季节播种,要进行种子处理,否则难以发芽。常用的种子处理方法有两种:一是播前先用15℃~20℃清水浸泡种子24小时,轻轻搓揉种子,换清水洗几遍。然后用纱布包好,置于15℃~20℃条件下催芽,期间每天翻动淘洗1~2次,以增强通气性,并注意使种子见光。5~7天后,80%种子出芽,即可播种。二是对种子进行变温处理,方法是用15℃~20℃清水浸泡种子24小时后,将种子搓洗干净,放在15℃~20℃催芽箱内,经过12小时后,将温度升至22℃~25℃,再经过12小时后,将温度重新降回至15℃~20℃。这样,经过3天后种子就会发芽,而且出芽整齐健壮。

4. **苗床管理** 因育苗期天气较冷,育苗在大棚内进行,苗床穴盘覆土后盖上小拱棚、草苫等。出苗前,苗床昼夜温度保持20℃~25℃,促进出苗。待50%幼芽出土后,降低苗床温度,白天温度保持15℃~20℃、夜间8℃~10℃,以利于培育壮苗,延缓先期抽薹现象。在寒潮侵袭时,增加覆盖物,防止低温冻伤幼苗。冬季经常发生连续阴冷天气,应在中午短时间揭开草苫,使芹菜苗有短暂的见光时间。如果一味地保持床温而不揭草苫见光,往往会造成幼苗因见光太少而黄化;黄化苗细弱,生长缓慢,如突然遇强光,很容易卷叶致死。在寒冷的1月份,土壤蒸发量小,无须浇水。2月份天气转暖,如土壤干旱,可浇小水。结合浇水,每667米^{2}追施尿素6~7千克。定植前7~10天,苗床通风降温,进行秧苗锻炼,白天温度保持10℃~15℃、夜间不低于8℃。

5. **苗期病虫害防治** 用10%吡虫啉可湿性粉剂2 000~3 000倍液喷雾防治蚜虫。用72%硫酸链霉素可溶性粉剂3 000~4 000倍液喷雾防治细菌性立枯病。

(二)整地定植

1. **土壤处理**　定植前进行土壤处理,密封棚室,每667米^{2}用硫磺3千克+45%百菌清烟剂2.5千克+22%敌敌畏烟剂0.3~0.5千克+锯末10千克,混匀后分堆点燃进行熏蒸,24小时后通风换气。

2. **整地施基肥**　结合整地每667米^{2}施优质腐熟粪肥4000千克、生物有机肥200千克、尿素5~10千克、过磷酸钙60~80千克、硫酸钾20~30千克、硼砂1~2千克。肥料混匀后撒施,深翻20~30厘米,耙两遍,使土肥混合均匀,耙平后做畦,畦宽1米。

3. **定植**　幼苗长至4~6片真叶、苗龄40~50天时即可定植,定植宜选在上午10时以后进行。移栽前,应浇1次透水,以利起苗。起苗时,尽量带土,以提高成活率。选用健壮、无病的幼苗,按大、中、小苗分级分畦定植,每畦定植6~7行,穴间距8~10厘米,每667米^{2}栽植25000~30000株。具体栽培密度应根据品种特性、土壤肥力、栽培季节长短、市场要求以及种植习惯等因素决定。

(三)田间管理

1. **温度管理**　因早春温度较低,定植前20~30天扣大棚膜,并搭好中棚和小拱棚,白天扣严塑料薄膜,夜间加盖草苫保温,尽量提高设施内的地温。10厘米地温达到10℃以上,棚内夜间气温不低于8℃时方可定植。大棚宽度一般为6米,在中间开沟,做成4条宽1米、高30厘米的定植畦,畦间开沟,宽约50厘米。用1米宽的黑地膜平铺于畦面,用2米长的竹片和2米宽的塑料薄膜于畦中搭成底宽1.2米、高60厘米的小拱棚,外用4米长的竹片和4米宽的防雾防滴保温膜搭成底宽2.5米、高1.5米的中棚。定植后缓苗期间白天温度保持20℃左右、夜间10℃~15℃。待5~7天缓苗后适当降低温度,白天温度保持15℃~20℃、夜间不低于

8℃。芹菜生长前期正值早春寒冷季节,切勿使芹菜经常处于8℃以下的低温中,以防先期抽薹。生长后期,应加强通风,白天温度超过20℃要及时通风。当白天外界气温保持在15℃以上时,完全揭开塑料薄膜,使芹菜接受自然光照。当夜间最低气温稳定在8℃以上时,可全部撤除塑料薄膜等覆盖物。这一时期注意勿使设施内温度过高,以免植株徒长,降低产量和品质。

2. 肥水管理　芹菜春早熟栽培一般不进行蹲苗。定植后及时浇定植水,缓苗后再浇1次缓苗水。如果定植期较早,气温低,土壤蒸发量小,土壤湿润,则不必浇缓苗水。缓苗后进行1次中耕除草,提高地温,促进根系发育。生长前期浇水次数应少些,以免过度降低地温,影响生长,但要保持土壤湿润。随着外界气温升高,应逐渐增加浇水次数。进入迅速生长期后,芹菜的需水量加大,应及时浇水,保持土壤处于湿润状态,一般3~4天浇1次大水。缓苗后结合浇水追第一次肥,每667米^{2}施尿素15千克。以后结合浇水每10~15天追施1次专用配方肥或三元复合肥,每次每667米^{2}用量15~20千克,共追2~3次。缓苗后,可喷施氨基酸复合微肥800倍液,每7~10天喷1次,促进叶片分化,增加叶绿素含量。

芹菜春早熟栽培,由于生育前期外界气温很低,生产中很难保证不经受春化阶段的低温环境。因此,大多数植株已通过了春化阶段,只要条件适宜即会抽薹开花。为了防止先期抽薹影响品质,在肥水管理中应以大水、大肥充足供应为原则,促使营养生长旺盛,抑制抽薹速度,以免因干旱、缺肥影响营养生长而导致抽薹。

3. 病虫害防治

(1)病毒病　①控制蚜虫危害。②发病初期喷洒1.5%烷醇·硫酸铜乳油1 000倍液,或20%吗胍·乙酸铜可湿性粉剂500~700倍液,每隔7~10天喷1次,连喷2~3次。

(2)斑枯病　①发病初期每667米^{2}用45%百菌清烟剂200~

250克,或10%腐霉利烟剂200~250克,分8~10处,于傍晚暗火点燃闭棚过夜,每隔7天熏1次,连熏3次。②发病初期每667米^{2}用5%百菌清粉尘剂1千克,于傍晚用喷粉器喷撒,隔9~11天喷1次,连喷2~3次。③发病初期选用64%噁霜·锰锌可湿性粉剂500倍液,或75%百菌清可湿性粉剂600倍液,或50%多菌灵可湿性粉剂800倍液,或50%甲基硫菌灵可湿性粉剂500倍液喷雾,每隔7~10天喷1次,连喷2~3次。

(3)软腐病 发病初期选用72%硫酸链霉素可溶性粉剂3 000~4 000倍液,或14%络氨铜水剂350倍液喷雾,隔7~10天喷1次,连喷2~3次。

(4)蚜虫 用10%吡虫啉可湿性粉剂2 000~3 000倍液,或2.5%鱼藤酮乳油600~800倍液喷雾防治。

(四)采 收

芹菜一般在定植后50~60天,叶柄长达40厘米,新抽嫩薹在10厘米以下时即可收获。由于春早熟栽培易发生先期抽薹现象,如收获过晚,薹高老化,品质下降,故宜适当早收。春季芹菜市场价格是越早越高,适期早收,有利于提高经济效益。芹菜收获前应灌水,在地稍干、早晨植株含水量大、脆嫩时连根挖起上市。在价格较高或有先期抽薹现象时,也可劈收,每次劈取外叶5~6片。劈收后切勿立即浇水,以免水浸入伤口诱发病害。可待新发出3~4片叶时,再浇水追肥,促进新叶生长,15~20天后可再次劈收。

三、大棚芹菜秋延后栽培

(一)茬口安排

大棚芹菜秋延后栽培,7月下旬至8月上旬露地育苗,9月上

中旬定植在大棚,初冬或深冬陆续采收上市。秋延后栽培设施较简单,环境条件适于芹菜生长发育,产量高、品质好,上市期正值冬季绿叶菜缺乏季节,是芹菜周年供应的重要环节。

(二)品种选择

芹菜秋延后栽培后期处于低温季节,应选用耐寒性强、叶柄充实、不易老化、纤维少、品质好、株型大、抗病、适应性强的品种。由于收获期较长,且采收越晚价格越高,因此宜选用生长缓慢、耐贮藏的品种;由于冬季缺乏绿色蔬菜,人们对绿色菜有所偏爱,因此选用的品种以绿色、深绿色为佳。生产中目前常用的品种有美国芹菜、津南实芹 1 号、玻璃脆等。

(三)育 苗

芹菜秋延后栽培育苗期应适当,如播种过早,收获期提前,不便于冬季贮藏;播期过晚,在寒冬来临前芹菜尚未完全长足,则产量不高。

1. **建育苗床** 育苗床应选择地势高、易灌能排、土质疏松肥沃的地块。苗期正值雨季,做畦时一定要设排水沟防涝。畦内每 667 米^2 施腐熟有机肥 4 000~5 000 千克、生物有机肥 100~150 千克,然后浅翻耙平,做宽 1.2~1.5 米的平畦或高畦。在蚯蚓危害严重的地块,整地前每 667 米^2 灌氨水 30~50 千克。芹菜苗期较长,加上天热多雨,杂草危害十分严重,有条件的可施用除草剂防治杂草。一般每 667 米^2 用 48%氟乐灵乳油 100 克,或 58%甲草胺乳油 200 克,加水 35~50 升喷洒于畦面,然后浅中耕 1~3 厘米,使药与土均匀混合。

2. **种子处理** 芹菜种子发芽缓慢,必须催芽后播种。先用 15℃~20℃水浸泡种子 24 小时,用清水冲洗,揉搓 3~4 次,将种子表皮搓破,以利发芽。种子捞出后用纱布包好,在 15℃~20℃条件

下催芽。催芽期正值炎夏高温期,温度过高不利于种子发芽,每天可用凉水冲洗1~2次,并经常翻动和见光,6~10天即可发芽,待80%种子出芽即可播种。育苗期易发生斑枯病、叶枯病等病害,为防治种子带菌,催芽前可用48℃~49℃温水浸种30分钟,再用1%高锰酸钾溶液浸种10~15分钟,以消灭种子上携带的病菌。很多芹菜品种的种子收后有1~2个月的休眠期,如果采用当年采收的新种子,可用1%硫脲溶液浸种10~12小时,以打破休眠,促进发芽。

3. **播种**　播种应选在阴天或傍晚凉爽时进行,切忌夏日中午播种,以防烈日灼伤幼芽。播前畦内浇足底水,待水渗下后,将出芽的种子与少量细沙或细土拌匀,均匀撒在畦内,然后覆土0.5~1厘米厚。每667米^{2}用种量1~1.5千克。为了防治苗期杂草,播后每667米^{2}用50%扑草净乳油100克,掺细沙20千克,撒于畦面。

4. **苗期管理**

(1)遮阴　秋延后栽培芹菜苗期正值炎热季节,为了降低地温,防止烈日灼伤幼苗,播种后应在苗床上遮阴。可用玉米秸、苇箔草帘等,搭在畦埂上遮阴;或用竹竿等做小拱,上覆遮阳网遮阴。在幼苗2~3片真叶期陆续撤去遮阳物。

(2)浇水　幼苗出土前应经常浇小水,一般每1~2天浇1次,保持畦面湿润,以利幼芽出土;严防畦面干燥,旱死幼苗。幼苗出土后仍需经常浇水,一般3~4天浇1次,天热干旱时1~2天浇1次,以保持畦面湿润、降低地温和气温。雨后应及时排水,防止涝害。苗期根系浅,浇水后有的根系露出,可在浇水后覆细土1~2次,把露出的根系盖住。

(3)定苗　芹菜长出1~2片真叶时进行第一次间苗,间拔并生、过密、细弱的幼苗。长出3~4片真叶时定苗,苗距2~3厘米。结合间苗,及时拔草。

(4)追肥 在幼苗2~3片真叶时进行第一次追肥，每667米^{2}施尿素7~10千克。15~20天后进行第二次追肥，每667米^{2}施尿素10~15千克。

(5)壮苗标准 定植前15天减少浇水，锻炼秧苗，提高其适应能力。芹菜秋延后栽培，本芹壮苗标准：苗龄50~60天，苗高15厘米左右，5~6片真叶，茎粗0.3~0.5厘米，叶色鲜绿无黄叶，根系大而白；西芹苗龄稍长，一般为60~80天。

(四)整地定植

1. **整地施基肥** 定植前把前茬作物的残株清理出田外，结合整地每667米^{2}施优质腐熟有机肥5 000~6 000千克、生物有机肥150~200千克、专用配方肥50~70千克或过磷酸钙80~100千克、硼砂2千克。将肥料混匀撒施于地表，立即深翻耙平，做宽1~1.5米的平畦。

2. **定植** 栽前育苗床浇透水，以便起苗时多带宿土，少伤根系。定植应选阴天或晴天的傍晚进行，防止中午高温日灼伤害幼苗。定植株行距一般为12厘米×13厘米，单株较大的西芹品种，如美国芹菜为16~25厘米×16~25厘米。根据行距开深5~8厘米的沟，按株距单株栽苗。栽植深度以埋没短缩茎为宜，既不要过深埋没心叶，也不要让根系露出地表。定植后立即浇水。

(五)田间管理

1. **肥水管理** 定植后4~5天浇缓苗水，待地表稍干即可中耕，以利发根。以后每3~5天浇水1次，保持土壤湿润，降低地温，促进缓苗。定植15天后，缓苗期已过，深中耕除草，进行蹲苗。蹲苗5~7天，使土壤疏松干燥，促进根系下扎和新叶分化，为植株旺盛生长打下基础。植株粗壮、叶片颜色浓绿、新根扩大后结束蹲苗，进行浇水，以后每5~7天浇1次水，保持地表见干见湿。定植

后1个月左右,植株进入旺盛生长时期,应加大肥水供应,一般每3~4天浇1次水,保持地表湿润。蹲苗结束后追肥,每667米^{2}随水冲施专用配方肥20~25千克或三元复合肥15~20千克。以后每隔10~15天追肥1次,每次每667米^{2}随水冲施专用配方肥或三元复合肥15~20千克,每7~8天喷1次氨基酸复合微肥600~800倍液+0.3%尿素混合肥液,于收获前20天停止追肥。

秋延后芹菜生长前期外界温度较高,浇水量宜大。待进入棚室后,外界气温渐低,棚室温度也不太高,加上有薄膜阻挡,土壤蒸发量很小,浇水次数应逐渐减少,浇水量也应逐渐降低。华北地区11月上旬可浇1次透水,以后只要土壤不干燥就不浇水。如需浇水应在上午进行,下午及时掀开薄膜排出湿气,防止空气湿度太大而发生病害。在收获前7~8天浇最后1次水,以促进叶柄生长充实,保持叶片鲜嫩,防止叶柄老化和空心。这一时期浇水次数减少,追肥也相继减少。后期如果缺肥、叶片黄化,可根外喷施氨基酸复合微肥600倍液+0.3%尿素肥液,每7~10天喷1次,连续喷施2~3次。

2. 光照和温度管理 芹菜秋延后栽培,在华北地区早霜来临前的10月中旬,即应把大棚塑料薄膜扣好,夜间加盖草苫保温,白天温度保持15℃~20℃、夜间6℃~10℃。入冬前多数植株尚未长足,适宜的温度条件可以保证芹菜继续生长,增加产量。在栽培后期,外界寒冷,保温覆盖物要晚揭早盖,减少通风,保证棚室夜间温度不低于0℃,白天温度保持在15℃以上。有条件的可在畦上设小拱,利用多层覆盖,保持温度。芹菜在营养生长期不喜强光,一般棚内的光照即可满足其生长发育要求。但是光照时间过短,光照轻度过低,也会造成叶片黄化,植株生长停滞。所以,在连阴天或外界温度太低时,中午应揭开草苫,尽量让植株多见光。

(六)收　获

入冬后外界天气寒冷,保护设施内气温继续下降,待棚内最低温度降至2℃左右时,即应收获上市,防止长时间的低温冻伤植株,降低食用品质。秋延后栽培芹菜的收获期不严格,一般株高60~80厘米即可采收。冬季应选晴暖天气,从畦的一头全部刨根收获。如果保护设施内温度条件适宜,也可用劈叶的方法多次采收,从11月下旬开始,分次劈收外叶柄,每15~20天收1次,每次劈收外叶1~3片,共收获4次,直到保护设施内温度太低不能生长时为止。每次劈叶后4~5天新叶长出时,可酌情浇水、追肥,以促进下一批叶的生长。

第二节　设施韭菜高效栽培与安全施肥

韭菜是多年生宿根草本植物,以嫩叶和叶鞘组成的假茎供食用,辛香鲜美,可炒食、做汤、做馅和调味,深受欢迎。韭菜不仅营养价值高,还有一定的药用效果。韭菜中的硫化物具有降血脂的作用,适用于治疗心脑血管病和高血压;韭菜中含有大量的可食纤维,能促进胃肠蠕动,减少有毒物质被人体吸收的机会。另外,中医认为韭菜食味甘温,有补肾益阳、散血解毒、调和脏腑、暖胃、增进食欲、除湿理血等功效。

一、对环境条件的要求和品种选择

(一)对环境条件的要求

1. **温度**　韭菜属耐寒性蔬菜,对温度的适应范围较广,不耐高温。韭菜发芽最低温度为2℃~3℃,发芽适宜温度为15℃~

20℃，生长适宜温度为16℃～24℃，温度超过24℃时生长缓慢，超过35℃叶片易枯萎腐烂。

2. **光照**　韭菜为耐阴蔬菜，属长日照植物，产品形成期喜弱光，适宜的光照强度为2 000～4 000勒。光照过强，品质变劣。韭黄则需在无光条件下培育。

3. **水分**　韭菜喜温、怕涝、耐旱，韭菜发芽期、出苗期、幼苗期非常怕旱，必须保持土壤湿润，空气相对湿度以60%～70%为宜。

4. **土壤与肥料**　韭菜对土壤类型的适应性较广，稍耐微酸微碱，pH值5.5～8为宜。在耕层深厚，土壤肥沃，保水、保肥力强的优质土和偏黏质土中，生长最好。韭菜对盐碱地有一定的适应能力，在含盐量0.2%的土壤中栽培也能正常生长。韭菜成株耐肥力很强，耐有机肥的能力尤其强。施化肥时氮、磷、钾要配合施用，其比例为1∶0.5∶0.55较好，同时应酌情施用锌、铁、硼等微量元素。每生产1 000千克韭菜需吸收氮4.5～6.5千克、磷0.7～2.5千克、钾4～6.6千克。

（二）品种选择

1. **791优系**　抗寒高产、生长迅速而整齐。791韭菜品种于1979年育成，近年来品种退化和混杂现象日益严重。791优系经系选、提纯复壮，不仅保持了原种791的优良种性，而且其抗寒性、丰产性、商品性皆优于791原种。

2. **平韭3号**　直立抗病，优质高产。株高48厘米以上，株丛直立，叶色深绿，叶片肥厚。抗逆性强，抗病、耐热，尤抗灰霉病和疫病。春季早发，生长快，较791品种早上市7～8天。每667米^{2}年产鲜韭8 000～9 000千克。适宜保护地冬春茬栽培，每667米^{2}产量可达3 500～4 000千克。

3. **平韭4号**　抗寒高产，保护地栽培的理想品种。株高约50厘米，株丛直立，叶片绿色，宽大肥厚，叶质鲜嫩，辛香味浓，粗纤维含量少,商品性状优良。生长势强,抗衰老,持续产量高,每667米^{2}年产鲜韭10 000千克左右。是791韭菜的换代产品。

4. 平韭5号 极抗寒,抗寒类韭菜之珍品。早发优质,耐贮运。株高60厘米左右,直立,叶色浓绿,香辣味浓,是抗寒类韭菜中叶色最深、品质最优良的品种。叶鞘较长,约占株高的1/4,适宜密植,每667米^{2}产鲜韭12 000千克左右。春季早发,较791早发8~10天,前期产量高。耐贮运,较其他品种的有效存放期长48小时以上。极抗寒,冬季不休眠,适宜全国各地露地和保护地种植。寒冷地区利用小拱棚、日光温室等保护地栽培效益更好。

5. 平科2号 冬季回秧,春季早发,优质、抗病,一代杂种。株高50厘米左右,植株直立。叶色浓绿,叶片宽大丰腴,抗病性强,内在品质和商品性状俱佳。早春生长迅速而整齐,前期产量高,上市早,效益好,每667米^{2}年产鲜韭10 000千克左右。适合全国各地露地和冬春茬保护地栽培。

6. 其他 生产中常用品种还有汉中冬韭、津南青韭、寿光独根红、杭州雪韭、马蔺韭、西浦韭菜等。

二、栽培技术要点

(一)播种育苗

大棚栽培韭菜要选择适应性和分蘖力强,叶片宽厚直立,休眠期短而萌发早的优质高产品种。清明前后直播或育苗。直播多采用条播,行距33~35厘米,播种沟深2厘米,播幅5厘米,每667米^{2}用种量4~6千克。育苗移栽采用撒播,每667米^{2}大田用种量1~2千克,苗床面积约占大田面积的1/10。播种前先进行浸种催芽,方法是将种子放在30℃~35℃温水中浸泡24小时,搓掉种子表面黏液,放在15℃~20℃条件下催芽2~4天,每天用清水淘洗2

遍。露嘴后挪到较低温处“蹲芽”，芽出齐后即可播种。播前浇足底水，播后覆细土1厘米厚，盖土后轻轻镇压一下，以防浇水冲起种子。盖地膜保墒，当有10%以上的幼苗出土后，及时揭去地膜。

（二）苗期管理

1. 除草　韭菜小苗生长缓慢，易受杂草危害，所以必须及时除草。可在播后苗前，每667米^{2}用33%二甲戊灵乳油100毫升对水50升喷洒畦面，有效期可达40~50天。当除草剂有效期过后，杂草又大量发生时，应先人工拔除大草，杂草3~4叶期，每667米^{2}用20%烯禾啶乳油65~100毫升对水50升，对杂草茎叶喷雾。

2. 浇水施肥　3叶期前，结合浇水追肥2~3次，每次每667米^{2}追施尿素5~8千克。3叶期后适当蹲苗，减少浇水次数。雨季应清好“三沟”，及时排除积水，防止沤根烂秧。

（三）整地定植

春播苗龄70~80天，当苗高18~20厘米、有5~6片叶时即可定植。定植前每667米^{2}施腐熟有机肥4 000~5 000千克、生物有机肥100千克、专用配方肥40~60千克或过磷酸钙50~60千克+磷酸二铵20千克+氯化钾20千克，将肥料混匀撒施，耕翻与土壤充分混合。整地做畦，畦宽2米，畦沟宽50厘米，畦长30米（大棚跨度4.5米，长度30米，2畦1棚）。按行穴距30厘米×25厘米定植，每穴栽20~25株。

（四）定植后肥水管理

定植后浇足稳根水，初期每隔4~5天浇1次水，促进缓苗。每次浇水后中耕培土2~3次，雨季加强排水。入秋后加强肥水管理，注重根外追肥，每7~10天喷施1次氨基酸复合微肥600倍液+0.3%尿素+0.3%磷酸二氢钾混合肥液。一般每5~7天浇1次水，每15天追1次肥，每次每667米^{2}追尿素10千克，到9月下旬停止追肥浇水。

（五）扣棚后管理

11月中下旬，在韭菜外叶充分枯萎以后扣棚覆膜。扣棚前割除韭菜，清理畦面，浇水施肥，晾晒3~4天后选无风晴天扣棚。

1. **温度管理** 扣棚初期气温偏高，可在中午前后通风降温，棚内白天温度保持20℃左右、夜间5℃以上。头刀韭菜收割前4~5天适当揭膜通风，收割后不通风，待新叶长至9~12厘米高、棚温超过25℃以上时通风。每次浇水后，应适当通风降温。

2. **肥水管理** 韭菜栽培应注重根外追肥，每7~10天喷施1次氨基酸复合微肥600倍液。割头刀韭菜前不浇水，待二刀韭菜长至6厘米高时，结合浇水每667米^{2}追施尿素10~15千克、氯化钾5~7千克。收割前4~5天浇1次水，水量以棚温而定。以后每割一刀均要扒垄，晾晒鳞茎，待新叶长出后，结合浇水追肥并培土。

（六）收　割

大棚韭菜播种后至扣棚期间不收割，扣棚后40天左右，待韭菜株高25厘米左右时收割第一刀，以后每刀间隔20~25天，一般棚内可收割3~4刀，每667米^{2}产量可达3 000千克。

（七）全生育期追肥技术

韭菜常年生长需肥量大，尤其喜欢有机肥。生产中应根据不同栽培目的和不同生长时期对肥水的需求，有促有控合理施肥，做到春季重施有机肥，夏季不施或少施肥，秋季前期肥水齐促。

1. **春季重施有机肥** 我国北方地区，在韭菜停割后1~2天，趁畦内土壤湿润，每667米^{2}施腐熟土杂肥20 000~30 000千克或

充分腐熟优质圈肥 7 000~8 000 千克、过磷酸钙 150 千克、尿素 20 千克、硫酸钾 35 千克、硫酸锌 2~3 千克，疏松畦土，使肥土混合均匀。

2. **夏季控制施肥**　夏季主要促根生长，一般不施肥。

3. **秋季有促有控**

(1)立秋前后肥水齐促　此期韭菜进入生长旺期，要肥水齐攻，促进光合产物的转化、回流和储存，为冬季韭菜高产打好基础。一般每 667 米^2 施豆饼 500~800 千克、过磷酸钙 100 千克、硫酸锌 2~3 千克。处暑至秋分期间分 3 次追肥，每次每 667 米^2 施尿素 20 千克。

(2)白露控制肥水　秋分至寒露要逐渐减少浇水量，此期每 667 米^2 追施腐熟粪尿肥或发酵的饼肥 200~300 千克，不施化肥。充分利用已有叶片制造营养，在继续促使营养向鳞茎和根系回流的同时，确保鳞茎和根系积存营养物质。

(3)寒露停水控长　寒露以后停止浇水施肥，利用干旱强行控制韭菜的贪青徒长，迫使营养物质加速向鳞茎和根系回流。

(4)冬季覆盖时控制施肥　冬季覆盖时要浇 1 次透水，每 667 米^2 随水施尿素 20 千克。

韭菜保护地栽培易出现土壤酸害，其表现为扣膜后第一茬生长发育正常，下茬生长缓慢而细弱，外部叶片枯黄。其预防措施是在增施有机肥的基础上，施用石灰调整土壤酸度。若扣膜后出现土壤酸害，可结合追肥用硝酸钙溶液浇根，以缓解或消除酸害。

(八)拆棚后管理

翌年 3 月下旬至 4 月初拆棚，拆棚后施有机肥，以养根为主，一般不收割，长势好的田块可收割 1~2 刀青韭。梅雨季节注意排涝，夏末秋初可收一季薹韭，入秋后加强肥水管理，为下一次大棚栽培打好基础。

(九)病虫害防治

大棚韭菜病虫害主要有韭蛆和灰霉病,韭蛆可用50%辛硫磷乳油800倍液,或90%晶体敌百虫1 000倍液灌根防治;灰霉病发病初期用50%腐霉利可湿性粉剂1 000倍液喷雾防治,每隔7天喷1次,连喷2~3次。

三、韭菜设施栽培模式

韭菜设施栽培,可以分为秋延后栽培、越冬栽培和早春栽培。

(一)韭菜秋延后栽培

在初冬未受冻害正常生长时加盖塑料薄膜或草苫,以延长韭菜生长期和收割期,一般在10月下旬开始覆盖。秋延后栽培通常只收一刀,收割后即撤除覆盖物,使其停止生长。因韭菜有休眠的特性,如继续覆盖栽培,其生长势逐渐减弱,产量降低。秋延后栽培韭菜设施一般为塑料小拱棚。为了提高秋延后韭菜的质量,应在覆盖前15天左右收割1次,在韭叶长出3~5厘米时进行追肥浇水,然后覆盖薄膜和草苫。如露地收割过晚或覆盖过晚,可能因低温进入强制休眠期,达不到延迟栽培的目的。初冬天气不太冷,草苫应早揭晚盖,畦内白天温度保持20℃左右、夜间10℃左右。覆盖30~40天即可收割,若继续栽培,可在收割后2~3天追肥浇水,继续覆盖管理。

(二)韭菜越冬栽培

韭菜越冬栽培是在秋延后的基础上继续管理延长韭菜收获期直至翌年春,这种保护地栽培模式是韭菜实现周年生产四季供应的重要一环,利用大棚套小棚、日光温室或现代化温室等保温性较

好的保护地设施,很容易获得成功。北方品种一般因进入休眠状态产量很低,如用雪韭品种越冬栽培,无论北方和南方均可做到周年生长、周年收获。

(三)韭菜早春栽培

作早春栽培的韭菜地,一般半年不收割,加强松土除草、追肥、浇水等田间管理,以培养肥大的鳞茎,供早春生长需要。在不能生长时,利用塑料大棚、中棚、小棚或冷床进行短期覆盖,达到比露地早收一刀的目的。一般在 12 月下旬或 2 月上旬开始覆盖,覆盖前松土,撒施一层腐熟有机肥,然后覆盖,注意将薄膜四周用土压严,防止透风降温。覆盖后期气温上升,可在中午适当通风,防止温度过高,造成叶梢枯黄,影响质量。3 月下旬至 4 月上旬揭去薄膜,转为露地生长。每采收 1 次,追施 1 次肥,以保持旺盛的长势。

四、韭黄栽培技术要点

韭黄在黑暗条件下生长,叶片呈黄色,纤维组织不发达,含水量高,质地柔嫩。韭黄栽培的基础是韭菜鳞茎中储存的养分,鳞茎越大,韭黄的产量和品质越高。韭黄栽培方式依生产季节而异,冬春低温季节采用增温保温设施,夏秋高温季节采用阴凉通风设施。可以利用现有的韭菜地进行覆盖遮光栽培韭黄,也可将具有健壮鳞茎的韭菜植株挖出,移栽至保护地设施内培育韭黄。

(一)冬春保温遮光培育韭黄

1. **培土软化栽培**　培土使韭菜植株基部软化,培土的高度应在韭菜叶片与叶鞘交界处。为了保证软化时不见光线,并创造一定的温度条件,培土软化有时还需要与其他设施条件相配合。

2. **马粪盖韭软化栽培**　新鲜马粪在发酵时能产生热量,在气候酷寒的冬季,利用马粪发酵的功能,促进韭黄生长。韭菜经马粪覆盖,不见阳光,就成为优质的黄色软化产品。

3. **冷床、温床囤韭软化栽培** 冬春利用冷床、温床,将露地长成的韭菜根株挖出后,密密地排在冷床或温床内,利用日光及酿热物发热,促使其在冬春萌发。在将要发芽时,用塑料薄膜覆盖保温,再盖草苫遮光,即可生产韭黄。

(二)夏秋降温遮光培育韭黄

夏秋高温季节培育韭黄,必须采取降温遮光方法。

1. **束叶培土软化栽培** 伏天栽培的白韭,是由青韭软化而成。束叶是用荷叶将韭菜包起来,再用稻草扎好。束叶松紧度应根据气温而异,如中伏至末伏束叶容易腐烂。束叶前韭菜必须经过锻炼,即束叶前15~20天不施肥、不浇水,使韭菜老健粗壮。束叶要松些,过紧容易腐烂,束叶后培土7~10厘米厚。进入9月份以后天气转凉,束叶后培土可厚一些,一般为16~20厘米。培土的土粒要小、要压紧,否则叶色变绿影响质量。

2. **瓦筒盖韭软化栽培** 瓦筒盖韭又名瓦盆盖韭,夏季高温多雨期多采用瓦筒盖韭软化栽培。瓦筒是专为韭菜软化而特制的生产工具,一般瓦筒高约33厘米,筒口直径约17厘米,筒底直径约11厘米。广东等地的瓦筒是无底的,可临时用瓦片覆盖,遇到湿度过高时可将瓦片揭起,通风换气。

第三节 设施茴香高效栽培与安全施肥

茴香又称小茴香,多年生宿根草本植物,以嫩茎叶供食用,脆嫩鲜美,别具风味。我国北方主要把茴香作调味品或馅食,其果实也可作香料或药用。利用保护地生产茴香,可以实现周年供应。

一、对环境条件的要求和品种选择

（一）对环境条件的要求

1. 温度与光照　茴香喜冷凉潮湿气候，既耐寒又耐热，还耐强光，对光照要求不严格。种子发芽适温为16℃~23℃，生长发育适温为15℃~18℃，可耐短时间的-2℃低温，超过24℃生长不良。

2. 水分　茴香对水分需要较多，设施栽培空气相对湿度60%~70%、土壤相对含水量不超过80%时生长良好。

3. 土壤　茴香对土壤的适应性较强，适宜的土壤pH值为5~7。土壤以保水、保肥力强，通透性好的肥沃壤土为佳，栽培需较多的有机肥和氮肥。一般每生产1 000千克鲜品茴香，需吸收氮3.79千克、磷1.12千克、钾2.34千克，氮、磷、钾吸收比例约为1∶0.3∶0.62。

（二）品种选择

茴香有大茴香、小茴香和球茎茴香3种。春季栽培多选用小茴香，秋冬栽培可选用大茴香或球茎茴香。大茴香株高30~45厘米，全株有5~6片叶，叶柄长，生长快，抽薹较早，山西及内蒙古等地栽培较多。小茴香植株较矮，株高20~35厘米，全株有7~9片叶，叶柄较短，生长较慢，抽薹较迟。小茴香按种子形状又有圆粒种和扁粒种之分，圆粒种生长期较短，抽薹较早，产量较低；扁粒种适应性强，抽薹较迟，再生能力强，产量较高，京、津、冀、鲁等地多采用扁粒种。球茎茴香，其茎的上部叶鞘处膨大呈球状，现在栽培的球茎茴香品种主要引自意大利、美国和日本。

二、茴香早春大棚栽培技术要点

早春在大棚内种植茴香，作为大棚春茄子、番茄、甜椒等果菜类蔬菜的前茬，效益较高。

（一）品种选择

茴香一般选择生长快、耐寒、抗病、产量高的品种，如内蒙古的大茴香、割茬小茴香等。

（二）整地施基肥

一般每 667 米^2 施优质腐熟农家肥 3 000～5 000 千克、复合微生物肥 3 千克、专用配方肥 30～40 千克或过磷酸钙 50～100 千克+磷酸氢二铵 15～20 千克+硫酸钾 15～20 千克，将肥料拌匀后撒施在地面，深翻耙细后做畦，畦宽 1.2 米，搂平畦面备用。

（三）种子处理与播种

1. **种子处理** 大棚春季栽培，一般采用干籽直播或浸种播，如播期晚可催芽播种。浸种播是用 18℃～20℃清水浸泡 24 小时后播种。催芽播是将浸泡过的种子用湿布包好，放在 20℃～22℃条件下催芽，每天用清水冲洗 1 次，以洗去黏液，6 天左右即可出芽播种。茴香适于密植，畦面撒播，每 667 米^2 播种量为 2～3 千克。

2. **播种** 一般在大寒前后播种，也可于小寒左右播种，最晚于立春前播种。小寒播种出苗期与大寒播种的差不多，但出苗后幼苗健壮，生长快，可提前 7 天收获，经济效益明显提高。一般每 667 米^2 播种量为 8～10 千克。播种当天浇足底水，均匀撒播，播后筛土覆盖，厚度为 1～1.2 厘米。

(四)田间管理

1. **挂天幕** 播种后,立即在棚内距离棚膜30~40厘米处吊挂一层塑料薄膜天幕,膜厚0.010~0.012毫米,可使棚内温度提高2℃~4℃。

2. **温度管理** 播种后至出苗前,密闭大棚保温防寒。苗高7~8厘米时开始通风,一般上午超过22℃时通风,下午低于20℃时关闭风口;生长中期早晨8℃~9℃时通风,至下午温度低于20℃时关闭通风口;生长后期根据外界温度情况通风,白天通风口要大,夜间通风口要小,白天最高温度不能超过24℃,否则茴香易干尖。

3. **肥水管理** 苗高7~8厘米时浇水1次,水量适中。结合浇水,每667米^{2}追施硫酸铵20~25千克或尿素10~15千克。在植株长至20厘米左右时浇水1~2次,每667米^{2}追施硫酸铵15~20千克或尿素10千克。在生长期内每7~8天喷施1次氨基酸复合微肥600~800倍液+0.2%尿素+0.3%磷酸二氢钾混合肥液,对促进优质高产效果显著。

(五)采 收

植株高达到该品种要求时即可收获,一次性收完。一般每667米^{2}产量1 500~2 000千克,最高可达3 000千克以上。

第四节 青蒜大棚遮阳网覆盖栽培与安全施肥

青蒜是人们喜爱的蔬菜之一,露地栽培10~12月份播种,采收期在翌年1~4月份。青蒜反季节栽培6~7月份播种,9~10月份采收上市,每667米^{2}产量2 100千克左右,此时上市的青蒜价

格高,经济效益好。

一、品种选择与种子处理

(一)品种选择

选用适合当地种植的早熟小瓣品种,如玉林香蒜、二水早、曹州早薹1号、金堂早、冬冻青、狗牙蒜、全州肉蒜等。

(二)种子处理

青蒜种子大蒜瓣发芽适温为15℃~20℃,超过25℃难以发芽,因此种子低温处理是反季节青蒜种植成功的关键。可选用红皮蒜、蒜头完整、无畸形、无病虫、颗粒饱满、蒜瓣较大、辣香味浓的玉林香蒜或其他优质品种。夏播前,将蒜瓣剥离,置于0℃~4℃的低温条件下14~20天,以打破休眠期。种子处理方法:①冷库低温处理。大面积生产的,一般把蒜瓣放在0℃~4℃冷库中1个月,然后取出播种。②冷水浸泡处理。没有冷库条件的,可将大蒜种瓣浸泡于1℃~4℃冷水中2~3天,浸泡期间要勤换水,之后捞出播种。

二、整地施基肥

选择灌溉条件较好、肥沃的沙壤土,前茬作物收获后,结合整地每667米^{2}施腐熟有机肥3 000~3 500千克、复合生物肥3~5千克、饼肥20千克、专用配方肥40~60千克或硫酸铵30~50千克+过磷酸钙80~100千克+硫酸钾10~15千克。将肥料混合均匀施于地表,立即进行耕翻,耙3遍,确保土壤疏松、细碎、平整,然后做畦。畦宽1.2~1.4米,畦沟宽30~40厘米、深25~30厘米。

三、播　种

（一）常规播种

栽培前除去种茎盘，按蒜瓣大、中、小分为3级。于6月下旬至7月上中旬播种，每667米^{2}用种量100～125千克。行距14～15厘米，株距7～8厘米，每667米^{2}种植5万～6万株。开浅沟播种，将蒜瓣背插入土，以微露尖端为宜，然后覆细土厚1～2厘米，再用麦秸、稻草、草席或甘蔗叶覆盖，并立即浇水保湿。

（二）密植栽培

夏季青蒜大棚遮阳网覆盖密植栽培，从6月中旬至8月上旬均可播种。采用高密度栽培，株行距均为2～3厘米，每667米^{2}用种量600～750千克。用手将蒜瓣插入土中，全畦播完后，撒细土盖住蒜瓣。播种后立即浇水，水渗后适当补撒细土。

四、田间管理

（一）遮　阴

6～7月份烈日高温，为了使青蒜生长期间处于较低地温和气温条件，必须用遮阳网遮阴。每天上午8时覆盖遮阳网，下午5时后揭去。一般采用中小棚覆盖，方法是在畦上搭高约1.3米的平棚或拱架，棚上直接覆盖遮阳网。有条件的可进行大棚覆盖，在塑料膜上加盖遮阳网或大棚架上直接覆盖遮阳网。夏季气温高，应全天盖遮阳网，进入9～10月份，天气渐凉，可揭开遮阳网。

(二)肥水管理

播种后青蒜生长期要经常淋水,保持土壤湿润。追肥以施速效肥为主,第一次追肥于出苗后30~35天进行,每667米^{2}用专用配方肥10~15千克或硫酸铵5~10千克+过磷酸钙10千克,对水50~70升淋施。隔15天后进行第二次追肥,每667米^{2}用尿素4~5千克、过磷酸钙10~15千克、硫酸钾1~2千克,对水50~70升淋施。第三次追肥于齐苗后65天左右,每667米^{2}用尿素4.5~6千克、过磷酸钙15千克、硫酸钾3千克,对水50~70升淋施。每次追肥后,应立即向蒜苗洒1次水,并保持覆盖物湿润3~4天。根外施肥视苗情进行,可喷施氨基酸复合微肥600倍液+0.3%磷酸二氢钾溶液,每隔7~8天喷1次,连续喷施3次;同时注意勤除杂草。出苗后90天左右,即可采收上市,应收大留小分批多次采收。

(三)病虫害防治

1. **虫害** 青蒜虫害较少,主要是蝇蛆。在成虫发生期,可用21%氰戊·马拉松乳油6 000倍液,或2.5%溴氰菊酯乳油3 000倍液喷施,每隔7天喷1次,连喷2~3次。也可用90%晶体敌百虫或80%敌百虫可溶性粉剂或40%乐果乳油1 000倍液灌根。

2. **主要病害** ①病毒病。生长期间若发现叶片畸形、萎缩、花叶及发育不良,可能是病毒病感染,要及时拔掉。生产上可选用脱毒品种,以减少病毒病的发生和危害。②霜霉病、叶枯病。在发病初期可用75%百菌清可湿性粉剂600倍液,或50%异菌脲可湿性粉剂1 500倍液,或64%噁霜·锰锌可湿性粉剂500倍液喷雾,每7~10天喷1次,连喷2~3次,采收前10天停止用药。③紫斑病。在发病初期用75%百菌清可湿性粉剂500~600倍液喷雾,每7~10天喷1次,连喷2次。④软腐病。在发生初期用72%硫酸链霉素可溶性粉剂4 000倍液喷雾,每7~10天喷1次,连续喷2~3

次。⑤锈病。发病初期可用20%三唑酮乳油2 000倍液,或70%代森锰锌可湿性粉剂1 000倍液+15%三唑酮可湿性粉剂2 000倍液喷雾,每10~15天喷1次,连喷1~2次。⑥疫病。在发病初期用72%霜脲·锰锌可湿性粉剂600~800倍液,或58%甲霜·锰锌可湿性粉剂500倍液喷雾。⑦白腐病。在发病初期用50%多菌灵可湿性粉剂500倍液,或50%甲基硫菌灵可湿性粉剂600倍液,或用50%异菌脲可湿性粉剂1 000~1 500倍液喷雾或灌淋根茎,每7~8天1次,连续2~3次。

(四)采　收

播种后1个月开始采收,采收方法有拔株和割叶两种。割叶上市时,应每隔15~20天收割1次,每次割叶后均要追肥,每次每667米^{2}追施尿素5~8千克、过磷酸钙10~20千克、硫酸钾3~5千克,肥料用水浸溶后随水冲施。

第五节　大棚莴笋秋延后栽培与安全施肥

莴笋,又名茎用莴苣、莴苣笋、青笋等,1~2年生草本植物。莴笋以肥大的嫩茎和嫩叶供食,清香、脆嫩、爽口,可凉拌、炒食或煮食,也可干制、盐渍、糖渍或制成泡菜和酱莴笋等。

一、对环境条件的要求

(一)温　度

莴笋为半耐寒性蔬菜作物,耐寒力强,喜冷凉的气候,忌高温,稍耐霜冻。种子发芽适宜温度为15℃~20℃,30℃以上不能发芽。幼苗可耐-5℃~-6℃低温,其耐寒力随植株生长而降低,茎部遇

0℃以下低温会受冻。幼苗生长适宜温度为12℃~20℃，当日平均温度达24℃左右时生长仍旺盛。茎、叶生长适宜温度白天为11℃~18℃、夜间为9℃~15℃，昼夜温差较大时，有利于茎部肥大。

（二）光　照

莴笋为长日照作物，在短日照条件下会延迟开花期。长日照伴随温度的升高会使发育加快，但光照过强或过弱生长不良。早熟品种对光照反应敏感，中晚熟品种反应则较迟钝。

（三）水　分

莴笋为浅根性作物，吸收能力较弱，且叶面积大，耗水量多。因此，需经常浇水，保持土壤湿润，特别是在茎部膨大期更不可缺水。水分不足，莴笋产品器官小而味苦；水分过多，易出现裂茎，且软腐病发病率也高。

（四）土　壤

莴笋在壤土或黏质土壤中根系生长快，适宜的土壤pH值为6~7。莴笋吸收钾较多，还需要钙、镁、硫、铁等中量和微量元素。

二、品种类型

（一）尖叶莴笋

叶片前端尖，叶簇较小，节间较稀，叶面平滑或略有皱缩，叶绿色或紫色。肉质茎棒状，下粗上细。较晚熟，苗期较耐热，适宜秋季或越冬栽培。主要品种有柳叶莴笋、北京紫叶莴笋、陕西尖叶白皮莴笋、成都尖叶和特耐热二白皮、重庆万年椿、昆明苦荬叶耐热

莴笋、上海尖叶、南京白皮香和青皮莴笋等。

（二）圆叶莴笋

叶片顶部稍圆，叶面皱缩较多，叶簇较大，节间密，茎中下部较粗，两端渐细。成熟期早，耐寒性较强，不耐热，越冬春莴笋栽培。主要品种有北京鲫瓜笋、成都挂丝红、特耐寒二白皮和二青皮、济南白莴笋、陕西圆叶白皮莴笋、上海小圆叶和大圆叶、南京紫皮香、湖北孝感莴笋、湖南锣槌莴笋等。

三、栽培技术要点

莴笋大棚秋延后栽培是秋季育苗，定植在大棚等保护地，冬季采收上市的栽培方式，供应整个冬季，经济效益较高。

（一）育　苗

1. **品种选择**　大棚莴笋秋延后栽培，苗期处于高温、长日照条件下，容易未熟抽薹。因此，应选择苗期耐高温、对长日照反应迟钝的中晚熟品种，如南京紫皮香、济南柳叶笋、重庆万年椿、成都二青皮、上海白皮笋等。

2. **苗床准备**　苗床应选择土壤疏松、肥沃、排水良好的阴凉地块。播种前15天耕翻晒垡，结合整地每10米^{2}施充分腐熟厩肥10~15千克、专用配方肥0.8~1.2千克或硫酸铵0.3~0.5千克+过磷酸钙0.5~1千克+硫酸钾0.2千克，肥料混合后撒施，耕翻精细整地做苗床。

3. **催芽播种**　莴笋秋延后栽培采用育苗移栽方法，适宜播期为8月中旬至9月上旬，播种量为每667米^{2}苗床用种子0.75~1千克。育苗期正处于初秋高温季节，种子发芽困难，须进行种子低温处理。可用15℃左右的冷水浸种5~6小时，用手搓去黏液和杂质,淘洗2~3次后,稍晾去种子表面的水分,用湿布袋包裹,置于15℃~20℃条件下催芽。期间每天用15℃~20℃水淘洗1~2次,3~4天即可出芽。也可将经浸种后淘洗干净的种子,放入冰箱冷冻室中存放24小时,使之成冰块或冰碴,然后取出放在室内阴凉通风处,冰块缓慢融化后种子也可缓慢发芽。当种子幼芽露白后,摊放在有散射光的阴凉通风处,注意喷水保湿,经3~4小时后,胚芽转为淡绿色时即可播种。炼芽后的种子,出苗迅速整齐,抗逆性强。将种子均匀撒播于浇水并渗后的苗床上,然后覆细土3~5毫米厚。莴笋育苗一般不进行分苗,应适当稀播。

4. 苗床管理 苗床覆土后盖上稻草和遮阳网等,并经常浇水,使床土保持湿润状态。幼芽拱出土面时要及时揭去覆盖物,随即搭架覆遮阳网形成遮阳棚,以防烈日暴晒及暴雨冲刷。气温较高时,土壤水分蒸发量大,可于早上8时以前和下午5时以后各浇1次水,以保持土壤湿润、降低地温。幼苗出齐、长出1片真叶时,根据出苗情况开始间苗,拔去密集处的苗。2~3片真叶时再间苗1次,苗距3~4厘米。苗床土保持见干见湿,促进秧苗根系生长。生长中期,根据长势,可少量追肥,每667米^{2}苗床冲施尿素3~5千克,天气干旱时浇1次水。苗龄20~25天、幼苗长至5片左右真叶时,即可定植。苗龄一般不宜超过30天,苗龄太长易引起先期抽薹。

5. 苗期病虫防治 苗期病虫害主要是蚜虫和霜霉病,注意及时防治。

(二)整地定植

1. 整地施基肥 前茬夏菜收获后,及时耕翻晒垡,晒垡最好要有15个晴天以上。整地前每667米^{2}施优质腐熟有机肥3 000~5 000千克、复合微生物肥3千克、专用配方肥50~60千克或尿素5~10千克+过磷酸钙50千克+钙镁磷肥20千克+硫酸钾

20千克,将肥料混匀施于地表,立即深翻20~30厘米,耙2~3遍,精细整地,做高畦深沟,达到能灌能排。

2. **定植** 定植前1~2天将苗床淋透水,以便起苗时少伤根、多带土。选用生长健壮、根系好、子叶完整、叶片肥厚、节间短的幼苗,定植宜在下午高温过后或阴天进行,株行距25~30厘米×25~30厘米,每667米^{2}栽苗8 000~10 000株。生产中具体栽培密度应根据品种特性、土壤肥力、栽培季节长短、市场要求及种植习惯等因素决定。定植后气温仍然较高,可在大棚支架上覆盖遮阳网,促进缓苗。

(三)田间管理

1. **肥水管理** 定植后随即浇定根水,第二天或第三天早晨还需复水1次。秋延后莴笋定植初期气温仍然偏高,浇水时间要在早晨或午后进行。定植后全生育期喷施氨基酸复合微肥600~800倍液,每7~10天喷1次。植株成活后,结合浇水每667米^{2}冲施尿素5千克,然后深中耕,促进根系扩展。“团棵”时每667米^{2}随水冲施尿素5~7千克、硫酸钾5千克,加速叶片数的增加及叶面积的扩大。封垄以前茎部开始膨大时,进行第三次追肥,每667米^{2}施尿素5~10千克、硫酸钾5~7千克,促进肉质茎肥大。以后不再追肥,以免追肥过晚引起肉质茎裂口。封垄以前,浇水或下雨后均要及时中耕,除草保墒。采收前20天内不能施速效氮肥,采收前10天内停止浇水。

2. **温度管理** 莴笋茎叶生长适宜温度为11℃~18℃,定植后要尽量创造适合莴笋茎叶生长的温度条件。10月下旬以后,随着气温下降出现霜冻天气,为了保证莴笋继续正常生长,此时应及时扣棚膜保温。随着天气继续变冷,在单层薄膜不能满足莴笋生长对温度的要求时,可在大棚内加扣小棚,并覆盖草苫,进行多层覆盖。白天温度保持16℃~18℃、夜间保持0℃以上,以防莴笋茎部

受冻害。注意及时通风散湿,防止病害发生。

3. **病虫害防治** 莴笋病虫害比较少,主要有霜霉病、菌核病和蚜虫等。

(1)霜霉病 雨水多时最宜发生。防治方法:①适当控制植株密度,增加中耕次数,降低田间空气湿度;②防止田间积水,降低土壤湿度;③和十字花科、茄科等蔬菜2~3年轮作1次;④及时摘除病叶,并带出田外集中销毁;⑤发病初期,可用64%噁霜·锰锌可湿性粉剂500倍液,或70%甲基硫菌灵可湿性粉剂700倍液,或2%嘧啶核苷类抗菌素水剂100倍液,或10%多抗霉素可湿性粉剂500倍液喷雾,每7~10天喷1次,连喷2~3次。

(2)菌核病 温暖潮湿,栽植过密,生长过旺,施用未腐熟有机肥等易加重病害的发生。防治方法:①深耕培土,开沟排水,增施磷、钾肥,改善田间通风透光条件,增强植株抗病力;②盐水选种(10份水加1份盐),除去混在种子中的菌核;③及时拔除初发病株、清除枯老叶片并集中烧毁,收获时连根拔除病株,以免菌核遗留田间;④发病初期可用50%甲基硫菌灵悬浮剂500~800倍液,或40%菌核净可湿性粉剂1 000~1 500倍液喷雾防治,每7~10天喷1次,连喷2~3次。

(3)蚜虫 一般天气干旱时发生。防治方法:①黄板诱杀。用黄色器皿或黄色诱蚜板涂上机油,利用蚜虫对黄色的趋性诱杀;②药剂防治。在有蚜虫植株率达2%左右时,立即用药剂防治,可用10%吡虫啉可湿性粉剂2 000~3 000倍液,或0.36%苦参碱可溶性粉剂500倍液喷雾防治,每7~10天喷1次,共喷2~3次。

(四)采　收

当肉质茎充分膨大,植株上端小叶与最高叶片的叶尖相平时,为采收适宜期。大棚秋延后栽培,后期温度较低,莴笋不易窜高,可根据市场需求适当晚收。也可掐去植株的生长点和花蕾,促进

营养回流和笋茎肥大,延迟采收。适宜收获期一般在11月中旬至翌年3月上旬,每667米^{2}产量4 000~5 000千克。

第六节 设施生菜高效栽培与安全施肥

生菜又名叶用莴苣,是莴苣的一个变种,以其脆嫩的叶片为主要食用部分,是典型的生食蔬菜。生菜茎叶还含有莴苣素,味苦,有镇痛催眠作用。近年来,生菜的需求量急剧增加,是一种很有发展前途的蔬菜。

一、对环境条件的要求

(一)温 度

生菜性喜冷凉,忌高温。4℃以上种子开始发芽,发芽适宜温度为15℃~20℃,超过25℃发芽不良。幼苗期适宜温度为12℃~20℃,莲座期适宜温度为22℃~25℃,结球期白天适宜温度20℃~22℃、夜间12℃~15℃。

(二)光 照

生菜为长日照蔬菜,光照充足有利于植株生长、叶片较厚、叶球紧实;光照太弱则表现为叶薄、叶球松散、产量低,所以棚室种植不宜太密。生菜在发芽21~42天内对光照反应最敏感,如在此时给以短日照处理,可以延迟抽薹。

(三)水 分

生菜喜湿润的环境,不耐干旱。叶面积大,耗水量多,但根的吸收能力弱,所以生产中必须经常保持土壤湿润。结球生菜在幼

苗期土壤不能干燥,也不能过湿,以免幼苗老化或徒长。发棵期要适当控水。结球期需要充足水分,缺水时叶球小,苦味加重;水分过多则发生裂球,并导致软腐病发生。

(四)土壤与营养

生菜喜微酸性土壤,适宜的土壤 pH 值为 6 左右,pH 值在 5 以下和 7 以上时则发育不良。根部对氧气的要求较高,在有机质丰富、保水、保肥力强的壤土上根系发展快,有利于其水分及养分的吸收;在缺乏有机质、通气不良的黏重土壤或瘠薄土壤上,根系发育不良,影响产量和品质。生菜在生长期要求有充足的氮素供应,缺氮会抑制幼苗的生长。幼苗期缺磷会引起生长衰退、植株矮小。在生长期要适当补充中量元素和微量元素,开始结球时应注意补施钾肥。缺钙会造成干烧心而导致叶球腐烂,缺镁常造成叶片缺绿。

二、主栽品种与茬口安排

(一)主栽品种

不同的季节、不同的栽培方式选择不同的品种。

1. **大湖 659**　由美国引进的结球生菜品种,中熟,生育期约 90 天。叶片绿色,心叶较多、有皱褶,叶缘缺刻。叶球大而紧密,品质好,单球重 500~600 克,每 667 米^2 产量 4 000 千克左右。耐寒性较强,温暖气候条件下生长良好,但不耐热。

2. **皇帝**　由美国引进的结球生菜品种,早熟,生育期约 85 天。叶片中等绿色,外叶较小,叶面微皱,叶缘缺刻中等。叶球中等大小,很紧密,球的顶部较平,生长整齐,平均单球重 500 克以上,品质优良。突出特点是耐热性好,种植范围广。

3. **皇后**　由美国引进的结球生菜品种,中早熟,生育期约85天。株形紧凑,生长整齐。外叶较深绿色,叶片中等大小。结球紧实,风味佳,单球重500~600克,每667米^{2}产量2 000~3 000千克。其突出特点是抽薹晚。较抗生菜花叶病毒病和顶部灼伤。

4. **萨林娜斯**　由美国引进的结球生菜品种,中早熟。生长旺盛,整齐度好。外叶绿色,叶缘缺刻小,叶片内合,外叶较少。叶球圆球形、绿色,结球紧实,品质优良,质地软脆,耐运输,成熟期一致。单球重500克左右,每667米^{2}产量3 000~4 000千克。抗霜霉病和顶端灼伤病。

5. **凯撒**　由日本引进的结球生菜品种,极早熟,生育期约80天。株形紧凑,生长整齐,肥沃土壤适宜密植。球内中心柱极短,品质好。单球重500克左右,每667米^{2}产量1 500~2 000千克。抗病性强,具有晚抽薹特性,高温结球性比其他品种强。

6. **奥林匹亚**　由日本引进的结球生菜品种,极早熟,生育期约80天。叶片淡绿色,叶缘缺刻较多,外叶较小而少,叶球淡绿色稍带黄色,较紧密,品质佳,口感好,单球重400~500克。耐热性强,抽薹极晚。

7. **玻璃生菜**　散叶生菜品种。株高约25厘米。叶簇生,叶片近圆形、较薄,长约18厘米,宽约17厘米,黄绿色,有光泽,叶缘波状,叶面皱缩,心叶抱合。叶柄扁宽,白色,质软滑。单株重200~300克,每667米^{2}产量2 000~2 500千克。不耐热,耐寒。

8. **大速生菜**　由美国引进的散叶生菜品种。生长速度快,播种45~60天可采收。植株较直立。叶片皱,黄绿色,风味好,无纤维。耐热性、耐寒性均较强,栽培适应性广。

9. **"红帆"紫叶生菜**　由美国引进的散叶生菜品种,全生育期约50天。植株较大,散叶,叶片皱曲,叶片及叶脉为紫色,色泽美观,随着收获期的临近红色逐渐加深。本品种喜光,较耐热,不易抽薹,成熟期较早。每667米^{2}产量1 000~2 000千克。

10. **东方福星** 株高约 18 厘米，开展度约 30 厘米。叶阔扇形、绿色，叶面微皱，叶缘波状。叶球纵径约 16 厘米，横径约 15 厘米，单球重 500~600 克，每 667 米^2 产量 3 000 千克左右。该品种质脆嫩，品质优良，生长势强，结球性好，抗病性、耐热性强。定植后 50~60 天收获。可春、秋两季栽培，也可作为大棚温室加茬栽培。

11. **罗马直立生菜** 全生育期 60~70 天。叶绿色，叶缘基本无锯齿。叶片长，呈倒卵形，直立向上伸长，似小白菜。叶质较厚，叶面平滑，后期心叶呈抱合状。口感柔嫩，品质好，适宜生食和炒食。耐寒性强，抽薹较晚。每 667 米^2 产量 2 000 千克左右。

12. **橡生 1 号** 从播种到收获 60 天左右。散叶生菜类之裂叶生菜类型。叶片深裂，宛若橡叶。叶色深紫，极为漂亮。品质佳，耐热，耐抽薹。单株重 400 克左右。

13. **罗莎生菜** 从播种到收获 60~70 天。叶簇半直立，株高约 25 厘米，开展度 25~30 厘米。叶片皱，叶缘呈紫红色，色泽美观，叶片长呈椭圆形，叶缘皱状，茎极短，不易抽薹。喜光照及温暖气候，耐热性较强，耐寒性好，适应性广。每 667 米^2 产量 2 000 千克左右。

14. **其他** 还有从日本引进的极早熟品种北山 3 号、由美国引进的中早熟品种文帝及花叶生菜等。

（二）茬口安排

华北地区棚室结球生菜栽培，茬口安排一般有下面几种供各地参考。

1. **大棚秋延后栽培** 播种期在 8 月上中旬，定植期在 9 月上中旬，收获期在 10 月下旬至 11 月上中旬。

2. **大棚春提早栽培** 播种期在 1 月下旬至 2 月上旬，定植期在 3 月上中旬，收获期在 4 月下旬至 5 月上旬。

3. **日光温室栽培**　播种期在8月下旬至翌年1月中旬,定植期在9月下旬至翌年2月下旬,收获期在11月下旬至翌年4月中旬。

三、生菜日光温室栽培

(一)育　苗

1. **品种选择**　选择耐寒性强、抗病、适应性强的品种,如皇帝、萨林娜斯、大湖659等。

2. **苗畦准备**　苗床选择保水保肥能力强的肥沃沙壤土。生菜种子小,苗床整地要细,床土力求细碎平整。每10米^{2}苗床施用充分腐熟细碎的有机肥10千克、磷酸氢二铵0.3千克、硫酸钾0.3千克。将肥料均匀撒施于地面,耕翻10~12厘米深,整平踏实。

3. **种子处理**　生菜可干籽播种,也可浸种催芽。①干籽播种,播前先用相当于种子干重0.3%~0.4%的75%百菌清可湿性粉剂拌种,拌后立即播种,切不可隔夜。②浸种催芽,先用20℃左右清水浸种3~4小时,搓洗后将水沥干,装入湿纱布袋中,置于15℃~20℃条件下催芽。期间每天用清水淘洗1遍,沥干后继续催芽,一般2~3天即可齐芽。

4. **播种**　播前苗床浇足底水,水渗后筛撒0.2厘米左右厚的细土,然后播种,每667米^{2}用种量25~30克。播种不宜太密,一般每平方米苗床撒播1克种子为宜。为了播种均匀,可将种子掺沙土后撒播,然后筛土覆盖厚0.3~0.5厘米。为防水分散失,可用稻草、麦秸或地膜覆盖畦面。为防止害虫啃食种子,播后可在床面喷洒40%乐果乳油1 000倍液。

5. **苗期管理**　一般播种后床温保持20℃~25℃,畦面湿润,

3~5 天可齐苗。如果温度过高,应适度遮光,以利于幼苗健壮生长。幼苗刚出土时,应及时撤除畦面的覆盖物。出苗后白天温度保持 18℃~20℃、夜间 8℃~10℃。出苗后 7~10 天,幼苗 2 叶 1 心时,及时分苗,苗距 3~5 厘米。分苗后用氨基酸复合微肥 800 倍液+0.3%磷酸二氢钾肥液喷洒。苗期还需喷施 1~2 次 75%百菌清可湿性粉剂或 70%甲基硫菌灵可湿性粉剂 600~800 倍液,预防苗期病害。苗龄 25~35 天、幼苗 4~5 片真叶时即可定植。

(二)整地定植

1. **整地施基肥** 生菜根系较浅,主要靠须根吸收水分和养分。定植时深翻土地 25~30 厘米,结合整地每 667 $米^2$ 施优质腐熟有机肥 4 000~5 000 千克、复合微生物肥 4~5 千克、专用配方肥 60~80 千克或硫酸铵 15~20 千克+过磷酸钙 50~60 千克+氯化钾 15~20 千克。充分搂耙均匀后,按 40~45 厘米的间距起垄,垄高 12~15 厘米。做平畦时,畦宽 1.2 米,整平畦面。若采用地膜覆盖栽培,可在做畦后即覆盖地膜,然后定植。

2. **定植** 定植时 10 厘米地温须稳定在 5℃以上。平畦栽培每畦栽 3 行,株距因品种而异,早熟品种 23~25 厘米,中熟品种 30 厘米左右,晚熟品种 35 厘米左右。散叶生菜可按行株距 25 厘米×25 厘米定植。起苗前浇水湿润苗床,起苗时尽量多带宿根土,少伤根。地膜覆盖栽培在膜上打孔定植。栽植深度以根部全部埋入土中为宜,将土稍压实使根部与土壤密接。栽后浇水,适度遮光,防止秧苗打蔫。一般栽后 5~6 天可缓苗。

(三)田间管理

1. **温度管理** 秧苗定植后的缓苗阶段,白天温度保持 22℃~25℃、夜间 15℃~20℃。缓苗后到开始包心以前,白天温度保持 20℃~22℃、夜间 12℃~16℃。从开始包心到叶球长成,白天温度

保持20℃左右、夜间10℃~15℃。收获期间,为延长供应期,温度宜降低,白天温度保持10℃~15℃、夜间5℃~10℃。

2. **肥水管理** 结球生菜需肥较多,应追施速效肥来满足生长需要。定植后7~10天,结合浇水每667米^{2}追施硫酸铵10~15千克,促进叶片的增长。定植后20天左右,结合浇水每667米^{2}追施专用配方肥20~30千克或硫酸铵15~20千克+氯化钾10~15千克。定植后30天时心叶开始抱球,结合浇水每667米^{2}追施三元复合肥10~15千克,以保证叶片生长所需养分。定植缓苗后需水量不大,浇定植水后以中耕保湿缓苗为主。缓苗后可根据土壤墒情和生长情况掌握浇水,一般5~7天浇1次水,沙壤土可3~5天浇1次水。开始结球时,田间已封垄,这时浇水既要注意保持土壤湿润,又要注意保持地面和空气干爽,这样有利于防止病害发生。采收前5天左右控制浇水,以防菌核病和软腐病发生。

3. **中耕除草** 注重中耕除草,减少杂草与作物竞争水分和养分。冬季及翌年早春中耕有利于提高地温,促进根系发育。中耕不宜深也不宜多,一般在莲座期前浅中耕1~2次即可。

(四)采 收

结球生菜成熟期弹性较大,应分批采收上市。结球紧实后即可采收,此时产量高、品质好。收获时贴地面割下,需长途运输的保留3~4片外叶,准备贮藏的可多留几片外叶,以减少失重。生菜含水量高,组织脆嫩,在常温条件下仅能保鲜1~2天;在温度0℃~3℃、空气相对湿度90%~95%条件下,可保鲜14天以上,但重量会减少15%左右。

四、生菜大棚栽培

大棚栽培生菜,投资少,技术简单,生长周期短,可实现一年多茬次生产,经济效益好。

(一)茬口安排与品种选择

1. **茬口安排** 采用大、中棚栽培,冬季覆盖草帘或保温被保温,棚内也可增加二层膜保温;夏季覆盖遮阳网,加大通风降温;春秋与外界光温基本一致,栽培时采取高密度育苗。分散稀植栽培苗龄,一般春秋季15~20天、夏季20天、冬季20~25天;稀植栽培苗龄,一般春秋季20~25天、夏季10~15天、冬季25~30天。

2. **品种选择** 选择美国大速生、荷兰结球生菜、玻璃生菜、结球生菜、花叶生菜和凯撒等品种。

(二)育 苗

采用平畦或穴盘育苗。

1. **平畦育苗** 苗床苗畦整地要细,床土力求细碎平整。每平方米施腐熟细碎农家有机肥10~20千克、过磷酸钙0.5千克、氯化钾0.2~0.3千克,撒匀,然后翻耕耙匀,整平畦面。播种前浇足底水,待水渗下土层后,再在苗畦上撒一薄层过筛细土、厚0.3~0.4厘米,随即撒播种子,每平方米播种量2~3克。

2. **穴盘育苗** 选择长52厘米、宽28厘米、高5.5厘米、128孔的黑色塑料穴盘。育苗基质可选用蔬菜专用育苗基质或自己配制。自配基质可选用草炭、珍珠岩、蛭石以3∶2∶1比例混合,然后每立方米加入腐熟碎干鸡粪10~15千克、尿素500克、磷酸氢二铵600克、50%多菌灵可湿性粉剂100克,混合均匀,基质含水量达到手握成团、松手即散时即可。将填装好的穴盘平放在塑料大棚内,床面要求平整、土质疏松,专业育苗棚可铺一层砖或厚塑料膜,防止根透出穴盘底部往土里扎,利于秧苗盘根。棚架上覆盖塑料薄膜和遮阳网,有防风、防夏季暴雨、防强光和降温作用。出圃时,幼苗根系已长满穴孔并把基质裹住,很容易拔出,不易受伤。

3. 种子处理　播前对种子进行处理。气温适宜的季节，可用干种子直播。夏季高温季节，种子易发生热休眠现象，需用15℃~18℃的水浸泡催芽后播种，或把种子用纱布包住浸泡约半小时，捞起沥去余水，放在4℃~7℃的冰箱冷藏室中冷藏2天再播种，或把种子贮放在-5℃~0℃的冰箱里7~10天，这样能顺利打破生菜种子休眠，提高种子发芽率。80%种子露白时应及时播种。

4. 播种深度　生菜种子发芽时喜光，在红光条件下发芽较快，所以播种宜浅，播深应不超过1厘米。播后上面盖薄薄一层蛭石，以浇水后种子不露出即可。苗畦育苗撒播后，覆盖过筛细土厚约0.5厘米。经低温催芽处理后的种子，播后在畦上覆盖地膜，2~3天后，见种子露白再撒一层细土，厚度以不露种子为宜。

5. 苗期管理　在保护地用穴盘育苗，播种后把温度控制在15℃~20℃，3~4天出齐苗。由于出苗率有时只有70%~80%，需抓紧时机将缺苗孔补齐。苗期白天温度控制在15℃~18℃、夜间6℃~10℃。注意经常喷水，保持苗盘湿润。小苗3叶1心期后，结合喷水喷施氨基酸复合微肥800倍液+0.3%~0.5%尿素+0.2%磷酸二氢钾混合肥液，喷施1~2次，每7天左右喷1次，并注意防治病虫害。气温较低季节育苗及夏季防晒、防雨水冲刷，均宜覆盖塑料薄膜或草苫，小苗出土后先不忙撤掉覆盖物，等子叶变肥大、真叶开始吐心时再撤去覆盖物，并在当天浇1次水。特别是在高温季节，要在早晚没有太阳暴晒的时候撤除覆盖物，随即浇水，浇水后还需覆1次过筛的细土、厚3~4毫米。夏季育苗要防止幼苗徒长，可采取遮阴、降温和防雨涝的措施。苗出真叶后进行间苗和除草，2~3片真叶时进行分苗。分苗用的苗畦要和播种畦一样精细整地、施肥，分苗当天先把播种畦的小苗浇1次水，待畦土不泥泞时挖苗，移植到分苗畦，按6厘米×8厘米的株行距栽植。气温高时宜在午后阳光不太强时进行分苗，分苗移植后随即浇水，并在苗畦盖上覆盖物，隔1天浇第二水，一般浇2~3次水后即能

缓苗。

(四)整地定植

1. **定植时间** 缓苗后撤去覆盖物,然后松土1次,并适时浇水,苗有3~5片真叶时即可定植。定植时间因季节不同而差异较大,4~9月份育苗的苗龄一般为20天左右、3~4片叶时定植,10月份至翌年3月份育苗的苗龄30~40天、4~5片叶时定植为宜。

2. **茬口安排** 在年初制定种植计划时,即应安排好每一茬生菜前后茬的衔接和土地的选择。为保证产量和质量,生产中应注意以下几点:①生菜生长速度快,怕干旱,也怕雨涝。②土壤要选择肥沃、有机质丰富、保水保肥力强、透气性好、排灌方便的微酸性土。③生菜是菊科植物,前后茬应尽量与同科作物,如莴笋、菊苣等蔬菜错开,防止多茬连作。

3. **整地施肥** 整地要求精细,结合整地每667米^{2}施充分腐熟畜禽粪4 000~5 000千克、复合微生物肥3~5千克、专用配方肥50~60千克或45%三元复合肥30~40千克。做畦方式依不同的栽培季节和土质而定,一般春秋季栽培宜做平畦,夏季宜做小高畦,地势较凹的地宜做小高畦或瓦垄畦,排水良好的沙壤地块可做平畦,地下水位高、土壤较黏重、排水不良的地块应做小高畦。畦宽一般为1.3~1.7米,每畦定植4行。

4. **起苗栽植** 起苗前浇水切坨,多带些土。穴盘育苗在栽植前喷透水,定植时易取苗,且成活率高。苗床育的苗挖苗时要带土坨起苗,随挖随栽,尽量少伤根。种植时按株行距定植整齐,种植深度掌握在苗坨的土面与地面平齐即可。开沟或挖穴栽植,封沟平畦后浇足定植水。定植后,白天温度保持20℃~24℃、夜间10℃以上。

5. **定植密度** 不同品种、不同季节,种植密度有所区别。一般行距40厘米、株距30厘米,大株型品种,秋季栽培时行距33~

40 厘米、株距 27 厘米，每 667 米^2 栽苗 5 800 株左右。冬季栽培时，可稍密植，按行距 25 厘米，每 667 米^2 栽 6 500 株左右。株型较小的品种，如奥林、达亚、凯撒等，在夏季栽培宜适当密植，行距 30 厘米，株距 20~25 厘米，每 667 米^2 栽苗 6 200~8 000 株。

（五）田间管理

1. **浇水**　浇透定植水后中耕保湿缓苗，保证植株不受旱。缓苗期间松土 1~2 次。缓苗水后，看土壤墒情和生长情况掌握浇水次数，一般 5~7 天浇 1 次水，沙壤土 3~5 天浇 1 次水。春季气温较低，土壤水分蒸发慢，水量宜小，浇水间隔期可长些；春末夏初气温升高，干旱风多，浇水宜勤些，水量宜大；夏季多雨时少浇或不浇，无雨干热时应浇水降低地温。生长盛期需水量多，浇水要足，使土壤经常保持潮润。叶球结成后，要控制浇水，防止水分不均造成裂球和烂心。保护地栽培，在开始结球时，田间已封垄，浇水应掌握既要保证植株对水分的需要，又不能过量，以免湿度过大。

2. **追肥**　缓苗后轻施肥，每 667 米^2 施尿素 5~10 千克。约 15 天后，当莲座叶已长成、心叶开始包心时，每 667 米^2 施三元复合肥 15~20 千克。心叶开始向内卷曲时，每 667 米^2 施三元复合肥 15~20 千克。

3. **中耕除草**　定植缓苗后，为促进根系的发育，宜进行中耕、除草，使土面疏松透气。封垄前可酌情再进行 1 次中耕。

4. **病虫害防治**　病虫害应以预防为主，加强田间管理。蚜虫多在秋冬季和春季危害，可用 1%苦参碱醇水剂 500~600 倍液喷雾防治。若有地老虎危害，可用 90%晶体敌百虫 800 倍液喷洒地面防治。菌核病多发生在 2~3 月份，可用 70%甲基硫菌灵可湿性粉剂 500~700 倍液，或 50%异菌脲可湿性粉剂 1 000~1 500 倍液喷雾防治。软腐病在高温多雨月份易发生，可用 47%春雷・王铜可湿性粉剂 1 000 倍液，或 72%硫酸链霉素可溶性粉剂 4 000 倍液

喷雾防治。霜霉病可用75%百菌清可湿性粉剂500倍液喷雾防治。采收前15天停止用药。

(六)采　收

生菜采收宜早不宜迟,以保证其鲜嫩的品质。当植株长至15~25片叶、单株重100~300克时,应及时采收,每667米^{2}可采收1 500千克左右。采收时去除根部黄叶,散叶生菜可用扎绳3~5株一捆,结球生菜可单独包装。

第七节　设施紫甘蓝高效栽培与安全施肥

紫甘蓝又名赤球甘蓝,以紫红色的叶球为食,营养丰富,尤其富含维生素C,同时还含有较多的维生素E和B族维生素。紫甘蓝具有结球紧实、色泽艳丽、抗寒耐热、病虫害少、产量高、品质好、耐贮运、易栽培等特点,露地和保护地均可栽培。

一、对环境条件的要求

(一)温　度

紫甘蓝喜凉爽,较耐寒,属耐寒性蔬菜。种子发芽最适温度为18℃~20℃,在此条件下2~3天可出芽,但在25℃~30℃较高温度条件下也可发芽。幼苗期能耐受0℃的低温和35℃的高温。结球适温为15℃~20℃,25℃以上同化作用减弱,基部叶片变枯,短缩茎伸长,结球疏松,品质和产量下降;在5℃的低温条件下,叶球仍可微弱生长。

（二）湿　度

紫甘蓝适宜比较湿润的环境条件，在空气相对湿度80%~90%、土壤相对含水量70%~80%条件下生长良好。在结球期应充分供给水分，保证土壤湿润。土壤水分不足，会影响结球降低产量；土壤水分过多，则根系呼吸受阻，不利于紫甘蓝植株生长发育，还极易发生病害。

（三）光　照

紫甘蓝对光照强度适应范围广，充足的日照有利于生长发育。紫甘蓝的光饱和点较低、为3万~5万勒，在结球期要求日照较短、光照较弱。

（四）土壤营养

紫甘蓝对土壤适应性较广，但以壤土最适宜，适宜的土壤pH值为6.5左右。紫甘蓝是喜肥耐肥蔬菜，对土壤养分吸收量较高，适宜在肥沃、保水保肥力强的土壤中栽培。氮肥是紫甘蓝生长所需的重要元素，应注意氮肥的施用，吸收氮、磷、钾的比例为3∶1∶4，同时对钙的吸收量也较多，仅次于氮素。在生产中，应多施氮肥、钾肥和钙肥。微量元素硼是容易缺乏的元素，硼不足易引起生长点和新生组织恶化、组织变黑、维管束破坏，一般每667米^{2}施硼砂1~2千克。

二、品种选择与茬口安排

（一）品种选择

1. **早红**　从荷兰引进，早熟品种，从定植到收获65~70天。

植株中等大小,生长势较强,开展度 60~65 厘米。外叶 16~18 片,叶紫红色。叶球卵圆形,基部较小、突出,单球重 0.75~1 千克,每 667 米^2 产量 2 000~3 000 千克。适于春、秋保护地栽培。

2. 红亩　从美国引进,中熟品种,从定植到收获 80 天左右。植株较大,生长势强,开展度 60~70 厘米,株高约 40 厘米。外叶 20 片左右,叶深紫红色。包球紧密,叶球近圆球形,单株重 1.5~2 千克,每 667 米^2 产量 3 000~3 500 千克。适于保护地栽培。

3. 巨石红　从美国引进,中熟品种,从定植到收获 85~90 天。植株较大,生长势强,开展度 65~70 厘米。外叶 20~22 片,叶球深紫红色、圆形略扁,直径 19~20 厘米,单球重 2~2.5 千克,每 667 米^2 产量 3 500~4 000 千克。耐贮性强。

4. 90-169　北京市农林科学院蔬菜研究中心育成的早熟一代杂种,从定植到收获 70~80 天。植株开展度 45~50 厘米,叶深红色,蜡质较多,外叶 12~14 片。叶球紫红色、近圆形,中柱高 4~6 厘米,质地脆嫩,品质好,适生食。耐热、耐寒性强,抗裂球性好,叶球充实后可延长采收。

5. 紫甘 1 号　从国外引进的紫甘蓝品种中选出,中熟品种,从定植到收获 80~90 天。植株较大,生长势较强,开展度 65~70 厘米。外叶 18~20 片,叶紫红色,背覆蜡粉较多。叶球圆球形,单球重 2~3 千克,每 667 米^2 产量 3 000~3 500 千克。耐贮性及抗病性较强,适于春季保护地栽培。

6. 特红 1 号　北京市特种蔬菜种苗公司从荷兰引进的紫甘蓝中选出,早熟品种,从定植到收获 65~70 天。植株生长势中等,开展度 60~65 厘米。外叶 16~18 片,叶紫色、有蜡粉。叶球卵圆形,基部较小,紧实,单球重 0.75~1 千克,每 667 米^2 产量 2 500 千克左右。

(二)茬口安排

紫甘蓝耐寒性强,适栽范围广,可采用不同的栽培方式,利用不同的品种,分期播种,以达到周年供应的目的。现将华北地区棚室紫甘蓝栽培茬口安排介绍如下,供参考。

1. **日光温室** 播种期为10月下旬至12月上旬,定植期为12月中旬至翌年2月中下旬,收获期为2月上旬至5月上中旬。主栽品种为早红、红亩等。

2. **大棚春提早** 播种期为12月中下旬,定植期为翌年3月上旬,收获期为5月中下旬。主栽品种为早红、红亩等。

3. **大棚秋延后** 播种期为7月上旬,定植期为8月上中旬,收获期为11月上中旬。主栽品种为红亩、巨石红等。

三、紫甘蓝冬春栽培

(一)播种育苗

1. **品种选择** 紫甘蓝冬春保护地栽培,应选择耐寒耐热的早熟或中熟品种,如早红、90-169、红亩等。

2. **播种期** 日光温室栽培播种期不严格,根据上市要求可在10月下旬至12月上旬育苗;大棚栽培在12月中下旬育苗。由于此时外界温度低,育苗需在日光温室中进行。

3. **苗床准备** 苗床应施足基肥,每平方米施腐熟的禽畜粪肥10~15千克、三元复合肥0.1千克,肥与床土混匀。苗床消毒可用药土,每平方米床面用50%多菌灵可湿性粉剂和50%福美双可湿性粉剂各8~15克,与10~15千克细土混匀,即为药土。用1/3撒于床面作垫土,2/3用于播后覆土。

4. **播种** 选晴天播种。播前整平畦面,浇足底水。待水渗下

后，先撒一层药土，然后将种子均匀撒播于育苗畦内，每平方米播量约为 3 克。播后再覆盖 1 厘米厚的过筛细土。注意覆土要均匀，切防过厚，否则出苗不整齐。

5. **播后管理** 紫甘蓝播种后，白天温度保持 25℃左右、夜间 15℃左右，在适宜温度条件下 2~3 天即可出苗。幼苗出齐后，白天温度保持 20℃、夜间 10℃，以防幼苗胚轴伸长。为防止地温降低造成幼苗生育延迟，育苗畦内一般不浇水。播种后 20~30 天，当幼苗长至 3 片真叶时，应及时分苗。

6. **分苗** 分苗畦准备方法同苗床。分苗前一天，先将育苗畦浇透水，以便在起苗时减少伤根。起苗后将幼苗按 8 厘米见方移栽到分苗畦，苗栽好后及时浇水，每平方米随水冲施尿素 15 克，促进幼苗生长和缓苗。分苗后 50 天左右，在幼苗长至 6~8 片真叶时即可定植。

7. **分苗期管理**

(1) **温度** 分苗后，为促进缓苗可搭建小拱棚，小拱棚白天温度保持 25℃左右、夜间 15℃左右，一般 3~4 天可缓苗。缓苗后撤小拱棚降温，白天温度保持 18℃~20℃、夜间 10℃左右，使幼苗生长健壮，不徒长。定植前在幼苗长至 6~8 片叶时，为提高幼苗抗寒性，进行低温锻炼，白天温度保持 15℃左右、夜间 7℃~8℃，逐渐地接近于定植环境的温度。

(2) **肥水** 分苗后及时浇水，3~4 天缓苗后再浇 1 次水。此后中耕松土，保持土壤上干下湿即可。一直到定植前 7 天左右再浇 1 次水，然后起坨囤苗。

8. **壮苗标准** 具有 6~8 片真叶的较大壮苗，苗龄 70~90 天，茎(下胚轴)和节间短，叶片厚，色泽深，茎粗壮，根群发达。

(二)整地定植

1. **整地施基肥** 定植前施足基肥，结合整地每 667 米^2 施腐

熟有机肥 4 000~5 000 千克、复合微生物肥 3 千克、过磷酸钙 30~50 千克、钙镁磷肥 20 千克、硫酸钾 10~15 千克,土壤耕耙均匀后整地做畦。按行距 60 厘米做宽 30 厘米、高 15 厘米的小高畦。

2. **定植期**　日光温室栽培在 12 月上旬至翌年 2 月中下旬定植,大棚栽培在 3 月上旬定植。高畦定植一般采用水稳苗,即按行距开沟浇水再将秧苗定植于沟内。定植密度一般为行株距 60 厘米×50 厘米,每 667 米^2 定植 2 000~2 200 株。早红、特红 1 号、90-169 等早熟品种,行株距 60 厘米×40 厘米,每 667 米^2 定植 2 500~2 600 株。

(三)田间管理

1. **温度**　紫甘蓝从定植到缓苗阶段温度可以高些,以促进生根和缓苗,白天温度保持 25℃左右、夜间 15℃左右。缓苗后逐渐降温,白天温度保持 20℃左右。结球期白天温度保持 15℃~20℃、夜间 10℃左右。

2. **浇水与追肥**　定植时,每 667 米^2 随水冲施硫酸铵 8~12 千克,以促进缓苗和提高地温,增强幼苗的抵抗能力。缓苗后再浇 1 次水,然后中耕。为使莲座叶生长健壮、根系发达,要适当控制浇水,一般 15~20 天浇水 1 次。从定植到莲座后期需 30~40 天,当心叶开始内合时表明已进入结球期。结球期是紫甘蓝生长最快的时期,也是需要肥水量最大的时期,保证充足的肥水供应是长好叶球的基础。结球期可结合浇水追肥 2~3 次,结球初期每 667 米^2 冲施尿素 10~15 千克,结球中期 7~10 千克,结球后期 5 千克。浇水以保持地面湿润为准,地面见干就要浇水。在收获前期不要肥水过大,以免裂球。此外,还应进行根外追肥,在生长期内,每 7~10 天喷施 1 次氨基酸复合微肥 600~800 倍液+0. 2%磷酸二氢钾+0. 3%硝酸钙混合肥液,以促进优质丰产。

(四)收　获

紫甘蓝收获标准是叶球充分紧实,进入结球末期后,当叶球抱合达到相当紧实时即可收获。采收时切去根蒂,去掉外叶,做到叶球干净,不带泥土。

四、紫甘蓝秋延后栽培

(一)品种选择

一般选择耐热、耐寒、耐贮性强的中熟品种,如巨石红、红亩、紫甘1号等。

(二)育　苗

播种期一般在7月上旬,此时正值高温多雨季节,所以育苗时要采取防雨措施,防止雨水冲刷。其方法是采用塑料拱棚覆盖,但要注意四边撩起,保证通风。夏季育苗温度高生长快,苗龄不宜过长,一般为30~40天。若苗龄过长,幼苗徒长形成细弱苗,定植后缓苗慢,易死苗,产量降低。

1. **整地施基肥**　紫甘蓝耐寒,为降低成本,在塑料大棚中育苗即可。育苗前结合深耕每667米^{2}施腐熟有机肥5 000~7 000千克,耙平后做小高畦。

2. **种子处理**　种子用75%百菌清可湿性粉剂拌种,用药量为种子量的0.2%~0.3%。

3. **播种**　一般7月上旬播种,播前浇足底水,待水渗下后播种,播种后覆盖细土厚1厘米左右。每667米^{2}用种量2千克左右。

4. **分苗期管理**　幼苗出齐后,长至2片真叶时即可分苗,苗

距为10厘米。幼苗3~4叶期，每667米^{2}追施尿素7~10千克，每2~3天浇1次水，保持土壤见干见湿。苗期应注意灭虫除草。当幼苗长至6~8片真叶时即可定植。

（三）整地定植

选择地块应忌前茬十字花科作物，以保水、保肥的中性或微酸性壤土为宜。结合整地每667米^{2}施腐熟有机肥4 000~6 000千克、复合微生物肥3千克、过磷酸钙50~60千克，将肥料混匀后撒施于地表，然后深翻耙平做畦。按株距40厘米、行距50~60厘米定植，每667米^{2}栽3 000株左右。移栽时秧苗要带土，以减少根系损伤。定植后立即浇定根水，促使成活。

（四）田间管理

1. 水分与温度　紫甘蓝需水量较大，但定植初期要少浇水，以促进蹲苗。定植10天后由于外界气温尚高，不扣棚膜蒸发量较大，应保证水分供应，一般3~5天浇1次，但遇雨则应及时防涝。10月上旬后，外界气温逐渐下降，需扣棚膜、夜间加盖草苫，增加棚内温度，扣棚后要注意通风，防止温度过高，白天温度保持15℃~20℃、夜间10℃~12℃。扣棚膜后水分蒸发量减少，浇水次数也应减少，保持土壤湿润即可。一般10月份每10~15天浇1次水，12月份无须浇水。

2. 追肥　整个生长期共追肥3~4次。定植后10天左右心叶开始抱合，定植15天左右第一次追肥，每667米^{2}施尿素10~15千克，追肥后浇水。莲座叶明显挂厚蜡粉时结束蹲苗，莲座叶封垄后进行追肥，每667米^{2}施尿素15千克、硫酸钾10千克。包心期可再追肥1~2次，每次每667米^{2}可施腐熟人畜粪尿3 000~4 000千克或发酵饼肥80~100千克。在紫甘蓝生长发育期内，每7~10天喷施1次氨基酸复合微肥600~800倍液+0.3%硝酸钙混合肥液,至收获前15天停止喷施。

(五)采 收

紫甘蓝定植后100天左右,一般11月底即可达到采收标准。当最低温度接近-5℃时,应及时全部收获,防止冻害发生。收获标准为叶球充分紧实,采收时切去根蒂,去掉外叶,做到叶球干净,不带泥土。

(六)病虫害防治

1. **主要病害** 病害主要有黑腐病和霜霉病。黑腐病在发病初期可用72%硫酸链霉素可湿性粉剂3 500~4 000倍液,或50%多菌灵可湿性粉剂500倍液喷雾防治,每7天喷1次,连喷2~3次。霜霉病在发病初期可用10%多抗霉素可湿性粉剂500倍液,或65%代森锌可湿性粉剂500倍液,或75%百菌清可湿性粉剂600倍液,或50%克菌丹可湿性粉剂500倍液喷雾防治,每7天喷1次,连喷多次。

2. **主要虫害** 虫害主要有蚜虫、小菜蛾、黄条跳甲、斜纹夜蛾等。可选用2.5%氯氟氰菊酯乳油5 000倍液,或10%联苯菊酯乳油5 000~10 000倍液,或1%苦参碱醇溶液600~1 000倍液,或50%辛硫磷乳油500倍液,或1.8%阿维菌素乳油2 000~3 000倍液喷雾防治,药剂交替使用,以防产生抗药性。

第八节 设施绿菜花高效栽培与安全施肥

绿菜花又名青花菜、西兰花等,属十字花科芸薹属甘蓝种中以绿色或紫色花球为产品的一个变种,为1~2年生草本植物。以肥嫩的花茎供食用,营养丰富,色、香、味俱佳,是一种高档蔬菜,深受广大消费者喜爱。

一、对环境条件的要求

（一）温　度

绿菜花喜冷凉，不耐高温炎热，属半耐寒性蔬菜。种子发芽适宜温度为18℃～23℃，幼苗期生长适宜温度为15℃～22℃，莲座期生长适宜温度为20℃～22℃。花球发育以15℃～18℃为宜，高于25℃则花球发育不良，品质差；低于5℃，则花球生长缓慢。

（二）光　照

绿菜花为长日照植物，喜光，在充足的光照条件下生长发育良好，花球紧密、颜色鲜绿，产品质量好。但在短日照的冬季或长日照的夏季也能形成花。

（三）水　分

绿菜花喜湿润环境，耐旱、耐涝能力都较弱，对水分要求较严格，需水量比较大，土壤相对含水量以70%～80%较适宜，空气湿度也不能太大，过湿会造成植株病害和腐烂。

（四）土壤及营养

绿菜花对土壤的适应性强，以排灌良好、耕层深厚、土壤疏松肥沃的沙壤土种植最好，土壤pH值5.5～8。绿菜花对土壤养分要求较严格，在生长过程中需要充足的肥料，尤其是氮素营养在整个生长期内要得到供应。幼苗期植株对氮肥需要量较多，植株茎端开始花芽分化后对磷、钾肥需要量相对增加，花球形成期增施钾、磷、镁、硼和钼肥对促进植株体内养分运转和花球发育效果明显。

二、品种选择与茬口安排

（一）品种选择

1. **绿岭** 从日本引进的中熟品种，生育期100～105天。植株生长势强，株型大。叶色较深绿，有蜡粉。侧枝生长中等。花球紧密，花蕾均匀且小，颜色绿，质量好，花球大。一般单球重300～500克，大的可达750克，每667米^{2}产量600～700千克。适应性广，耐寒性好。适于保护地栽培。

2. **里绿** 从日本引进的早熟品种，从播种到收获约90天。生长势中等，生长速度快。植株较高，叶片开展度小，可适当密植。侧枝生长弱。花球较紧密，色泽深绿，花蕾小，质量好，单球重0.2～0.3千克，每667米^{2}产量400～500千克。抗病性及抗热性较强。适于秋延后保护地栽培。

3. **哈依姿** 从日本引进的中早熟品种。植株生长势强，栽培适应性广，耐热、耐寒性强。花球半圆形，致密，紧凑性好，花蕾深绿色。单球重450克左右，每667米^{2}产量700千克以上。适于保护地栽培。

4. **玉冠** 从日本引进的中早熟品种。耐寒、耐热及抗病性均强。生长势强，花球较大，花蕾较大，质量中等；侧花枝生长势较强，侧花球较大。单球重300～500克，每667米^{2}产量500～700千克。适于保护地栽培。

5. **早绿** 从韩国引进的优良丰产型早熟品种。生长旺盛，株形直立，侧芽不发达，可密植。生长期较短，定植后约55天采收。花蕾中粗，蕾球整齐致密、平圆形，直径13～14厘米，蕾色深绿，单球重400克左右。品质优良，较耐热。适宜保护地栽培。

6. **东方绿莹** 中熟品种，全生育期约100天。主球高圆形，

花蕾细密、紧实，颜色深绿，单球重 500 克左右。侧薹仍可结球。丰产，抗逆性强。适于保护地种植。

7. **碧绿 1 号**　中晚熟品种，从定植到收获 80 天左右。花球紧实、半圆球形，花蕾细小、绿色，主茎不易空心，单球重 400 克左右。抗病毒病、黑腐病。每 667 $米^2$ 产量 1 000 千克左右。

8. **其他**　绿菜花品种还有中国农业科学院蔬菜研究所培育的中青 1 号、中青 2 号；北京市农林科学院蔬菜研究中心的碧杉、碧松、碧秋；上海市农科院园艺研究所培育的上海 1 号；韩国的绿丰、大丽、绿秀、绿浪；日本的东京绿、绿辉、加斯达、里绿王；美国的绿色哥利斯等。

(二)茬口安排

以下介绍华北地区大棚日光温室绿菜花栽培茬口安排，以供参考。

1. **大棚秋延后栽培**　7 月下旬至 8 月上旬播种，8 月下旬至 9 月上旬定植，10 月下旬至 11 月上旬收获。

2. **温室秋冬茬栽培**　8 月中下旬至 9 月下旬播种，9 月下旬至 10 月下旬定植，11 月中旬至翌年 1 月上旬收获。

3. **温室冬茬栽培**　10 月上旬至 11 月中旬播种，11 月中下旬至 12 月下旬定植，翌年 1 月中旬至 3 月上旬收获。

4. **温室冬春茬栽培**　11 月下旬至翌年 1 月上旬播种，1 月上旬至 2 月中旬定植，3 月中旬至 4 月中旬收获。

5. **大棚春提早栽培**　1 月中旬至 1 月下旬播种，2 月下旬至 3 月上旬定植，4 月下旬至 5 月上中旬收获。

三、绿菜花日光温室栽培

(一)育　苗

1. **苗床准备**　绿菜花育苗要选择富含有机质的肥沃土壤为苗床。每 667 $米^2$ 育苗床应施腐熟优质有机肥 6 000 千克、硫酸铵 80 千克、过磷酸钙 200 千克、钙镁磷肥 20 千克、硫酸钾 20 千克,以保证苗期养分供应。每 667 $米^2$ 栽植面积需 5~7 $米^2$ 的播种床、约 50 $米^2$ 的全苗床。

2. **播种期**　一般按定植期向前推 30~45 天,即为播种期。秋季棚室育苗时气温高,苗龄不超过 30 天,冬季苗龄不超过 45 天。

3. **播种方法**　撒播、条播均可,每 667 $米^2$ 用种量 20~30 克。撒播时,先将育苗床浇透水,待水渗下后,先在苗床面上撒一层过筛细土,再均匀撒播种子,最后覆盖一层厚 0.8~1 厘米的过筛细土。条播时,按行距 6~7 厘米,开沟深 0.8~1 厘米,播种距离 0.5~1 厘米。播种前浇足底水,播种后覆土。

4. **育苗畦管理**　冬、春季节绿菜花播种后,室内白天温度保持 20℃~25℃,10 厘米地温不宜低于 15℃,2~3 天即可出苗。幼苗出土后,室内温度保持 18℃~20℃。为了防止地温降低,育苗畦内一般不浇水。当幼苗长至 2~3 片真叶时,应及时分苗。秋季育苗时气温尚高,苗床要用遮阳网或塑料薄膜扣棚进行防雨遮阴,拱棚四周保持通风。出苗后可经常浇水降温,但要注意小水勤浇,保持幼苗既不缺水又不过湿。

5. **分苗**　分苗前 1 天,先将育苗畦浇透水,起苗后将幼苗按 12~15 厘米见方移栽到分苗畦。苗移栽后及时浇水,同时每 667 $米^2$ 随水追施尿素 5~8 千克,促进幼苗缓苗和生长。当幼苗长至 5~7 片真叶时即可定植。

6. 分苗后管理

(1)温度　分苗后白天温度保持24℃～25℃、夜间12℃～13℃。冬季分苗后盖小拱棚增温,3～4天缓苗后撤膜降温,白天温度保持15℃～20℃、夜间不低于10℃。定植前1周温度降低3℃～4℃进行炼苗。

(2)浇水与喷肥　分苗3～4天后浇缓苗水。为促进缓苗,分苗后可覆盖薄膜保温保湿。缓苗后揭去薄膜,2～3天后松土保墒。苗期一般不追肥,可喷施氨基酸复合微肥800～1 000倍液+0.3%尿素混合肥液,每7～8天1次,连喷1～2次。

(二)定　植

1. 整地施基肥　定植前每667米^{2}施腐熟有机肥4 000～5 000千克、复合微生物肥3～5千克、45%三元复合肥50千克、钙镁磷肥30～50千克。深翻20厘米,耙细整平做畦,畦宽一般1.2米。也可按垄距60厘米做高垄,垄高15厘米左右。

2. 定植　定植前1天,先将分苗畦浇透水,这样起苗时土坨不易松散,减少伤根。定植株行距40～50厘米×60厘米,一般每667米^{2}定植2 200～2 700株,早熟品种可密一些,中熟品种可稀一些。栽后浇足定植水。

(三)田间管理

1. 温度　绿菜花从定植到缓苗阶段,白天温度保持24℃～25℃、夜间13℃～14℃。幼苗及莲座期要逐渐降温,白天温度保持21℃～22℃为好。花球形成期要求凉爽气候,白天温度保持15℃～18℃、夜间8℃～10℃。

2. 浇水　浇定植水后,过7～8天浇缓苗水。定植缓苗后蹲苗7～10天,以后酌情浇水,保持土壤见干见湿。特别是主花球长至3～6厘米大小时,切忌干旱,要求浇水均匀充足。每次浇水后或阴

天要注意通风降湿,在满足温度要求的同时,尽量多通风。

3. **追肥** 绿菜花需要充足的肥料,定植后 20 天左右,每 667 米^2 追施尿素 10 千克、过磷酸钙 10~20 千克、硫酸钾 5~10 千克。定植 40 天左右再追肥 1 次,用肥量同上。顶花球出现后,每 667 米^2 追施三元复合肥 20~25 千克。绿菜花对硼、钼等微量元素肥料需要较多,生长发育期内,应每 7~10 天喷施 1 次氨基酸复合微肥 600~800 倍液+0.05%钼酸铵+0.2%硝酸钙混合肥液。主花球收获后,可根据侧花球生长情况,适量追肥,但此期氮肥不可过多,以免发生腐烂病。

(四)采　收

绿菜花采收标准为花球形成,表面圆整,花球紧实,色泽深绿,一般花球出现后 10~15 天即可采收。适期采收,既可提高绿菜花的产量和品质,又可促进侧枝花球的生长发育;采收不及时,会造成花球松散开花,而且采后花蕾迅速变为黄色,使商品价值降低,同时还会抑制侧花球生长发育而降低总产量。采收应在凉爽的早晨进行,从花球边缘下方花茎交界处往下 1~2 厘米处切割。采收后的花球在常温下不容易贮藏,花蕾易开放、发黄变质,应及时上市销售。为延长绿菜花的货架期,采收后先对花球进行预冷处理,再用聚乙烯薄膜包装,转入 0℃条件下进行冷藏,可以保鲜 30~45 天,商品率达 90%以上。

四、绿菜花大棚春提早栽培

(一)育　苗

1. **品种选择** 选择适应性强、耐高温,在较高温度条件下不易产生畸形花球的品种,如绿岭、哈依姿等。

2. 播种 大棚春提早绿菜花的播种期一般在1月中下旬。由于此时外界温度低，育苗需在日光温室中进行。播前苗床施足基肥、整平、浇足底水，然后干籽撒播。

3. 苗期管理 播种后可覆盖地膜或小拱棚，保温保湿，促进出苗，出苗后撤除覆盖。播种后20天左右，幼苗长至2~3片真叶时分苗。分苗后25天左右，幼苗长至5~6片真叶时即可定植。

（二）整地定植

定植前10~20天扣棚提温，并施足基肥。每667米^{2}施腐熟有机肥3 500~6 000千克、复合微生物肥3~5千克、尿素20~30千克、钙镁磷肥20千克、过磷酸钙100~150千克、氯化钾10~15千克，结合整地将肥料与耕作层土壤混匀。深翻、耙细、整平，做宽1.1米的畦，畦高0.25米，然后覆盖地膜。双行栽植，株行距45厘米×50厘米，每667米^{2}栽植3 000株左右。

（三）田间管理

1. 温度管理 定植后室内温度保持25℃左右，促使早缓苗。缓苗后白天温度保持20℃~22℃、夜间8℃~10℃。

2. 肥水管理 定植后浇1次水，然后中耕划锄1~2次，促进根系生长。生长期内经常保持土壤湿润，以满足生长需要的水分。在主花球出现前、后各追肥1次，每次每667米^{2}施三元复合肥15~20千克。主花球收获后，可进行追肥浇水，以促进侧枝花球生长。在绿菜花生长发育期内，每7~10天喷施1次氨基酸复合微肥600~800倍液+0.3%尿素+0.3%磷酸二氢钾混合肥液，对优质高产效果显著。

（四）采 收

绿菜花在花球形成、花蕾充分长大、花蕾颗粒整齐、不散球、不

开花时及时采收。

五、主要病虫害防治

(一)霜 霉 病

发病初期可用72%霜脲·锰锌可湿性粉剂600~800倍液,或69%烯酰·锰锌可湿性粉剂600~800倍液喷雾防治。也可每667米^{2}用45%百菌清烟剂250克熏烟预防,每隔7~10天1次。

(二)黑 腐 病

发病初期可用3%中生菌素可湿性粉剂600~800倍液,或2%春雷霉素液剂600倍液,或72%硫酸链霉素可溶性粉剂或90%新植霉素可溶性粉剂3 000~5 000倍液,或50%氯溴异氰尿酸可湿性粉剂1 200倍液喷雾防治。

(三)蚜 虫

可用10%吡虫啉可湿性粉剂1 500倍液,或3%啶虫脒乳油1 000~1 250倍液,或25%吡蚜酮可湿性粉剂2 000~2 500倍液喷雾防治。

第九节 设施菜豆高效栽培与安全施肥

菜豆又称芸豆、四季豆等,以嫩荚供食用,营养丰富,味道鲜美,品质优良,肉厚肥嫩,是蔬菜中佳品之一。菜豆根系发达,茎蔓细弱,矮生品种直立性强,蔓生品种需搭架。菜豆属自花授粉作物,适合多种保护地栽培。采用地膜覆盖可在无霜期栽培;大棚可进行春早熟和秋延后栽培;日光节能温室可进行冬茬栽培和冬春

茬栽培。

一、对环境条件的要求和主栽品种

（一）对环境条件的要求

1. 温度　菜豆生长喜温暖气候，不耐霜冻，矮生品种耐低温能力比蔓生品种强。菜豆种子发芽适宜温度为20℃～25℃，高于35℃种子不发芽；开花结荚期的适宜温度为18℃～25℃，低于10℃或高于30℃豆荚发育不良。生长适温为15℃～29℃，0℃则受冻害。

2. 光照　菜豆多数品种属中光性及短日照作物，但对日照要求不太严格，在长日照或短日照条件下均能开花结实。少数品种有一定的日照要求，如南方有些矮生品种引到北方种植，由于日照长花期推迟，甚至抽蔓，故引种时要注意。菜豆喜光，但光照过强或过弱均易引起落花落荚。

3. 水分　菜豆有相当强的抗旱能力，但过于干旱则生长不良，影响产量。菜豆适宜的土壤相对含水量为60%～70%，不耐涝，要求湿润疏松的土壤。土壤水分过高，含氧量少，叶片黄化、脱落，植株生长不良。空气相对湿度以65%～80%为宜，空气湿度过大，花粉不能正常发芽，落花落蕾现象严重。对水分的要求以开花结荚期最为敏感。

4. 土壤营养　富含有机质、土层深厚、肥沃疏松、排水良好的壤土，有利于菜豆根系生长和根瘤菌活动。土壤过于黏重，根系生长不良，植株不发棵。菜豆根部虽有固氮菌，但栽培中仍需施足氮肥。菜豆喜钾肥，磷肥次之，还需微量元素硼和钼。菜豆耐盐碱能力较弱，适宜的土壤pH值为5.3～7.6，以6.4为最好。

（二）主栽品种

1. **矮生菜豆** 矮生菜豆为早熟品种，耐寒性强，主要品种有81-6、1409、1404、杭州春分豆、上海矮圆刀豆等。

2. **蔓生菜豆** 可无限生长，产量高。主要品种有芜丰623，特嫩1、2、3、4号，78-209，杨白313等。

3. **双季豆** 蔓生，生长势和分枝性中等。花朵黄白色，豆荚淡绿色，荚长16~20厘米，荚宽1.2~1.3厘米，断面扁圆形，荚质嫩，纤维少，品质好，早熟。种子淡棕色、肾形，略小。嫩荚采收期较集中。

4. **春丰2号** 植株生长势强，叶片绿色，花白色。嫩荚深绿色，稍弯曲，荚长18~20厘米，断面近圆形，单荚重9~16克，肉厚，水分少，品质好。种子外皮黄色。成熟早，生长速度快，播后55天即可收获。每667米^{2}产量1 500千克左右。

5. **春丰4号** 早熟品种。植株蔓生，有2~3个侧枝，株高3米左右。主枝2~4节出现花序，每序着花2~3朵，花白色。嫩荚近圆棍形，稍弯曲，深绿色，荚长18~20厘米，横径约1厘米，肉厚，纤维少。单荚重9~16克，每荚含种子6~9粒，单株结荚30个左右。较抗锈病及病毒病，耐盐碱。每667米^{2}产量1 500千克左右。

二、栽培关键技术

菜豆适合多种保护地栽培，采用地膜覆盖，可在无霜期内栽培。大棚一年可种植两大茬，即春早熟和秋延后栽培；日光节能温室可进行春早茬、秋冬茬和冬春茬栽培。

(一)育　苗

1. **种子选择**　播种前进行选种，将发育不全、开裂、未成熟的、有病虫危害及种性不纯的种子挑除。每667 $米^2$ 播种量3.5～4千克。种子寿命一般为2～3年，生产上多采用第二年的种子。

2. **种子处理**　将种子用30℃～35℃温水浸泡18～20小时，捞出清洗干净后用40%甲醛100倍溶液浸种15～20分钟，以杀死种子上的病菌。将消毒后的种子洗净，放入洁净的瓦盆内，上面覆盖干净潮湿的毛巾，置于25℃～30℃条件下催芽，一般2～4天种子出芽，种子萌芽后即可播种。

3. **播　种**

(1)播种期　菜豆幼苗定植一般10厘米地温应在15℃以上，日平均温度应为16℃～18℃。菜豆苗龄不宜过长，一般为20～25天。生产中可依苗龄和定植期向前推算，确定播种时间。

(2)播种前准备

①营养土制备　菜豆育苗营养土，由3年内未种过豆类作物的肥沃田园土5份和腐熟优质圈粪5份混合配制，每立方米加经发酵的干饼肥25千克、磷酸氢二铵0.5千克、硫酸钾1～2千克。也可将5份肥沃田园土和5份腐熟农家肥混合后铺入苗床，再按每平方米苗床施尿素30克、硫酸钾0.3～0.4千克、过磷酸钙1千克。

②苗床准备　在温室中部温暖处做育苗床，一般床长4～4.5米、宽1.5～2米、深20～25厘米，铺营养土约10厘米厚，耙平踏实，浇足底水。水渗后按10厘米×10厘米见方划格，在方格中央用锥形木戳一深3～5厘米、直径约4厘米的播种穴。

③营养钵准备　播种前1天将营养土装入钵内，以装钵高的80%为宜。在温室内排好钵，浇足水，并在营养钵的中部戳一深3～5厘米、直径4厘米的播种穴。

（3）**播种方法**　菜豆均为丛种，育苗时，将每穴放发芽种子3～4粒，播种后覆盖过筛细湿土。覆土时营养钵播种的要填满播种穴，苗床播种的要高出床面2～3厘米。全苗床播完后，苗床表面普遍撒一层过筛细湿土，以盖住苗床表面为宜。

4. **苗床管理**　一般播种后到出苗前，白天温度保持25℃～30℃、夜间15℃～18℃。出苗后为防止徒长，白天温度降至18℃～23℃、夜间10℃～15℃。第一片真叶出现到定植前10天，白天温度保持20℃～25℃、夜间15℃。菜豆幼苗期以保持土壤湿度为原则，播种前浇足底水，出苗后注意覆土保墒。幼苗缺水时可分次洒水并注意覆土，防止土壤板结。苗床育苗的，播种后可在土壤干湿适宜时，用栽苗刀将苗坨切开。

5. **壮苗标准**　真叶2～3片，叶片舒展、绿色，茎粗壮，节间短，无病虫危害，株高13～15厘米。

（二）定植前准备

1. **整地施基肥**　菜豆施足基肥，才能获得高产，特别是要增施磷、钾肥。每667米^{2}可施腐熟农家肥5 000～7 000千克、过磷酸钙40～60千克、硫酸钾10～15千克，基肥撒施后深翻20～30厘米，细致整地，耙平后做畦。平畦，畦宽一般为1.3米；高畦，一般为畦高0.15米、宽1米，沟宽0.3米，覆盖地膜。

2. **起苗**　定植前7～10天，苗床育苗应连续浇2次水，以便切土坨起苗带土。土壤干湿度适宜时，用栽苗刀将苗起出。营养钵育苗，可脱去营养钵直接定植。

（三）定植或直播

1. **直播**　菜豆种子发芽要求的最低地温为8℃，在北方一些地区日光温室内1月下旬或2月上旬即可达到或超过此温度，可以直接播种。平畦直播的，先在畦埂两侧开沟，按株距26厘米挖

穴,每穴播种子3~4粒,播后覆土;地膜覆盖栽培的,先在高畦上按株距挖穴或用打孔器打孔,孔深4~5厘米、直径5~6厘米,每穴播种3~4粒,播种后覆土。

2. **芽栽定植** 先将种子浸种催芽播入苗床或育苗盘中,密度加大到2~3厘米播1粒,播后覆土,出苗后直接栽到栽培畦中。方法是先在栽培畦上按行株距挖穴,穴深5~6厘米,在穴内浇水,水下渗后,每穴栽入出芽后的种子3~4粒,覆土即可。

(四)田间管理

1. **中耕松土与吊蔓** 平畦直播或育苗移栽的,从苗期生长到抽蔓前应以中耕松土、提高地温为主,以促使植株生长健壮。地膜覆盖栽培的,则不中耕。植株开始抽蔓(爬藤)后灌水,待水渗下后趁土壤松软时吊蔓。

2. **温湿度管理** 定植或直播后要密闭保温,以促进直播种子出苗,或幼苗定植后缓苗成活,白天温度保持25℃~30℃、夜间15℃~18℃,空气相对湿度保持80%~85%。播种出苗后或定植成活后到开花结荚前,要适当降低温度,防止植株徒长,白天温度保持25℃左右、夜间15℃左右,并要通风降低室内湿度,使空气相对湿度保持60%~70%。开花结荚期要加强通风,排除温室内潮湿空气,以利开花授粉,白天温度保持20℃~25℃、夜间15℃左右,空气相对湿度保持50%~60%。

3. **肥水管理** 菜豆对水分比较敏感,日光温室栽培要特别注意宁可干旱,也不可过湿。第一次浇水应在植株第一和第二序花大部分结荚后进行,结合浇水每667米^{2}追施尿素10~15千克、硫酸钾10~15千克。采收盛期每7~10天浇1次水,以保持土壤湿润为原则,结合浇水每667米^{2}追施硫酸铵20~25千克、硫酸钾10~15千克。结荚盛期可追肥2次,每15天左右1次。在菜豆生长发育期内,每7~10天喷施1次氨基酸复合微肥600~800倍液+0.2%尿素+0.3磷酸二氢钾混合肥液,可优质高产。

4. 收获 一般播种后约60天、定植后35~40天,即可采收。

5. 主要病害防治

(1)锈病 清洁田园,加强田间管理。发病初期用25%三唑酮可湿性粉剂2 000~3 000倍液喷施防治,每7~10天喷1次,一般喷施2~3次。

(2)炭疽病 播种前用40%多菌灵可湿性粉剂500倍液,或75%百菌清可湿性粉剂600~800倍液进行种子处理。清除田间病株残体,发现病株及时拔除深埋。发病初期及时用50%多菌灵可湿性粉剂500倍液,或75%百菌清可湿性粉剂500~600倍液喷雾防治,每7~10天喷1次,连续喷2~3次。

三、主要栽培模式

(一)冬春早熟栽培技术要点

冬春早熟栽培主要利用冷床覆盖地膜,小棚、大棚、日光温室及现代化温室等设施进行保护地栽培。选用早熟、耐寒品种,如矮性品种的81-6和蔓生品种的特嫩3号、春丰4号等。冬季早熟栽培的播种时间比露地提早15~30天,早熟栽培一般采用育苗移栽。

1. 地膜覆盖栽培 地膜覆盖栽培,一般要用宽2米、厚0.015~0.02毫米的白色透明聚乙烯薄膜。

(1)盖膜 播种前做宽1.7米的畦,施足基肥,搂细耙平,畦面浇透水后盖膜,薄膜应拉直放平、无皱褶,使膜与畦紧贴,四周压严。

(2)播种 地膜覆盖栽培可以直播,也可育苗移栽。直播的应在播种后盖膜,出苗后及时将膜扒开,使苗露出,并在苗的四周

用土压紧,以增加保湿效果。

(3)施肥　地膜覆盖栽培基肥应占总施肥量的70%~80%。结合浇水追肥,并全程进行根外追肥。

2. 小拱棚加地膜覆盖栽培　小拱棚加地膜覆盖栽培比地膜覆盖栽培效果更好。该栽培模式多选用矮生品种,进行育苗移栽。在管理上应注意3点:一是提早盖小棚。在栽前7天左右铺膜盖棚,畦面宽1.7~2米,弓架长度3米左右,每隔0.5米左右插1根拱架,其高度应一致。二是加强揭盖膜管理。在早期气温低时,可以不揭膜。中期温度上升,可逐渐揭膜通风,要背风揭膜,一般晴天上午9~10时揭,午后3~4时盖。三是及时撤棚,菜豆喜温暖忌炎热,后期气温上升时应及时撤棚。蔓性品种主茎开始抽蔓时撤棚。

3. 春季大棚或日光温室栽培　春季大棚或日光温室早熟栽培常与地膜覆盖栽培相结合,也有用大棚或日光温室与小棚加地膜多层覆盖,其保温效果更好,收获更早。大棚或日光温室空间大,为了早熟高产一般用蔓性品种,为争取更早成熟也可用矮生品种。

(1)栽培季节　根据当地气候、设施条件和市场需求等因素确定栽培时间。

(2)及时建棚室覆膜　在定植前20~25天覆棚膜,待土壤解冻、地温上升后,即可将秋冬耕翻过的土地整平,结合整地施基肥,做畦准备定植。一般棚室内10厘米地温稳定在10℃以上,夜间气温不低于0℃时即可定植。

(3)棚室内温湿度管理　棚室菜豆一般都育苗移栽,定植后1~2天内保持高温高湿,不通风透气,以利缓苗。当棚室温度超过32℃时,中午进行短时通风。5月份以后大通风或将棚膜揭去。棚室内因气温高,蒸发量大,又不能淋雨,浇水次数比露地应多,一般5~10天浇1次,每次浇水量不宜过大。结荚期要求水分较多,土壤相对含水量保持60%~70%。

(二)秋冬延迟栽培技术要点

1. **品种选择** 秋冬延迟栽培菜豆应选择耐寒品种,早播的秋菜豆用蔓生菜豆或矮生菜豆均可,晚播小棚覆盖栽培的一定要用矮生菜豆,晚播大棚或温室栽培的则可采用蔓生菜豆。

2. **适时播种** 播种过早开花结荚时正值炎夏高温,容易引起落花落荚;播种过迟,气温下降,营养生长和生殖生长缓慢,豆荚不易成熟,产量低。确定适宜播种期,以当地霜前100天左右为原则,设施内延迟栽培可适当晚播,推迟播种的时间应依所用保护地设施的保温性能而定,保温增温差的小棚或大棚栽培播种不能太晚,保温增温性能好的温室可向后延迟播种。

3. **浇水、盖草** 秋菜豆通常采用直播,播种期常遇高温干旱。因此,播种前应充分浇水湿润土壤,以利种子发芽。播种后,除疏松土壤外,最好在上面覆盖一层谷壳或稻草、麦秸等,降温保墒,还可防止暴雨冲刷或土壤板结。

4. **适当密植** 秋菜豆应适当密植,其行距可与春菜豆同,株距可缩至20厘米左右,每穴多留1株苗。为防止缺苗断垄,播种时还应多播几行,以便移苗补缺。

5. **田间管理** 秋菜豆因生长期短,前期应促进茎叶生长,轻浇水、勤浇水,适当施肥,切忌浓肥或偏施氮肥。开始结荚后应增加浇水量,后期气温降低应逐渐减少浇水。霜冻前15天提早覆盖防寒,以延长菜豆的采收期。

参考文献

[1] 全国农业技术推广服务中心．蔬菜测土配方施肥技术[M]. 北京:中国农业出版社,2011.

[2] 宋志伟,易玉林．蔬菜测土配方施肥技术[M]. 北京:中国农业科学技术出版社,2011.

[3] 张洪昌,段继贤,王顺利．蔬菜施肥技术手册[M]. 北京:中国农业出版社,2014.

[4] 孙茜,梁桂梅．设施蔬菜安全高效栽培技术手册[M]. 北京:中国农业出版社,2012.

[5] 孙兴祥,倪宏正．大棚蔬菜多层覆盖栽培新技术[M]. 北京:中国农业出版社,2012.

[6] 宋元林,张峰,徐腾,等．大棚蔬菜生产配套技术手册[M]. 北京:中国农业出版社,2013.